# 期表

| 10 | 11 | 12 | 13 | 14 |
|---|---|---|---|---|
|  | ⅠB | ⅡB | ⅢA | ⅣA |
|  |  | 金属 | 半金属 |  |

|  |  | 2p | 5 B<br>10.811<br>2077<br>～3870 | 6 C*)<br>12.0107<br>～3370 | 7 N<br>14.0067<br>-209.86<br>～-195.8 | 8 O<br>15.9994<br>-218.4<br>～-182.96 | 9 F<br>18.9984032<br>-219.62<br>～-188.14 | 10 Ne<br>120.1797<br>-248.67<br>～-246.048 |
|---|---|---|---|---|---|---|---|---|

4.002602
-272.2*)
～-268.93

|  |  | Mg | 13 Al<br>26.9815386<br>660.37<br>～2520 | 14 Si<br>28.0855<br>1412<br>～3266 | 15 P<br>30.973762<br>44.1*)<br>～280.5 | 16 S<br>32.065<br>112.8*)<br>～444.674 | 17 Cl<br>32.453<br>-100.98<br>～-34.05 | 18 Ar<br>39.948<br>-189.2<br>～-185.86 |
|---|---|---|---|---|---|---|---|---|

| o | 28 Ni<br>58.6934<br>1455<br>～2890 | 29 Cu<br>63.546<br>1084.5<br>～2571 | 30 Zn<br>65.38<br>419.58<br>～907 | 31 Ga<br>69.723<br>29.78<br>～2208 | 32 Ge<br>72.64<br>937.4<br>～2834 | 33 As<br>74.921<br>817*)<br>～603 | 34 Se<br>78.96<br>220.2<br>～684.9 | 35 Br<br>79.904<br>-7.2<br>～58.78 | 36 Kr<br>83.798<br>-156.6<br>～-153.35 |
|---|---|---|---|---|---|---|---|---|---|
| 195<br>930 |  |  |  |  |  |  |  |  |  |
| h<br>550<br>697 | 46 Pd<br>106.42<br>1522<br>～2964 | 47 Ag<br>107.8682<br>961.93<br>～2162 | 48 Cd<br>112.411<br>321.03<br>～767 | 49 In<br>114.818<br>156.61<br>～2072 | 50 Sn<br>118.710<br>231.9681<br>～2603 | 51 Sb<br>121.760<br>630.74<br>～1587 | 52 Te<br>127.60<br>449.8<br>～991 | 53 I<br>126.90447<br>113.6<br>～184.35 | 54 Xe<br>131.293<br>-111.9<br>～-108.1 |
| r<br>17<br>437 | 78 Pt<br>195.084<br>1769<br>～3827 | 79 Au<br>196.966569<br>1064.43<br>～2857 | 80 Hg<br>200.59<br>-38.842<br>～356.58 | 81 Tl<br>204.3833<br>303.5<br>～1473 | 82 Pb<br>208.98040<br>327.5<br>～1750 | 83 Bi<br>208.98040<br>271.4<br>～1561 | 84 Po<br>[210]<br>254<br>～962 | 85 At<br>[210]<br>(302) | 86 Rn<br>[222]<br>-71<br>～-61.8 |
| lt<br>] | 110 Ds<br>[281] | 111 Rg<br>[280] | 112 Cn<br>[285] | 113 Uut<br>[284] | 114 Uuq<br>[289] | 115 Uup<br>[288] | 116 Uuh<br>[293] |  | 118 Uuo<br>[294] |

| d<br>5<br>266 | 65 Tb<br>158.92535<br>1356<br>～3040 | 66 Dy<br>162.500<br>1412<br>～2335 | 67 Ho<br>164.93032<br>1474<br>～2720 | 68 Er<br>167.259<br>1529<br>～2510 | 69 Tm<br>168.93421<br>1545<br>～1730 | 70 Yb<br>173.054<br>819<br>～1193 |
|---|---|---|---|---|---|---|
| n<br>] | 97 Bk<br>[247]<br>1050 | 98 Cf<br>[252]<br>900 | 99 Es<br>[252]<br>860 | 100 Fm<br>[257]<br>(1527) | 101 Md<br>[258]<br>(827) | 102 No<br>[259]<br>(827) |

*) He: 融点, 26 atm
   As: 融点, 六方, 昇華
   P: 融点, 黄りん
   S: 融点, 斜方
   C: 黒鉛, 昇華

融かして測る

# 高温物性の
# 手作り実験室

雑学満載の測定指南

白石　裕　編
阿座上 竹四

アグネ技術センター

# まえがき

　1997年から雑誌「金属」に"手作り実験室"と題した溶融スラグの物性測定についての実験法を連載したことがあります．そのシリーズは事情があって未完のまま途中で終了してしまいました．それから10年余，対象を高温融体全般（メタル，スラグ，ソルト）に拡大し，稿を新たに書き下ろしたものが本書であります．物性の測定はごく基礎的な研究分野であり華やかさはありません．しかし，多くの工学や理学の基礎となるもので，地味なるが故に強調されるべき分野であると信じています．

　本書は熱的物性－密度，熱量，蒸気圧，表面・界面－の測定と，輸送的物性－拡散，粘性，電気伝導，熱伝導－の測定，および共通基礎の部分から成っています．融体のマクロな性質を調べるツールのおおよそはカバーしております．各著者は分担したテーマについての経験が豊富であり，自身の経験に基づいて執筆しています．また，自身の分担部分だけでなく，本書全般についても意見を戦わせております．その様な意味で，本書全体が共同執筆であると言えましょう．

　本書の構成は全体を読みやすくするための工夫として，各章の間に息抜きのプロムナードを置きました．そこには著者の思い入れがコラム，エッセー，雑学など色々な形で記されおり，次の章への橋渡しの役割をはたしています．本書を単なる専門書としたくなかったからです．著者と読者の間に，何か人間味のある関係を築きたかったのです．そのような意図を僅かでも汲んでいただければ幸であります．なお，全体を通しての文体の統一はあえて図りませんでした，各章の著者のスタイルを重んじました．読みにくい点がありましたらお許し下さい．その責めは編者にあります．

　最近，無（微小）重力下の実験が色々な分野に応用されています．スペースラボを利用した実験の一例や電磁浮揚を利用した測定の例が本書でも取り上げられておりますが，電磁浮揚に静磁場を重畳して浮揚試料の安定化を図った測定が最近開発されました＊）．この方法には，今まで困難であった超高温の金属融体についての測定を可能とする将来性に満ちています．るつぼを必要としないためであります．恐らく，本書の改訂版が発行される頃には，第一に取り上げられるべき項目となっていることでありましょう．現時点では，手作りというにはやや遠いのが残念です．

本書の発刊直前に「東日本大震災」が発生しました．1000年に一度という災害であります．本書の守備範囲からはややはみ出していますが，その災害の記録を残すことに意義を感じました．そこで，何人かの方にお願いして再び経験したくはない体験型の記録をエピローグに残しました．後世にこの体験が幾らかでも伝われば，私的な歴史としての意義があることでしょう．

　終わりに当たり，本書の作製について，陰に陽にお力添え頂いた㈱アグネ技術センターのみなさんに心よりのお礼を申し上げます．

　なお，本書の内容について，その正鵠に関して意を尽くしたつもりでありますが，記述の誤り，疑問が全く無しとは申せません．お気づきの点をご指摘頂ければ有り難く存じます．

編集責任　白石　裕，阿座上　竹四

---

＊）金属，81（2011）No.6；特集「無容器浮遊による高温融体物性測定－その特徴と発展」

# 目　次

まえがき　*i*

**0章　プロローグ**（白石 裕）　*1*

1章へのプロムナード　*5*
**1章　科学と実験**（白石 裕）　*7*

2章へのプロムナード　*19*
**2章　実験基礎技術**（白石 裕・阿座上竹四）　*21*
　まえがき　*21*
　2-1　真空技術と雰囲気制御　*21*
　2-2　高温技術と手作り炉　*33*

3章へのプロムナード　*56*
**3章　密度**（白石 裕）　*57*
　3-1　まえがき　*57*
　3-2　密度の測定法　*58*
　3-3　高温融体の測定例　*65*

4章へのプロムナード　73

## 4章　熱量測定（板垣 乙未生・青木 豊松）　74

4-1　まえがき　74

4-2　静的測定　75

4-3　動的測定　91

5章へのプロムナード　100

## 5章　蒸気圧（阿座上 竹四）　102

5-1　はじめに－蒸気圧と熱力学－　102

5-2　蒸気圧の測定法　106

5-3　測定例　111

6章へのプロムナード　119

## 6章　表面張力・界面張力・接触角
### 　　　　（原 茂太・田中 敏宏）　121

6-1　はじめに－表面張力が関わる身近な自然現象－　121

6-2　Young-Laplace（ヤング－ラプラス）の式　122

6-3　自然現象とYoung-Laplace（ヤング－ラプラス）の式　123

6-4　濡れるということ－濡れの尺度－接触角－　126

**コーヒー・ブレイク**（アグネス・ポッケルス嬢の物語）　128

6-5　高温融体の表面張力測定用材料の選択　130

6-6　表面張力の測定方法　131

6-7　界面張力の測定方法　*151*

6-8　界面張力測定の面白さ　*154*

6-9　濡れ，付着の仕事の制御とその実用プロセスへの展開　*156*

6-10　高温融体の表面張力，界面張力の予測　*161*

6-11　おわりに　*161*

## トランスポート・スクエア：
拡散は流れの母－輸送現象のはなし（白石 裕）　*165*

7章へのプロムナード　*170*

## 7章　粘度（白石 裕・佐藤 譲）　*172*

7-1　まえがき（粘性－運動量の流れ）　*172*

7-2　粘度測定法
－溶融塩，ガラス（スラグ），溶融メタルの測定例　*175*

8章へのプロムナード　*208*

## 8章　液体金属および溶融塩中の拡散係数の測定（山村 力）　*210*

8-1　はじめに　*210*

8-2　相互拡散，固有拡散，自己拡散　*210*

8-3　液体金属中の拡散係数測定法　*214*

8-4　溶融塩中のイオン拡散，イオン移動度，その応用　*218*

8-5　まとめ　*223*

9章へのプロムナード　*225*

## 9章　電気伝導度・電気抵抗・輸率（原 茂太）　*227*

9-1　はじめに　*227*

9-2　電気伝導度の定義　*228*

9-3　輸率および電流効率の測定法　*232*

9-4　電気伝導度の測定法　*239*

9-5　高温融体の電気伝導度の測定例　*243*

9-6　高温融体の電気伝導度測定値の利用法　*255*

10章へのプロムナード　*259*

## 10章　熱伝導率，熱拡散率（柴田 浩幸・青木 豊松）　*261*

10-1　まえがき　*261*

10-2　熱伝導率と熱拡散率の定義　*262*

10-3　レーザーフラッシュ法の測定原理　*264*

10-4　レーザーフラッシュ法の応用　*267*

10-5　熱線法による熱伝導率測定　*274*

EX章へのプロムナード　*280*

## EX章　エピローグ　*281*

パネル1　東日本大震災後10日目（阿座上 竹四）　*282*

パネル2　東日本大震災後3週間目（白石 裕）　*284*

パネル3　東日本震災のあるミクロ体験記（山村 力）　*287*

パネル4　地震から2カ月，東北大学マテリアル系からの報告

（佐藤 讓）　*290*

## Appendixes

1. 実験計画（前園 明一・阿座上 竹四） *293*
2. 電子回路の作成（岡本 寛） *303*
   秋葉原買い物ガイド *312*
3. パソコン（PC）への信号入出力（櫻井 裕） *313*
4. 情報検索（柴田浩幸・白石 裕） *326*
5. 熱電対の起電力（K型，R型，B型） *330*
   －起電力－温度の変換式－
6. SI単位系 *334*
7. 材料規格（表） *337*

元素周期表（前見返し）

元素名（後見返し）

索　引　*343*

# 0章 プロローグ

　私共の手作り実験室にようこそいらっしゃいました．私共の実験室では高温で溶けた色々な物質－溶けた金属，スラグ（これは酸化物の混ざったもので金属を精錬する時に使う製錬剤とその後に出来る滓を言います，ガラスの親戚みたいなものです），それと溶融塩類－のおもに物性（物理的性質）を調べております．後ほどご案内申し上げますが，密度，熱量，蒸気圧，表面・界面，粘性，拡散，電気伝導，熱伝導を取り扱う実験室があります．この玄関ホールではこの実験室に「何故"手作り"という名前をつけるのか」ということについて，少しお話させて下さい．

　かつてイギリスの歴史家カーライル（1795～1881）は"道具を使う"動物を人間と定義しました．ところが動物生態学の進歩により"道具を使う"だけでなく，さらに"道具を作る"動物，たとえば小枝の先を曲げて餌となる虫を補食する鳥，枝の先を囓って尖らせ槍のような武器を作るチンパンジーまでもが発見され，この定義は現実にそぐわなくなりました．今は，必要とする"道具を作る道具"つまり"工作道具"を作る動物を人間と定義しているようです．要するに"必要な道具を目的に合わせて加工するための道具を作って使う"という能力が人間に課せられた条件であると言うことでしょう．

　色々な分野で匠と称される人がおります．巧むから派生した言葉のようですが，熟達した技を持つ人達です．この方々の多くは自分の仕事に最も適するように"使う道具"を改良・工夫します．カストマイズという言葉があります．特別注文するという意味ですが，もともとあり合わせの既存品－ready madeでは間に合わない時に注文して作る品－custom madeを指すわけです．ここで言う"手作り"の意味は「自分が自分のために自分に注文して作る」といった意味になるかと思います．つまり自分の身の丈にあった自分のための特別注文ということになりましょう．過不足無いことが大切で，それが手作りの本質です．

手作り実験室の場合，自分の目的とする測定に対し，実験手段，実験行為に合致した諸々の大道具，小道具を既存の市販品に頼らず調達して装備することになります．もちろん既存の道具や市販品を使うことは駄目と言っているのではありません．それらを有効に利用することは手間暇の節約のために大切です．自分の手によって新しい価値，つまり既存の設備や装置では為し得なかった実験やその成果，それらを得ることが最大の目的なのです．副次的には実験のコストを安くすることや自分の実験の手の内を充分承知することで得られた結果の正当な評価に繋がることなどが挙げられます．例えば，実験結果の精度をしっかり評価できることは科学の進歩にとってとても大切なことですが，市販品の装置をそのまま利用するときなど，カタログデータを鵜呑みにすることがママあります．実験手続きの中に何かブラックボックスがあると，その入り口のところでデータを見失い，出口で再会することになります．その間，データの身の上にどのようなことが起こっているか実験者は直接知りようがない訳です．はじめにブラックボックスを作った人はその中身，つまり信号の処理のプロセスを良くご存じでしょうがその人以外は知りようがない，それがブラックボックスのブラックたる所以です．何等かのプローブ試料を通してその応答から間接的に評価する以外に手段はなさそうです．実験屋さんにとっては余り気持ちの良いものではありません．「想像の外套を纏って実験し，その外套を脱いで結果を判断する」という警句を聞いた覚えがありますが，そのような命題が適切に行われるために最も適した手段は"手作り"にあります．

　「Glass Handbook」という膨大なデータ集があります．筆者もよくお世話になった本で"これに収録されていなければそのデータを探しても無駄"，と言っても良いほどガラス関係の物性値が完璧に収集されています．最近，この本を電子化したデータベース"SciGlass"が発行されました．原本の図面データを高精度のカーブリーダーで読み取ってディジタル化したとのことです．この電子化データベースは有効桁数に注意して用いれば中々使い勝手が良いものでありましょう．この電子化を実施した著者がその応用例の一つとして挙げておりましたが，「ソーダガラスの密度測定（20℃）の測定精度を調べると1889～1955年に測定されたデータと1990～2008年に測定されたデータの間に明らか

な差があり，近年測定の質が低下している」と述べております*). この比較の対象外となっている中間年代に属する筆者にとって思い当たらなくもないこの指摘をどう考えたらよいのか些か悩ましい問題であります．測定に用いる器具・機械は確実に進歩しております．とすれば原因はハンドリングかあるいは測定結果の取り扱い方に絞られます．ハンドリングにせよデータ処理にせよ以前は当たり前であった実験技術が，現在，正当に伝承されていない恐れが多分にあります．人手を省き思考をも省く近頃のハイテクを過信せず，実験のステップを一つずつ辿っていく昔ながらのローテクを今一度見直すことが求められているのではないでしょうか．

　もちろんローテクといっても昔に戻って電子機器を追放しようなどと精神論を唱えるつもりはさらさらありません．文明の利器はすべからく利用しましょう．ただデータの流れが見えなくなるようなブラックボックスの使用には細心の注意が必要です．ブラックで無ければ結構．パソコンをフルに利用したスマート測定装置は人間の五感を超えた測定を可能とするので，その適切な利用は大いに望ましいところです．ただ測定主体は測定者にあるはずで，そこをコンピュータに譲り渡してはいけません．

　私達は"困ったときにはものに聞け"つまり"テストしてみよ"と云われて育った世代に属しています．簡単には"ものに聞けない"問題が多い現代ですが，科学という実証主義の立場から基本は矢張り"ものに聞く"ことでありましょう．スマート化流行の今の時代にあえて手作り実験室を主張する所以であります．

　さてさて大風呂敷の前口上になってしまいましたが，そろそろ次の部屋へとご案内しましょう．はじめに訪れる部屋は実験の哲学とでもいうべき科学と実験の関係を考える総論的な部屋です．そこに示されているパネルは理系の人はもちろん，文系の方々にとっても色々ご意見のあるところでしょう．実験というものは何も理系の専売ではなく社会科学にとっても重要な方法・概念です．そのような意味で理系，文系に共通する手法が少なくとも理念的には存在する

---

＊データベース SciGlass －ガラスデータから見えてくる材料科学の危機－ O.V. マズリン，A.I. プリヴェン，「金属」**79** (2009), No.7, 638

はずです.

　その次に通る部屋は後で訪れる個々の専門的実験室の共通基礎を展示した基礎技術室です.そこでは溶融物質を扱うために必要な溶融炉や真空などの雰囲気の制御について展示してあります.

　その先は個別に示された物性の測定実験室です.それぞれの部屋に専門の研究員がおり,それぞれ工夫された展示がありますので何なりとご質問下さい.たぶんそれぞれの研究員から苦心談と少しばかりの自慢話がお聞きになれると思います.どうぞごゆっくり覗いてみて下さい.ちなみにこの手作り実験室では都合上実験室の分担を決めてはおりますが,全員がこの実験室全体に関係しておりますので,違った実験室で同じ質問をなさると十人十色の答えが返って来ると思います.どの答えも正解です.その中からご自分に適当する回答を探して下さい."これは"というものがきっとあるはずです. 各部屋ごとに色々な趣向と仕掛けが隠されています.. どうぞごゆっくりお楽しみ下さい.

　ではプロムナードを通って周りの植え込みなどご覧になりながら次の部屋へお越し下さい.

（白石 裕）

# 1章への プロムナード

　ものの量をはかるためには規準となる量が必要です．量の多寡は規準となる量と比較して行われます．現在の物理学ではSI単位（Le Systeme International d'Unités）という単位系が使われておりますが，電気はもちろん，時間の概念さえあまり確かでなかったいにしえは，度量衡，つまり長さ，容積，重さの規準が生活に必要な量をはかる規準のすべてでありました．量をはかる規準を単位と言います．ご存じの通り，昔の日本の度量衡は尺貫法です．長さの単位は尺，容積は升，重さは貫です．この尺貫法の源は中国にあります．秦の時代に中国で統一され，前漢の時代に体系化された度量衡法です．基になった三統暦（5A.D.）によると，秬黍（キョショ，くろきび）一粒の幅を長さ1分とし，90粒並べると，特定の高さの音（黄鐘，$d^1$に相当）を出す笛－黄鐘管－の長さになります．この管の長さを9寸としました．体積の単位，龠（ヤク，＝0.5合，10合＝1升）はこの秬黍1200粒が入る黄鐘管の容量，この管を満たす秬黍1200粒の重さを12銖（シュ＝0.5両，16両＝1斤≒230g相当）としております．笛の形を目で視て較べるのではなく耳によって音の高低を比較し，音の高さで特定した管を度量衡の規準にするとは面白い発想です．

　この度量衡法は，銖の絶対値に変遷がありましたが，7世紀に朝鮮半島を経て日本に伝わり，大宝律令（701年）によって尺貫法として法制化され，日本全国に基準器が配られました．それ以前に使用されていた日本固有の咫（アタ，拇指と中指を開いたときの長さ），尋（ヒロ，両手を開いて伸ばしたときの長さ）などはこれによって失われました．この時定められた度量衡は時代と共に次第に混乱してゆきますが，江戸幕府は江戸に枡座と秤座，京に秤座を設けて量・衡の全国的な統一を図りました．ところが"度"に相当する"ものさし"だけは放任されましたので，商売によって不統一が起こり，曲尺（かねじゃく），鯨尺（くじらじゃく），呉服尺（ごふくしゃく）と色々な尺が現れました．この不統一は明治政府による度量衡条例（1875年）によって曲尺と，その1.25倍の鯨尺に絞られ，さらに1885年のメートル条約加盟，1890年のメートル法原器の日本到着，1891年の度量衡法制定を経て，原器を基に，1尺＝(10/33)m，1貫＝(15/4)kgと定めて尺貫法を基本にメートル法を併用するようになりました．1920年にメートル法への全面統一が策定されましたが国粋主義の昂揚によって実施が遅れ，結

局1957年の計量法の制定によって1959年以降メートル法が全面実施され，尺貫法は廃止されました．

以下の章で色々な測定を行いますが，それらの結果を記述するためには何等かの基準が必要であります．現在，自然科学ではSI単位を使う規約になっています．SI単位系の話はAppendixに譲り，ここではSI以前のcgs単位と航空関係や輸入関係で今でも使われているヤード・ポンド法について簡単にお話ししましょう．

まずcgs単位ですが，ご存じの通りcはcm，長さの単位センチメートル，gは重さグラム，sは時間の単位セカンド（秒）です．cgs単位はもともと身の回りの量を規準にとっております．1 cmは，地球の子午線の長さの1/40000×1000×100．つまり地球の一回りを40000 kmとしたわけです．1 gは4℃の水1 cm$^3$の重さ，1 sは平均太陽日を1/(24×60)分（min），その1/60を秒（"second" minute）というものでした．この値を基にメートル原器，キログラム原器が作られましたが，その後，測定の精度が上がって今はこの規準が重さを除いて使われていません．質量だけは原器を使用し，90％Pt-10％Ir合金製円柱；直径39 mm×高さ39 mmを1 kgの標準としております．これも4℃の水規準とは少し違います．地球の一回り約40000 kmというと子午線上で緯度1度の差は約111 kmの距離に相当します．水1リットルが1 kgというのは大変身近な量で感覚的に親しみやすい気がします．なお時間で云えば，私達の平常な脈拍は60〜70回/分ですし1 mの振り子の周期が2秒です．私達の身の回りにあるものの長さ，容積，重さや時間をおおよそという感覚でつかんでおくことは実験屋さんにとってとても大切なことです．

ヤード・ポンド法についてちょっと触れます．その起源は古代エジプトからローマに伝わった長さの単位，ペス（かかとからつま先までの長さ）にあると云われています．重さの単位ポンドゥスなどと共にヨーロッパに広がりましたが，その基準量の地域ごとの差が大きく，商取引の広域化と共に混乱をもたらしました．そこで度量衡の統一のため革命下のフランスでメートル法が採用され，19世紀のヨーロッパ大陸に広まりました．イギリスは島国のため比較的ヤード・ポンドの混乱が少なく，メートル法の下でも生き延び，その植民地であるアメリカやその関係国において最近まで使用されていました．現在では航空機の運航，輸出貨物の計量などを除いて，ヤード・ポンド法は法的には禁止されています．20世紀後半までの英米系の文献には，長さにインチ；in，質量にポンド；lb，あるいは圧力にポンド/平方インチ；lb/in$^2$などが使われていることがあります．

# 1章 科学と実験

## まえがき

　知識，原理などを示すラテン語scientiaを起源とするscienceは明治の初頭，"科学"と訳されました．"科学"はもともと隋，唐時代の官吏登用試験である科挙の受験書"科挙之学"を縮めた言葉と云われており，あらゆる分野の知識を含むものであったようです．scienceはもともと「無知や誤解」に対する「正当な知識」を意味し，広い意味では「体系化された知識」であって，科挙の学とある意味共通しております．scienceでは，その知識，研究対象，研究方法に従って自然科学，社会科学，人文科学に分類されていますが，狭い意味では自然科学を意味し，本書ではもちろんこの狭い意味で使っております．

　自然科学は自然界において遭遇する現象の秩序性，無秩序性，偶然性を調べ，現象の把握に必要な概念を作り上げ，現象を支配する法則を明らかにし，それらを通して未発見の現象を予測します．そのために事象・現象の観察，観測，実験，測定を行います．これらの行為は自然現象の示す秩序性，無秩序性に関わらず，すべて自然が再現性をもっていることを前提としております．無秩序性の再現性とは些か奇異な表現ですが，広い意味で「自然の持つ因果律」を信用している訳です．因果律というといかにも「原因と結果がきちっと対応していること」を表しているように見えますが，因があれば果が生じるという簡単なことにはなりません．因から果に至るまでに中間的なプロセスがあるわけで，このプロセスを間接的な原因と考えれば"縁"という考えが当てられます．だから"因縁果律"という方がもう少し正しい表現でしょう．物理的に言えば，因果律，causalityは「果は因より先に生じない」と云うべきでところです．これは本書の範囲外ですが，因から予測不可能な果を生じるカオス現象も

存在します．

　研究の方法は対象となる現象・事象によって異なりますが，一般に仮説を立て，推論し，実験的ないし理論的に検証するという道筋を辿ります．ここでは本章の目的とする「実験」の意味について少し考えたいと思います．実験の対象は高温で溶融しているメタル，スラグ，塩などの基本的な物理的性質を求めることです．この様な測定実験の意味は大きく言って2つあります．1つは純粋に学問的な興味で，物理的性質の値を求めることによりその溶融体の本質を明らかにすることです．本書では触れませんが溶融体の構造や物性に関しては色々な理論があって，それらの検証には正確な物性の値が不可欠です．逆にきちっと検証された理論なり数式があれば測定なしに物性値の推定ができる可能性を生じます．2つ目は実用的な意味です．金属を高温で溶融処理する場合（多くの金属は鉱石を溶融して製錬します），本書で取り上げる物性の数値が操業上必要となって参ります．どの物性がどのプロセスで必要とされるかはいずれ以下の章で触れられるでしょう．

## 研究の流れ−動機付け

　一口に研究といっても，基礎研究か応用・開発研究か，個人レベルかグループ研究か，あるいは研究に許される時間の長短などと多様であって，それらの条件によって研究の流れは左右されます．でも，「研究にはそれを行う動機がある」という点で共通しています．ここでは高温融体の物性測定という立場から，個人ないしは小規模のグループ研究を想定して研究の流れを考えてみましょう．

　まず研究テーマの設定です．学生や研究初心者では指導者から与えられる場合が殆どでしょう．その場合でも，研究の動機付けは，テーマを自分で設定する研究者の場合と変わることがありません．まずは研究テーマに興味を抱くことです．テーマに興味を抱かないことにはその先一歩も進めません．指導者の立場でいえば，研究に携わるひとが，研究テーマに興味を示すような環境をつくることです．次に，興味の中身を確かめ，絞り，かつ発展させる夢を見ることです．その筋書きが説得力を持った場合に「研究の動機」として成立するこ

とになります.

　他人を説得できる研究の動機付けは大変大切なことです.なにしろ研究計画の第一歩ですから.そして,そのために必要なことは先人の業績を調べること,つまり文献を調べることです.昔は先輩の話やケミカルアブストラクトが文献調査の主要な手がかりでした.今はネット検索*)で可成りな範囲をカバーできるでしょう.文献調査を怠ると,後で"存じませんでした.済みません."と謝ることになります.手にした文献を鵜呑みにしてはいけません.十分にあら探しをしてください.実験論文であれば実験方法,実験プロセス,データ処理,得られた結論などが妥当であるかを吟味しましょう.理論であれば前提条件,理論の構成,結論の間に論理の飛躍があるかどうか,前提と結論の間の整合性などに注意します.それらの吟味をへてはじめてこれから行う研究の依って立つ基盤が得られます.これらの知識を下敷きに新しい知見を得てゆくのが普通です.

　研究の進め方に一定の規則性はありません.個人個人のやり方があるだけです.多くは試行錯誤,trial and errorということになるでしょう.独創的な仕事であればその傾向は一層強くなります.結局,自分で試して,自分で確かめる.頼りにするのは自分一人です.研究の進行度合いを計る尺度は合目的性.目的に向かって進んでいるかどうかです.袋小路や脇道に入り込んで行き詰まったとき,研究目的,研究の動機を思い起こすのは有効なことです.国際会議のポスター・セッションで気がつくことですが,アメリカの人はポスターの頭に好んで"Motivation"とういう項目を置きます.論文では"Introduction"ですが,動機という名の下にその研究に至った経緯を丁寧に記すことによって参加者の注目を惹こうという策略です.参加者は"Motivation"を読んでそのポスターに立ち寄るかどうかを判断します.Motivationは大切なキャッチフレーズなのです.ちなみに,ブリタニカの「動機付け」という項目には,「目的志向的行動を喚起し,それを維持し,さらにその活動のパターンを統制していく過程で,これには,①活動を喚起させる機能,②喚起された活動をある目標に方

---

*) Appendixes 参照

向付ける志向機能，③種々な活動を新しい一つの総合的な行動に体系化する機能，などが指摘されている．云々」と説明されています．これらの項目は，①は文献調査，②は実験方法の選択，③は実験結果からの結論づけ，に相当するでしょう．そしてこれが一般的な意味での研究の流れそのものではないでしょうか．

## 絶対測定と相対測定

さて，どのような測定実験でも，その結果として測定値を得ようとする際，避けて通れない問題は測定の誤差です．もちろん我々は真の値を求めようとして実験する訳ですが，実際に得られる測定値には必然的に測定上の不正確さを伴います．測定値と真の値との差額を誤差と言います．「測定値に何時も誤差を伴うならば真の値は解りっこない」というのはごもっともです．そこで真の値に近い最も確からしい値を求めます．それが後で述べる回帰値です．ところで誤差には系統的な誤差と偶発的な誤差があります．使用している測定器の持つ誤差は系統的であるし，尺度の読み取り誤差は観測者の個人的な癖はあるものの，読み取り毎に変化する誤差で偶発性の誤差であります．最も簡単な場合を考えましょう．あるものの長さを物差しで測るとします．使う物差しに少し狂いがあると，その物差しで測る凡ての測定にある一定の偏りが生じます．これは誰が計っても同じように生じる系統的な誤差です．それに対し，目盛りを読み取るとき，真上からでなく少し傾いたところから読むとすると，それによって生ずる誤差は個人的な癖はあったとしても偶発的誤差になります．観測する人にも，また観測する場所（例えば明るさなど）にも関係するでしょう．もし測定器の系統的な誤差が測定値に一定の偏りを与えているとするならば，標準の測定値と求めようとする測定値の差額をとれば打ち消し合うことも可能で，そのような意味で標準測定との差額を求める相対測定では，単一の測定値から求める絶対測定よりも誤差を小さくすることが容易であります．ただし，標準測定と実測定との測定条件をきちんと揃える必要があります．そうでないと相対測定の条件が満たされません．

　誤解されそうなので付け加えます．測定には標準物質を使って装置定数を求

め，それによって測定値を定める間接的測定法と，理論式のみを基礎として標準物質を用いない直接的測定法があります．通常，絶対測定は後者の直接測定を意味します．ここでは基準となりうるある特定の状態における測定を標準測定と呼び，その状態と比較した値を問題とする場合を相対測定と表現しました．

### 実験の再現性，失敗の意味

　私達の実験，測定では再現性ということを一番大切にします．同じことを同じように行って同じような結果になる．本当は"ような"ではいけませんが．とにかく我々の望んだ結果が得られようと得られまいとに関わらず，再現性のあることが測定の大前提です．論文を書くときもそうですが，自然科学では「誰でも同じことを行えば同じ結果が得られる」という普遍性が必要条件です．この条件を満たすために実験や測定の条件を厳密に記述するのです．実験や測定の条件を調えるのはこのためです．ただし，再現性があることと正しさの保証とは別な話です．

　私達の実験で再現性が乏しいことがあります．またこと志に反して測定に失敗することもあります．「自然の示す再現性って何だろう」と思う時もあります．自然の再現性を信じて測定や実験の条件を洗い直すしか対策はありません．試料調製を含めて，設定条件の不揃いや揺らぎが多くの場合再現性を悪くしています．あらゆる実験・測定においてまずクリアーしなければならないことは再現性を得ることです．

　私達は原理的に正しい方法，狂いのない測定器を使ってもしばしば期待を裏切る結果，予想外の観測値に行き着くことがあります．一口にいえば"失敗する"です．"失敗すること"は必ずしも"悪いこと"ではありません．もちろん失敗無しに思い通りの結果がすいすい得られることにこしたことはありません．でも，失敗の中にこそ"経験"という宝が隠されています．もちろん初歩的なミスもあります．ちょっとした手抜きが後になってしまったという場合も沢山あります．まずは失敗の原因を厳しく探り，その再現性を確かめることです．そして一連の実験という手続きの中では，実験の始めよりも後になるほど

注意深くなることです．初期の失敗は傷が浅く，実験が先に進むに連れて失敗したときの損害は大きくなります．人間の注意力は持続することが困難で，一般に実験の始めは注意深くても，時間が経った実験の終りに近づくほど散漫になりがちです．でもこの傾向に逆らうことが実験では求められます．そこに実験の難しさがあることを意識しましょう．

　ちょっと脇道にそれますが，ここで"疑う"ことについて考えてみたいと思います．先にも述べましたが，科学は何等かの前提の上に立って理論を構築します．その際の手段は厳密な推論と結果からの帰納です．この様な過程を経て結論を得ますが，その吟味には「否定」と「疑問」が手段になります．結論を，あるいは推論の過程を否定してそれより以前の状態に戻ること，ないしは疑問を差し挟んで以前の状態に立ち返ること，このようなネガティブ・フィードバックが理論や結論をより正確なものへと育ててゆきます．否定あるいは疑問によって高次な結論をもたらす哲学的方法論は，たとえば仏教の中観論やデカルトの「方法序説」に見られるところです．既存の概念，方法，理論など鵜呑みにせず，一つ一つ吟味することが科学する者の態度でしょう．手作り実験室においても時々立ち止まって自分の仕事を客観的に観察し，検証することが大切です．

## 誤差の持つ意味

　さて，目立った失敗のない（あるいは自覚しない）測定実験が終了しました．苦労して手に入れた測定値．でもそのなかには必然的に誤差が存在します．その誤差を如何に小さく出来るかがこの節の話です．

　誤差には系統的な誤差と偶発的な誤差があることは既にお話しました．系統的な誤差の影響を小さくすること，つまり系統性を偶発性に転換する方法は次の節で取り扱います．ここでは専ら偶発的な誤差を問題にします．偶発的な誤差は確率分布に従うと仮定しましょう．つまり偶然が支配する現象であると考えます．

　今，ある量$x_i$に対して$y_i$という値が図1のように観測されたとしましょう．独立変数$x$と従属変数$y$の間に，ある関係式を仮定し，一番もっともらしい式

を導く数学的方法を回帰分析と言います．図1の$x$と$y$の間に直線関係があると仮定します．一番もっともらしい直線はその直線から実測値までの隔たり（偏差）の和が一番少ない直線でしょう．ただ実測点は仮定した直線から正にも負にもばらついていますから，そのまま偏差の和をとってもうまく行きません．そこで偏差の2乗の和をとると，バラツキの正負にかかわらず正の値となり，その和，偏差平方和を最小にするように直線を引けば直線からのバラツキの和が最小になります．これが最小自乗法の原理です．得られた直線を回帰直線と言いますが，回帰とはregression，つまりぐるっと回って元に戻ること，論理学では結果から原因への遡及を云います．いまの場合，結果として得られた測定値から原因となる式を求めることを指しております．回帰分析の用語としては語源と少し異なりますが，「$y$を$x$に回帰する」と云います．

ここで，少し話を定量的にするため数式を使いますが，数式アレルギーの方は気にしないで読み飛ばしてください．

一般に，回帰する式は直線とは限らず，曲線も，あるいは多変数の回帰（多重回帰）もあります．ここでは図1のような直線回帰を取り上げ，$y_i = a + b \cdot x_i + \varepsilon_i$という形のデータを考えましょう．

$a, b$は未知の定数，$x_i$は独立な変数の$i$番目の値，$y_i$は$x_i$に対応する測定値で，$\varepsilon_i$は残差で確率分布に従う偶発誤差です．図1では5組のデータがありますが，問題は残差の平方和，$\Sigma \varepsilon_i^2 = S_E$を最小にすることです．ここで$\Sigma$は$i$につ

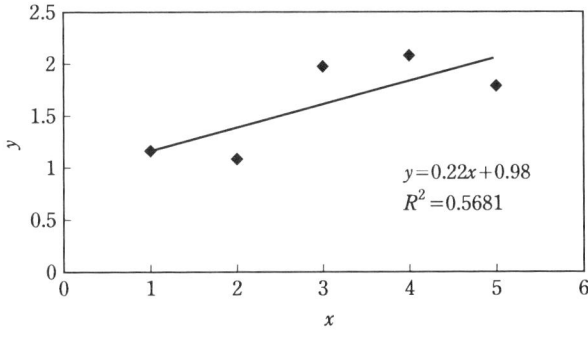

図1　測定点と回帰直線の例

いてデータ総数 $n$ までの和を取ります.
いま, $\varepsilon_i = y_i - a - b \cdot x_i$ ですから,
$$S_E = \Sigma (y_i - a - bx_i)^2$$
$S_E$ の最小値を与える $a, b$ を求めるには $S_E$ を $a, b$ でそれぞれ微分して0と置けばよいので,
$$\partial S_E / \partial a = -2\Sigma (y_i - a - bx_i) = 0$$
$$\partial S_E / \partial b = -2\Sigma (y_i - a - bx_i) x_i = 0$$
つまり $na + (\Sigma x_i) b = \Sigma y_i$
$$(\Sigma x_i) a + (\Sigma x_i^2) b = \Sigma x_i y_i$$
この2つの式を連立方程式として解きます.
いま $x$ と $y$ の平均値を $x_m = (\Sigma x_i)/n, y_m = (\Sigma y_i)/n$, $x$ の偏差平方和を $S_x$, $x, y$ の偏差の積を $S_{xy}$ と書くと,
$$S_x = \Sigma (x_i - x_m)^2 = \Sigma x_i^2 - x_m \Sigma x_i,$$
$$S_{xy} = \Sigma (x_i - x_m)(y_i - y_m) = \Sigma x_i y_i - y_m \Sigma x_i$$
この表記を用いると上の連立方程式は次のように解けます.
$$a = y_m - bx_m, \quad b = S_{xy}/S_x$$
これによって直線の回帰式が
$$y = (S_{xy}/S_x) x + (y_m - x_m S_{xy}/S_x)$$
と与えられます.関数電卓やエクセルを使えば一々連立方程式を解かなくても答えは直ちに出てきます.でも,その裏にはこの様な手続きがあります.

　他の回帰も原理的に同じようにして求められます.図1の直線はこの様にして求めた直線です.実測点が多数あるときは,実測点を等分する様な直線を目分量で引いても,計算値とそれほど大きな差は生じませんが,測定点が少ないときには目分量は危険です.注意しなければならないことは,この様な取り扱いが成り立つ条件が確率過程から生じるバラツキであることで,何等かの偏りを生じている測定プロセスには,偏りを訂正しない限り適用できません.以下の実験計画でこの点に少し触れましょう.

　我々の測定では一般に物性値の温度依存性や測定する物質－測定系の組成依存性を重要視することがほとんどです.だから本来ならば,温度と組成(多く

の場合，2成分以上の多元系）の重相関を求めることになりますが，簡略化のため，組成を一定にして温度依存を求め，それから組成を動かして影響の大きい成分の順にその組成依存を求めるという手順で測定することが多いようです．成分数が少ないときはこれで満足できますが，多成分のときはきちんとした実験計画を立てることが望まれます．とくにその影響が同程度である成分が多数あるときには多重回帰の手法が問題解決に役立つ筈です．

　測定に及ぼす誤差因子が幾つかあるとき，たとえば幾何学的な測定因子－測定軸の直線性など，温度因子，組成因子など，それらは凡て平等な影響を測定結果に与えるものではないでしょう．式で書くと，目的とする性質の測定値を$P$として；

$$\Delta P = (\partial P/\partial g)\,\delta g + (\partial P/\partial T)\,\delta T + (\partial P/\partial x_i)\,\delta x_i + \cdots$$

$\delta g$は幾何因子の設定値からの外れ，以下温度，組成の設定値からの外れです．全誤差はそれらの和として与えられます．それぞれの因子が設定値から外れるとどのくらい測定値に影響するかを因子毎に示したのが$(\partial P/\partial 因子)\times(因子の変化量)$です．設定値からの外れがもっと激しいときはクロスターム$(\partial^2 P/\partial g\partial T)$なども考慮することになりますが，クロスタームを考慮しなければならないようでしたら，物性測定としてはほぼ失格です．個々の因子の影響の大きさは色々です．全誤差は影響の一番大きい因子でまず規制されます．有効数字2桁の値と3桁の値を足し算すれば有効数字は2桁の値でマスクされます．ですから総ての誤差因子が同じ程度になるよう注意しなければなりません．例えば温度の管理だけ厳密に行っても，温度依存性が小さい時には必ずしも利口ではないわけです．何事によらず，全体のバランス，調和に気を配ることが大切です．

　なお，今の例は互いに独立な誤差因子が存在する場合です．誤差因子が従属関係にあるときでも，やはり有効桁数の小さいものによって律せられますので気を付けましょう．

　蛇足ですが，有効桁数を上げる方法の一つに測定回数があります．一般に，統計的な測定誤差は多数回の測定値を平均化することによって減少します．$n$回の測定の平均化は1回の測定に較べその誤差を$(1/\sqrt{n})$にします．ですから，

もし3桁の有効数字を4桁の数字にしたければ同じ測定を100回繰りかえして，その平均を取ることです．

## 実験計画

一般に実験を行う際，1) 影響を調べる因子以外は一定とする．2) 繰り返しはバラツキを除くため同一条件で測定する．3) それでも避けられない因子はランダム化を図る．これが実験計画の原則です．そして，この様な問題を解決したのがR. A. Fisher (1920) の有名な圃場試験です．フィッシャーは作物の品種と施肥量の関係を調べようとしました．そのとき作付け圃場の土壌条件の影響を除くために，統計的な方法，作付けする圃場の区画をランダム化することを考案し，これが端緒となって実験計画法が発展しました．

我々に圃場は出てきませんが，たとえば測定器にドリフトがあって時間と共に計測値がシフトする様な場合を考えましょう．このドリフトの影響をキャンセルするにはどうすれば良いか，それがここでの問題です．もちろんドリフトをきちんと計って測定値を補正するというのがまずもっての対策でしょう．しかし，実測定の時のドリフトがブランク測定の時と同じという保証はありません．そこでこのドリフトをランダム化して統計的に処理しようという訳です．Appendixに実際の手法が説明されておりますので詳細はそちらをご覧下さい．要するに他の測定要因に対しドリフトの影響が一定のバイアスとならないように工夫することで，エラーは持ち込みますが，偏りは避けるという思想です．それを如何に効率よく行うかが実験計画法で解ります．

## 研究論文の要件

いよいよ測定も終わりました．その結果を多くの人達が利用出来るようにするには，結果を公表しなければなりません．自然科学を研究する目的は，自然現象を研究し，その結果を公表し，人類共有の知的財産として蓄え，更なる発展のために次世代に引き継ぐことにあります．それで研究が終われば論文を書いて公表することになります．ここでは論文の備えなければならない条件について考えてみましょう．

論文はその書き手と未知の読者との通信文です．情報の受け渡しは論文に書かれた文章およびその補助として式や図・表で行われる訳です．ですから，論文を書くときには細心の注意を払って意味が正しく伝わるように工夫する必要があります．そのためには一義的な言葉遣いをすることです．簡潔に書くことは必要ですが，それによって意味の伝達が阻害されてはなりません．正確さと簡潔さとの比較は正確さを優先しますが，読み手もほぼ同業者であることに注意しましょう．そうすれば可成りの程度で簡潔さが確保できます．図の書き方も同様に出来る限り簡潔に見やすい様に工夫すべきです．詳細なデータは表に納めます．図から3桁の有効数字はなかなか得られません．1 mmを10等分できたとしても図面の大きさ100 mmに対してやっと3桁です．常識的に図で表した場合の有効数字は2桁でしょう．ですから図の表示は全体の傾向を示すためと考え，数字データは表で示すべきです．その場合も，有効桁数を充分に吟味し，無意味な桁数は省くことです．さもないと研究者としての資質を疑われかねません．

　以上が論文を書く上での心構えです．そして論文が論文であるためには，何等かの「新しい知見」を含んでいることが必要条件です．「新しい知見」には色々なケースがあります．方法，結果，考察などに「新しさ」があることです．「新しさ」のない実験，研究は学術の発展に資するところがありませんので論文にはならないのです．論文には論文の形式があります．関係する学会によって多少の違いはあるでしょう．形式を満たすことも必要です．形式の如何にかかわらず大切なことは著者の主張を解りやすく記述することです．一つだけ蛇足を加えます．それはkey wordです．折角の論文が関係する多くの人に読まれるために，key wordの選び方に充分注意してください．過不足無く，仕事の分野をカバーするように選ぶことです．自分が文献を探す時のことを考えると解るでしょう．それと論文を書くタイミングに気を付けましょう．急ぎすぎて後で後悔することもあります．確信が持てるまで原稿を暖めることが必要です．もう少し研究してからという考えは貴重ですが，ある場合はあきらめることも必要です．結局，慎重さと果断さのバランス，研究の見通しなど，論文を書くことを前提とした上での総合判断でしょう．

ごく大雑把なことを書きましたが,その本旨は論文を「それ自身で意味をあらしめる」ためです.自然科学は再現性を大切にします.後世の人が「論文の示す情報のみで貴方と同じ研究を再現出来る」ために論文を書くのですから.ただし,再現性は必要条件であって充分条件ではありません.充分条件は行った実験ないしは測定が合目的的に正しいことを証明することであります.科学者であり宗教者であったパスカル（1623〜1662）が"幾何学的精神について"の冒頭で言っています.「真理を追究する時には,それを発見すること,真理を所有する時には,それを論証すること,真理を吟味する時には,真を偽から識別することである」.

（白石 裕）

# 2 章への プロムナード

　真空を自在に利用する現代では「人間は真空を好む」と言えるでしょうが，古代ギリシャのアリストテレス（384～322 B.C.）は水，土，火，風の他に第五元素としてエーテルを考え「自然は真空を嫌う」と主張しました．このアリストテレスの説を実証的に覆したのは，視力を失った晩年のガリレオ・ガリレイ（1564～1642）に秘書として仕えていたトリチェリ（1608～1647）です．彼は1643年，一端を閉じたガラス管に水銀を満たし，それを逆さまにして水銀の槽に入れると，閉じたガラス管の中に約760 mmの水銀柱ができ，その上部には空間が残ることを示しました．彼は「自然が真空を嫌う」にも限度があって，嫌う力の限度を超えると水銀が自身の重みで管から流れ出し，何もない空間，つまり真空が生じると考えました．これが有名なトリチェリの真空です．パスカル（1647）も一端を閉じたU字管を用いて同じような実験を行い，大気の圧力で水銀が押し上げられると主張しました．この"トリチェリの真空"を，容器の中から大気を汲み出すポンプとして利用したのは200年後のテプラー（1862）やシュプレンゲル（1865）です．こうして19世紀後半になって初めて真空の実験が行われるようになりました．大気の圧力を証明した公開実験；「マグデブルグの半球」は1654年から1662年にかけて何回か行われていますが，その実験者であるマグデブルグ市長・ゲーリケが革のパッキングで合わせた2つの半球の中を排気するために使った道具は，彼の発明によるピストン式の真空ポンプでした．でも，当時の弁やパッキングの材質から推して，"トリチェリの真空"と比較すれば減圧というほうが当たっているでしょう．

　トリチェリやテプラーなどの例を見ても分かる通り，20世紀に至るまで水銀は真空を得るための大切な作動物質でした．金属の水銀は比較的安全ですが，その蒸気は肺から吸収されて慢性的神経毒となりますし，有機水銀は容易に身体に吸収・蓄積されて水銀中毒を引き起こします．この様に油断のならない水銀でありますが，合金（アマルガム）を作る性質は昔から利用されていました．天然に金属水銀として産出することは珍しく，普通は硫化物，HgSとして産出します．これは辰砂といわれ，その赤色が珍重され，朱の顔料として神社などの外装に使われました．奈良の枕詞"青丹よし"の丹は硫化水銀を意味します．奈良近郊の丹生（にゅう）の地名は辰砂の産地であることから来ています．金アマルガムが奈良の大仏の

金メッキ材として使われたことはご存知でしょう．今日でも朱肉として辰砂が用いられ，公式文書に押印されています．水銀の毒性は今でこそ誰でもご存知ですが，古代，水銀は不死の霊薬とされました．秦の始皇帝が宮殿の地下に水銀の池を作って船遊びに興じ，辰砂を霊薬として服用していたことは有名な話です．始皇帝が水銀中毒となり寿命を縮めたことは今日から見れば当然ですが，水銀の毒性が認識されたのは中世以降のことです．まさに，ラルースの諺辞典にある通り，「無知はあらゆる災いの母」です．

# 2章 実験基礎技術

## まえがき

　高温で溶融している物質を取り扱う実験において,まず必要なものは高温を作り出す炉であり,さらに取り扱う物質が実験の途中で変質しないような環境を作り出すことである．これはどんな物性測定においても共通に言えることで,高温実験の共通基礎としてこの章で取り上げた．主要な項目は雰囲気の制御と高温炉である[*]．一般的な常識と自作する際のヒントとなる事柄を実例と共に示した．また,実験に必要な電子技術：温度制御のための電子回路や出力信号の一寸した増幅,あるいはパソコンとデータロガーとの信号の受け渡しなど,知っていると都合がよい事柄をAppendixに示した．

## 2-1　真空技術と雰囲気制御

　本書で取り扱う真空の目的は,一つには試料調製時における試料の酸化防止や脱ガスを目的とした真空溶解であり,もう一つは物性測定時に試料の組成変化を防ぐための雰囲気を有効に制御するためである．間接的には高温炉のヒーター保護という場合もある．試料周辺の雰囲気制御では真空が絶対に必要ということではない．試料がメタルの時は酸化防止,スラグや塩の時は分解や組成変動の防止という観点から保護ガスの雰囲気で試料を包むが,この場合,必要

---

\* 参考文献

　A. U. Seybolt, J. E. Burke: Procedures in Exprimental Metallurgy, John Wiley & Sons, (1953).

　白石 裕："まず融かそう",　金属,　**68** (1998), No.5, No.7, No.11; **69** (1999), No.1,

な保護ガスを試料周辺に流せば良いことになる．しかし，単にガスを流しただけでは試料が充分に保護ガスに包まれているかどうか検証することが難しい．そこで真空技術のお出ましとなる．装置を一旦真空に引いて封じ切り，漏れや，ガス放出の無いことを確かめてから保護ガスと置換すれば試料の周辺が保護ガスに包まれていることの保証となる．あとは装置内が外気に対し負圧にならないように気を付けることである．

　真空溶解によってメタルの脱ガスをする際，まず到達真空度が気になるが，それよりも使う耐火材の材質，装置の残留ガス，真空漏れに注意する必要がある．特に装置内の水分は高温において意外と高い酸素分圧を与える．メタル中の酸素は表面活性で真空溶解による不純物の除去の妨げになる．高い到達真空度でも排気速度の大きいポンプを用いれば，多少のリークやガス放出があっても，見かけ上比較的容易に達成できる．真空溶解の場合，試料そのものがガス放出源になるから排気速度にある程度余裕のあるポンプを使うと良い．ただ，真空度だけを頼りにしないことである．リークの分だけ絶えずフレッシュな大気を供給していることになりかねない．スラグやガラスのガス抜きには注意が必要である．粘度の高い融体を減圧ないし真空で取り扱うとき，融体中からの気泡の離脱に非常に時間がかかる．また，ある圧力に達したとき急に吹きこぼれるという心配がある．ガラスの溶解では静澄剤と称して気化しやすい薬品，昔は亜砒酸を加えていた．いまは$(NH_4)_2SO_4$などを加えるようである．これらが分解気化するとき融体中の小さな気泡を集めて浮上する．単なる真空溶解ではいつまでも気泡が発生してガスが抜けきれないこともあり，静澄剤も選択肢の一つである．粉体を容器に入れて真空に引くときも，初めはゆっくり引かないと飛散してひどい目に遭う．兎に角，真空への引き初めはとくに注意深くありたいものである．大気圧近くでは，気体の体積流れが大きいことを忘れないこと，低真空領域をうまく乗り切るのが真空溶解のコツである．

## 真空領域と真空ポンプ

　JISに区分されている真空の圧力範囲と，それを得るために使用される真空ポンプの概略を表2-1に示す．真空ポンプについての詳細は省くが，選定の目

表2-1 真空領域と適応する真空ポンプの例

| 領域 | 圧力範囲 Torr | 圧力範囲 Pa | ポンプ例 |
|---|---|---|---|
| 低真空 (low vacuum) | >1 | 100 | アスピレーター, 油回転ポンプ |
| 中真空 (midium vacuum) | $1 \sim 10^{-3}$ | $100 \sim 0.1$ | 油回転ポンプ |
| 高真空 (high vacuum) | $10^{-3} \sim 10^{-7}$ | $0.1 \sim 10^{-5}$ | 油拡散ポンプ, クライオポンプ |
| 超高真空 (ultrahigh vacuum) | $<10^{-7}$ | $<10^{-5}$ | ターボ分子ポンプ, スパッタイオンポンプ, クライオポンプ |

表2-2 真空ポンプの種類

| 領域 | 動作原理 | 動作範囲 | 特長 |
|---|---|---|---|
| アスピレーター | ベンチュリ効果 | $\sim 20$ Torr | 水道利用の減圧作用 |
| 油回転ポンプ | 自転板による気体の掻き出し | $\sim 10^{-3}$ Torr | 大気圧より作動する, 粗引き用に使用可 |
| メカニカル・ブースター | 送風機と同じ構造で高速回転 | $\sim 10^{-3}$ Torr | 同上 |
| 油拡散ポンプ | 蒸発した油ジェット中に気体を拡散させて捕捉 | $10^{-3} \sim 10^{-7}$ Torr | 粗引きポンプ必要.Hgを用いることも可. コールドトラップ必要 |
| クライオポンプ | 気体分子を極低温面に凝縮捕捉 | $10^{-2} \sim 10^{-8}$ Torr | 冷媒用コンプレッサ必要, オイルフリー |
| ターボ分子ポンプ | 高速回転翼で分子を弾き飛ばす | $\sim 10^{-9}$ Torr | 粗引きポンプ必要 |
| スパッタイオンポンプ | イオンのゲッター作用と電極間放電による残留ガスイオン化との相互作用 | $\sim 10^{-12}$ Torr | 超高真空向き, ターボ分子ポンプを粗引きポンプとする |

安となる動作原理, 動作範囲, 特長などを表2-2に纏める.

　実験室的には比較的価格の安いオイルロータリとオイルディフュージョンの組み合わせを用いることが多い. 油による汚染を嫌うときにはポンプと測定部の間にコールドトラップを挿入して用いる. 多くの場合, 液体窒素を使うまでもなく, ドライアイス－アルコールで冷やせば良い. ただ, 一旦使えば, 実験の終了まで冷却し続けることが肝要である.実験途中でのドライアイスの補給など準備を怠りなくすること.蒸着など高真空を必要とする特殊な実験を除いて, ここで扱う物性測定では, イオンポンプを必要とすることはまず無いであ

ろう.

なお,オイルロータリとオイルディフュージョンを組み合わせた排気セットなどが市販されている.このようなセットを利用すると割合簡単に真空装置が組み立てられる.

## 圧力単位と真空計

真空関係で慣用される単位に「mmHg=Torr」がある.mmHgは言うまでもなく水銀柱のヘッド差である.Torrはトリチェリに由来する単位で,SI単位系の圧力単位パスカルとは「$1Pa=7.501\times10^{-3}$ Torr」の関係にある.パスカルは1 $m^2$に働く力(ニュートン数)で表わす.1ニュートン(N)は$1 kg\cdot m/s^2$の力を表わしている.トリチェリの真空において,トリチェリは水銀柱の高さを「真空が引っ張る力」と考え,パスカルが「大気が押す力」と考えたことに対応して圧力単位も出来上がっているように思えて面白い.比較的良く使われる圧力単位の関係を表2-3に示した.1気圧の気体を標準状態とすることが慣例である熱力学では,分圧の表示に気圧単位が用いられる.トル(Torr)は真空関係,

表2-3 圧力単位

|  | パスカル, Pa | 気圧, atm | トル, Torr | psi |
|---|---|---|---|---|
| Pa | $1 N/m^2$ | $9.87\times10^{-6}$ | $7.5\times10^{-3}$ | $145\times10^{-6}$ |
| atm | $101.325\times10^3$ | 1 atm | 760 | 14.696 |
| Torr | 133.32 | $1.316\times10^{-3}$ | 1 mmHg | $19.327\times10^{-3}$ |
| psi | 6894.757 | $68.046\times10^{-3}$ | 51.7349 | $1 lbf/in^2$ |

ポンド・パー・スクエアインチ(psi)は英米系の工学で使われる.

真空計には直接機械式圧力測定と間接圧力測定がある.前者はマノメーター,ブルドン・ゲージ,マクラウド真空計など.後者にはガイスラー管,ピラニゲージ,電離真空計などで,これらは気体の種類によって感度が異なるため,較正が必要である.

### i) 直接測定の圧力計

**マノメーター**:U字管の一端を封じ,真空側との水銀柱の差を測定する.圧

力測定範囲は100～1 Torr程度.

**マクレオド真空計**：大きいガス溜と毛細管で構成され，測定する真空側の気体をガス溜に取り込み，それを圧縮して圧を高め，毛細管の水銀柱高さとして測定する．測定範囲は$1 \sim 10^{-4}$ Torr．絶対測定が出来るため，間接測定真空計の較正用標準として用いられる．

**ダイアフラム圧力計**：隔膜（ダイアフラム）によって仕切られた両側の圧力差を隔膜の動きによって測定する機械式圧力計．

**ブルドン管圧力計**：円形ないし半円形に曲げた管の一端を閉じ，圧力に応じて管の曲率が変化することを利用する圧力計で，常圧近くから低真空領域まで用いられる．

**ii) 間接測定の真空計**

**ガイスラー管**：ガラス管の両端に電極を設け，ガラス管を真空系に接続する．電極間に感応コイルで1000 V程度の高電圧を掛けると真空度に応じた放電をする．ひも状（数Torr）から赤紫色の陽極放電（$10^{-1}$ Torr）を経て，最後はガラス管壁の蛍光（$10^{-2}$ Torr）を示す．ガラス管に蛍光物質を塗布しておくと$10^{-3}$ Torr程度まで観測できる．

**ピラニゲージ**：$10^{-1} \sim 10^{-4}$ Torrの真空度で使われる真空計で気体分子による熱伝導が圧力に比例することを利用している．ガラス管中に200～300℃の熱線を張り，定電流を流したときの熱線温度を測定する．ピラニ真空計は定電流型で熱線の抵抗値から温度を求める．測定範囲は$10 \sim 10^{-3}$ Torr．熱線の温度を測るために熱電対やサーミスタを用いる真空計も含め，一般に熱伝導型真空計と言う．

**電離真空計**：高真空で作動する高感度の真空計である．気体分子に電子を衝突させてイオン化し，発生したイオンの数を電流値として計測し，真空度を測る．イオン化の方法により熱陰極型と冷陰極型がある．

**熱陰極型（ベアー・アルパート）**：フィラメントを陰極とする三極管で，熱フィラメントから放出された電子が気体分子に衝突してイオンを作り，適当なバイアス電圧を持つ陽極（コレクター）に集めてイオン電流を測定する．イオ

ン化量は圧力に比例するのでイオン電流を測定すれば圧力が求まる．測定範囲は $10^{-3}$〜$10^{-10}$ Torr．

**冷陰極型（ペニングゲージ）**：リング状の陽極と上下の円板状電極の間に数千Vの電圧をかけ，かつ軸対称に磁場をかけると冷陰極から引き出された電子は螺旋状に進行して気体分子をイオン化し，μA〜mAのイオン電流を陽極に与える．これより気体密度つまり真空度が求まる．熱陰極型に較べて精度は落ちるが，故障が少なく，被測定系に与える影響も少ない．

## 真空装置の構成とリークテスト

### i) 装置の構成

この本で取り扱う測定で，試料周辺の雰囲気を制御するためには何等かの覆いが必要である．この覆いの形は試料の加熱方法に関係する．加熱炉の中に反応管を通して試料を管の内部で加熱溶解する外熱式では，試料周りの容積を小さくすることが出来て雰囲気の制御はやりやすくなる．その代わり，反応管まで加熱することになり，加熱効率は悪くなる．逆に，発熱エレメントを容器の中に入れて試料を溶解する内熱式では，酸化に弱いメタル系の発熱エレメントを利用できる利点があるが，どうしても容器は大きくなり，雰囲気制御の点からは面白くない．外熱式では耐火物製の反応管を用いるので真空配管との接続にはメタルフランジとの摺り合わせか，ガスケットによる接続が必要になる．多くの場合，水冷カラーを摺り合わせて繋いでいる．一方，内熱式では，多くはメタル製真空槽を用い金属配管により排気系に接続する．配管のコンダクタンスは粘性流領域では管径の4乗，分子流領域では3乗に比例するから排気速度を重視する時は太い管を用いる方がよい．本書に登場するであろう多くの装置に対しては，メタル配管のときには1インチ位，とくに大型な装置で2インチくらいが適当であろう．

ガラス配管では装置そのものが小型なことが多く，デッドスペースを小さくしたい場合が多い．そのため外熱式がほとんどであり，内径10〜15 mmのガラス管が用いられる．あまり太いものはガラス細工が困難になる．硬質ガラス管を用いて配管するとガラス細工も楽であるし，あとでベークするときに破損

の心配が少ない．メタル/メタル接続にはOリングのようなガスケットを用いることが多い．ガスケットによるシールはガスケットの体積変形を利用し，接続面に刻まれた溝を埋め尽くすことによって為されている．接続面の溝に隙間の出来ないような設計と締め付けが必要である．いずれにせよ，不必要なデッドスペースは極力無くし，排気容積を可能な限り小さくする設計が望ましい．

メタルの定盤とベルジャーの組み合わせは装置の製作上うまい組み合わせである．測定部を定盤の上に組み，全体をベルで覆うと容易に雰囲気の制御が出来る．ただ，操作上ベルジャーの取り扱いが結構大変である．紙上の設計では実感できないが，ベルジャーの重さと大きさは操作上意外と手強いものであり，定盤との密着性もそれなりの加工精度が必要である．

どのような装置を設計するかは実験の第一歩であり，以後の研究がスムースに行くかどうかを決めることになる．良い装置を作る近道は類似の装置を文献から探すことであろう．先達の苦労を取り込んで自分の仕事に生かすのは科学の発展のための王道である．ここで述べたことのエッセンスは，ある必要な空間の内部を外気から遮断して，必要とする雰囲気に保つことで，そのための過不足のない真空技術，必要を満たす簡素な装置，それがここで求められている．

### ii) リークテスト

さて，真空装置ができたとしよう．つぎの問題はこの装置に真空漏れがあるかどうかである．まずはオイルロータリで引いて期待できる真空度が得られるかをテストする．いつまでもロータリがポコポコ言うようでは不合格．カンカンカンと負荷の掛かった音が出なければならない．多くの場合，ポコポコであろう．そこでリークテストになる．色々な方法があるが，簡単で効果的なのは石鹸水の塗布である．濃い石鹸水を作り，装置を少し加圧して怪しげなところに石鹸水を塗布する．リークがあればシャボン玉ができる．簡単だが結構実用になる．コック，あるいはバルブを閉めて，装置を部分的に少しずつ試してゆく．装置のリークバルブに適当なガスボンベを繋げば簡単に装置内を加圧できる．

排気中に行えるテストにはアルコールプローベが簡単である．大抵の真空装

置にはガイスラー管が付いている．1 Torr くらいの低真空領域で赤紫色の放電をするが，もしアルコール蒸気を含むと白っぽい青色に変化する．それで，疑わしいところ，ガラス管の溶着部，金属管の溶接部，それからフランジなどの接合部にアルコールを塗布するか，吹き付ける．それを装置全体について試してみる．うまくリーク個所に当たるとアルコールの液体でリークが塞がり，途端に真空度があがりポンプの音が変わるかガイスラー管の色が変わる．装置全体を調べるのは結構根気が必要である．電離真空計でも空気とアルコールの感度差があるので利用できる．リークに遭遇すると真空計の針が振れるので容易にわかる．かなり高い真空領域でも使える方法である．ヘリウムリークディテクターというリーク探し専門の計器もあるが，ここで取り扱う雰囲気制御の範囲では必要としないだろう．

　装置全体を一度にテストしたいという向きにはアンモニア加圧法がある．今，入手が容易かどうか解らないが，青写真で使うジアゾ感光紙を装置全体に巻いて，装置内にアンモニアガスを加圧封入し，一晩放置する．翌朝，感光紙をほどくとリークの箇所がアンモニアによって青く変色している．加圧の加減で感度は変わるが，結構実用的である．もちろん，後で装置をベークしアンモニアを飛ばすことが必要である．

### iii) 放出ガス，残留ガス

　リーク探しが終われば装置は出来上がりである．仕上げは装置内部からのガスを放出させることである．装置内面には吸着ガスや吸蔵ガス，あるいは汚れとして，水，$CO_2$，$H_2$ やオイルの分解物などがあり，装置内を排気すると，じわじわとこれらのガスが漏れだしてくる．この対策として装置の加熱（ベーキング）が有効である．通常，200〜300℃位に加熱し一日程度真空に引く．そうすると $10^{-5}$ Torr 程度の真空は容易にえられる．ただし，一旦外気に曝せば全くと言うほどではないにせよ，装置の内面に水や酸素，CO，窒素，$CO_2$ などを吸着してもとの木阿弥になる．やはり装置の内面を綺麗にしておくこと（表面積の減少）が大切で，鏡面仕上げとまで行かなくても，エメリーで充分滑らかにする位の気遣いは大切であろう．錆が残っているなどは論外である．ガラス

配管の時でも，使用するガラス管の洗浄は丁寧に行った方が良い．ともかく「真空は綺麗好き」であることをお忘れなく．

(白石 裕)

## 雰囲気制御
### i) 雰囲気ガス

　試料を取りまく条件として温度と共に重要なのは雰囲気であり，その為に人工的にガスを流してコントロールする必要が出てくる．

　使用されるガスは多種多様で，市販されているボンベ入りガスを用いることが多いが，特殊なガスはそのために製造して使うこともある．また，装置内を一旦真空に引いてからガスを送入する，いわゆるガス置換を行って制御の効率化をはかることが一般的で，そのために前項に述べた真空技術が大いに役立つこととなる．メーカー，取扱商社等によって差はあるが，一般に市販されているボンベ入りのガスを挙げると，表2-4のようなものがある．それぞれ若干の不純物を含有するので精製が必要となるが，これについては次項で述べる．ガスボンベはそれぞれ特有の塗色を施し，$H_2$, $NH_3$などの可燃性ガスは左ネジとして間違いを防いでいる．

表2-4　市販されているガス（ボンベ入り）

| ガス | 製造方法 | 純度〔%〕 | 不純物 | ボンベの色 |
|---|---|---|---|---|
| 窒素（$N_2$） | 空気低温分離 | 99.9 | 酸素 他 | グレー |
| 酸素（$O_2$） | 〃 | 99.5 | 窒素 他 | 黒 |
| 水素（$H_2$） | 電解法 | 99.5 | 酸素 他 | 赤 |
| 塩素（$Cl_2$） | 〃 | 99.8 |  | 黄 |
| 炭酸ガス（$CO_2$） | 天然ガス，コークス法 | 99.6 | 窒素, 水分 | 緑 |
| 一酸化炭素（CO） |  |  |  |  |
| 亜硫酸ガス（$SO_2$） | 硫酸工場副産物 | 99.8 | 水分 他 |  |
| 硫化水素（$H_2S$） |  |  |  |  |
| アンモニア（$NH_3$） | 合成法 | 99.8 | 油分 他 | 白 |
| メタン（$CH_4$） | 天然ガス | 91.1 | $N_2, O_2, CO_2$ 他 |  |
| アセチレン（$C_2H_2$） | カーバイド法 | 99.5 |  | 茶 |
| ヘリウム（He） | 天然ガス精製 | 99.99 |  |  |
| ネオン（Ne） | 〃 | 99.99 |  |  |
| アルゴン（Ar） | 〃 | 99.99 |  | グレー |

一定の分圧をもつ水蒸気雰囲気の場合はいうまでもないが,少量のガスを必要とする場合など自製する方が便利なことがある.水蒸気は恒温槽中に蒸留水を入れたコンデンサをおき,キャリヤガス(水素など)を流して一定温度で飽和させれば,所定の分圧の$H_2$-$H_2O$混合ガスが得られる.実験室でのガス発生装置としては,キップの装置といわれるガラス製の装置を使うことが多い.例えば,$CO_2$の場合は,大理石にHClを滴下して製造する.COは,蟻酸に$H_2SO_4$を滴下して作る.また,$SO_2$は$Na_2SO_3$溶液に$H_2SO_4$を滴下して製造し,食塩-氷寒剤の中に沈めたコック付きガラスボートに導いて液化して使用する.キップの装置で亜鉛粒に$H_2SO_4$またはHClを滴下して水素を製造することができる.また,陽極と陰極を分けた水の電解によって陽極側に$O_2$を,陰極側に$H_2$を同時に発生させることが可能である.

### ii) ガス精製

　ガスに含まれる不純分のうち最も普通のものは水分であるが,他成分ガスを微量含有することも多いので,装置に導入する前に各種の吸収剤を通して除去精製するのが一般的である.

　水分を吸収するための乾燥剤には多くの種類があり,特徴も異なる.表2-5にその例を示した.これらはU字管,ハルトマン管*)など適当な容器に充填し,ガス流の回路中に入れて用いる.

表2-5　乾燥剤と適用ガス

| 乾燥剤 | 乾燥限度 | 適用ガス |
|---|---|---|
| $P_2O_5$ | $2\times10^{-5}$ mg/ガス1$l$ | $H_2, O_2, CO, CO_2, SO_2, N_2, CH_4$ |
| $Mg(ClO_4)_2$ | $5\times10^{-4}$ mg/ガス1$l$ | 酸性ガスを除く一般ガス |
| KOH | $2\times10^{-3}$ mg/ガス1$l$ | $NH_3$,アミン |
| $Al_2O_3$ | $3\times10^{-3}$ mg/ガス1$l$ | 酸性ガスを除く一般ガス |
| $H_2SO_4$ | $3\times10^{-3}$ mg/ガス1$l$ | $H_2, N_2, CO, CO_2, CH_4$ |
| CaO | 0.2 | $NH_3$,アミン |
| $CaCl_2$ | 0.14〜0.25 | $H_2, O_2, CO, CO_2, N_2, CH_4$ |

*) ハルトマン管:ガス成分の吸収,精製等に用いるトラップの総称.

表2-6 不純ガス成分の吸収剤

| 除去対象ガス | 吸収剤 | 吸収剤の製法 | 備考 |
| --- | --- | --- | --- |
| 窒素 ($N_2$) | 金属 Zr<br>金属 Ti | | 850～900℃<br>850℃ |
| 酸素 ($O_2$) | アルカリピロガロール<br><br>Cu 網<br>Ti | 15％ピロガロール水溶液<br>1+30％カセイカリ水溶液 3 | 18℃以上で使用<br><br>450℃前後<br>850℃前後 |
| 水素 ($H_2$) | Pd または白金保持体 | | $H_2O$に酸化し，吸収除去 |
| 炭酸ガス ($CO_2$) | カセイカリ水溶液<br>アスカライト<br>ソーダライム | カセイカリ 1+水 3<br>カセイカリ水溶液をグラスウールと煮詰め濃縮 | |
| 一酸化炭素 (CO) | $Cu_2O$ | | 400℃，$CO_2$として吸収 |
| 亜硫酸ガス ($SO_2$) | 1％オゾン溶液<br>+$CuCl_2 \cdot 2H_2O$ | $H_2O_2$ 30％溶液を希釈<br>$CuCl_2$は酸化触媒 | $SO_3$に酸化吸収 |

　ガス中に他のガス成分を含む場合は，害を及ぼすことがあるので吸収剤を用いて除去する．吸収剤には対象によりさまざまな種類があるが，普通に用いられるものを表2-6に示した．吸収剤には固体と液体があり，適宜使い分ける．固体吸収剤はU字型吸収管やハルトマン管を，液体吸収剤には液体用ハルトマン管あるいは洗浄瓶を用いる．連結する場合には，よくガラス管部分を突き合わせた上をビニル管などで覆うとよい．ガラス接合を行うときはガラスの種類に注意し，同種ガラス同士を溶接するようにする．異種ガラスの場合は摺り合せにする．摺り合せはガラス同士に止まらず，磁性管，石英管などにも適用できる．接合部は季節に合せたグリースやデコチンスキーセメントなどを用いて密封する．これら接合部分やコックがガス圧でゆるむ場合があるので，金属製の止め金を用いるとよい．

### iii) 流量制御と混合

　希望する雰囲気を作るためにはまず平衡計算からガス混合比を求め，構成ガスを正確に流して混合し供給する必要がある．流量を測るには流量計を用いるのが一般的であるが，これにも種々の形式があり，それぞれ実験事情と経験に

照らして選ぶことになる.

　最も広く使われているのはオリフィス流量計で,ガス通路にオリフィスを設け,両側に生ずる差圧をU字管差圧計で測って流量に換算する.オリフィスは流量範囲により交換できるよう内径の異なるものを複数準備し,予め検定較正しておくとよい.

　このほかガス流速を測る道具としてはピトー管,ロータメータなどがある.ピトー管は動圧管と静圧管の二重管構造となっており,その圧力差を傾斜型マノメータなどにより精密に読みとり,流速からガス流量を求める.ロータメータは,径に傾斜をつけた垂直透明円筒内に金属製の浮子をおき,下から上へ吹き上げるガスにより持ち上げられる高さを目盛で読んで流速を知るもので,浮子の周囲には螺旋状の溝を加工し,ガス流により回転しつつ円筒中央部に位置するように工夫してある.これは測定用よりはボンベなどからのおよそのガス送出量を見るのに適している.

　流量計によって所定量を送り出されたガスは,流路途中にガスミキサーをおいて混合する.混合するガス間の比重が大きく異なると,互いに偏析する傾向があるので注意する必要がある.

## iv) 排ガス処理

　実験室では使用したガスの事後処理にあまり気を使わないことが多い.しかし,ガスの種類や高温部での反応によっては有害なガスが存在している場合もあることを考慮し,その処理を十分に行う必要がある.$H_2$, CO, $Cl_2$, $H_2S$など,生命にかかわるガスを取扱う場合は接続部分からの洩れなどに気を配ること.無色無臭のものはとくに気をつけねばならない.

　一般的な方法としてはガスを洗浄瓶に導き,除害用もしくは吸収用の溶液に通じてから放出するようにする.ガスの量が多い場合やフードで換気するような時は,市販の除害装置などを備えて洗浄,除害する.$H_2$は爆発の恐れがあり,酸素との混合比2:1のとき最も爆発しやすくなる.水素を使用するガス回路の補修を行うときは,火を用いる前に十分に$H_2$をパージするか窒素などで置換してから開始すべきである.

排ガスではないが,ガス系統にはしばしば水銀を使用することがあり,これは気化しやすい上に毒性が強く,散乱すると埃などの付着によって目視が困難になるので,こぼさないように注意する.散乱の恐れがあるときは取り扱う場所に亜鉛を敷き,アマルガムとして吸収させる.万一床上などにこぼした時は途中にトラップを入れ,スポイトをチューブの先につけたものを水道のアスピレータに接続して丹念に吸い集める.水銀の常温 (25℃) における蒸気圧は $1.94 \times 10^{-3}$ Torrと意外に大きいことを忘れてはならない.まして高温の場所にこぼした時は論外である.

(阿座上 竹四)

## 2-2　高温技術と手作り炉

　試料を溶融すること,それがここでの測定実験の第一歩である.そのためには試料を融点以上に加熱する炉が不可欠である.この節では高温実験に用いられる加熱方法,加熱炉および関連する幾つかの事柄について概説し,次に自作した幾つかの炉を実例として示す.読者はここに示した加熱炉あるいは実例を参考に,自分の目的に合った加熱方式や炉のタイプを考案して頂きたい.なお,以下の各章にも種々のタイプの炉が図示されている.

**高温炉の概要**
　各種の高温炉を加熱方式に従って分類し,表2-7に示した.
　それぞれの炉にはそれぞれの特色があり実験の目的によって選ばれる.誘導加熱は導電性の試料に対しては直接加熱できる利点がある.非導電性の試料は導電性の容器に入れて間接的に加熱する.溶融金属の場合,誘導攪拌が起きるので,静止した融体試料を必要とする時には工夫が必要である.高周波電源があれば利用しやすい加熱法である.手作り出来る場面は少なく,目的に適当するワークコイルを捲くことができる程度であるが,それも高周波電源とのインピーダンス・マッチングの関係から限られた範囲である.
　マイクロ波加熱は冷凍食品の解凍や料理の加熱など,クッキングに大活躍す

表2-7 加熱炉

| 形 式 | 加熱方式 | 到達温度[℃] | 特 徴 |
|---|---|---|---|
| 誘導加熱 | 高周波発信器(100〜4 MHz) MG[*](1〜20 kHz) | 1600〜2000 | 電磁誘導加熱,金属溶解に適当,雰囲気制御が容易,非金属は発熱体による傍熱 |
| マイクロ波 | マグネトロン,進行波管 |  | 分子振動による加熱 |
| アーク | ACかDCアーク電源（低電圧大電流） | 〜2500 | 高融点金属溶解に適当,真空中か中性〜還元性雰囲気 |
| プラズマ・アーク | プラズマ電源と作業ガス | 〜2300 | 反応ガスによる精錬可能 |
| EB炉 | 電子衝撃電源 | >3000 | 高真空中で加熱金属を電子で叩く |
| イメージ炉 | 放射光源と鏡面(太陽光,アーク,赤外線) | 〜3000 | 放射光を光学系で集光,急速加熱可 |
| 抵抗炉 | 変圧器,サイリスタなど | 〜2000 | 抵抗体に通電,ジュール熱で加熱,自作可能 |
| ガス炉 | 水素,アセチレン等可燃ガスと酸素等助燃ガス | 〜2500 | 溶接,石英細工,窯業用炉,精密な温度制御は困難 |

\*) MG:モーター・ジェネレータ

るが,最近,金属製錬への応用が試みられている[\*]．出力の関係など今後の発展に期待するところが多いが,酸化物の焼結など面白い使い道がありそうである．意外に効率のよい加熱方法である．

　アーク炉,EB(電子衝撃)炉は高融点金属の溶解には不可欠な溶解装置であるが手作りとはほど遠い．ただ,高融点金属試料の溶製などに不可欠な場合もある．EBは小型化が可能で,真空装置に組み込むこともできる．電気的絶縁をしっかり行えば小電流ですむことから,測定系への電磁的な影響を少なくすることができる．

　プラズマ・アーク炉は作業ガスを利用した精製反応が期待できるという利点があり,高融点金属の溶解と不純物除去を同時に行える溶解法として特徴がある.ただし,プラズマガスの種類によってはガスのとけ込みを覚悟しなければならない．

　イメージ炉は赤外線を放射熱源とする小型炉が市販されている.外熱方式であるため透明な反応管に限られるが,熱容量の小さい温度応答性の良い炉を作

---

\*) 金属, **80** (2010), No.3に「マイクロ波加熱の最新動向」の特集がある．

ることが出来る．ただし，高温を得るためには放射光の焦点を絞る必要があり，容積の大きな試料を加熱するには向かないが，イメージ炉はもっと利用されても良いと思われる．高輝度光源となりうるアークイメージ炉などの開発が望まれる．

ガス炉は測定用には温度制御の点から不向きと考える．石英細工などには水素・酸素炎が不可欠であり，アセチレン・酸素炎も溶接に有用であるが，使いこなすには可成りな熟練が必要である．

結局，我々が手作りして使用することのできる炉はほぼ抵抗炉に限られる．通常の高温，1400～1600℃程度は抵抗炉で間に合わせられる．

抵抗炉を自作する上で，容易に利用できる抵抗体（発熱体）を表2-8に挙げた．

表2-8 各種発熱体と使用条件

| 発熱体 | 組 成 | 電気抵抗値 (20℃) $[\Omega \cdot cm]$ | 使用温度 [℃] | 雰囲気 | 形 状 |
|---|---|---|---|---|---|
| ニクロム | >77Ni, 19～21Cr, <2.5Mn, <1Fe | $108 \times 10^{-6}$ | 1100 | 大気 | 線, 棒, 板 |
| クロメル A | 79Ni, 19Cr, 1Fe, 1Mn, 0.28Si | $104 \times 10^{-6}$ | 1190 | 大気 | 線, 棒, 板 |
| カンタル A | 23.4Cr, 6.2Al, 1.9Co, bal.Fe | $140 \times 10^{-6}$ | 1300 | 大気 | 線, リボン |
| 白金 | 100Pt | $10.5 \times 10^{-6}$ | 1400 | 酸化性 | 線, リボン |
| 白金・ロジウム | 87Pt, 13Rh | $19 \times 10^{-6}$ | 1540 | 酸化性 | 線, リボン |
| モリブデン | 100Mo | $4.8 \times 10^{-6}$ | 1650～2200 | 真空～還元性 | 線, 棒, 板 |
| タンタル | 100Ta | $15.5 \times 10^{-6}$ | 2000 | 真空～還元性 | 線, 棒, 板 |
| タングステン | 100W | $5.5 \times 10^{-6}$ | 1700～2500 | 真空～還元性 | 線, 棒, 板 |
| シリコニット | SiC+結合材 | 10 | 1400～1600 | 大気 | 棒, 筒 |
| スーパーカンタル | $MoSi_2$ | $22 \times 10^{-6}$ | 1700 | 大気 | 棒 |
| 黒鉛 | C | $1 \times 10^{-3}$ | ～2500 | 中性～還元性 | リボン, 棒, 筒 |
| ランタンクロメート | $LaCrO_4$ |  | ～1800 | 酸化性～中性 | 棒 |

表 2-9 耐火材料の熱的特性と化学的安定性 -1

| 材料名 | 組成 [%] | 気孔率 [%] | 融点 [℃] | 使用温度 [℃] |
| --- | --- | --- | --- | --- |
| サファイア | 99.9$Al_2O_3$ | 0 | 2030 | 1950 |
| 焼結アルミナ | 99.8$Al_2O_3$ | 3〜7 | 2030 | 1900 |
| 焼結ベリリヤ | 99.8BeO | 3〜7 | 2570 | 1900 |
| hp 窒化ホウ素 | 98BN, 1.5$B_2O_3$ | 3〜7 | 2730 | 1900 |
| hp 炭化ホウ素 | 99.5$B_4C$ | 2〜5 | 2450 | 1900 |
| 焼結カルシア | 99.8CaO | 5〜10 | 2600 | 2000 |
| 黒鉛 | 99.9C | 20〜30 | 3700 | 2600 |
| 焼結マグネシア | 99.8MgO | 3〜7 | 2800 | 1900 |
| ケイ化モリブデン | 99.8$MoSi_2$ | 0〜10 | 2030 | 1700*) |
| 焼結ムライト | 72$Al_2O_3$, 28$SiO_2$ | 3〜10 | 1810 | 1750 |
| 焼結フォルステライト | 99.5 2MgO・$SiO_2$ | 4〜12 | 1885 | 1750 |
| 焼結スピネル | 99.8MgO・$Al_2O_3$ | 3〜10 | 2135 | 1850 |
| 高密度炭化ケイ素 | 98SiC, 1-2Si, <1C | 2〜5 | >2700 | 1600*) |
| 焼結チタニア | 99.5$TiO_2$ | 3〜7 | 1840 | 1600 |
| 焼結トリア | 99.8$ThO_2$ | 3〜7 | 3050 | 2500 |
| 焼結イットリア | 99.8$Y_2O_3$ | 2〜5 | 2410 | 2000 |
| 安定化ジルコニア | 92$ZrO_2$,4$HfO_2$, 4CaO | 3〜10 | 2550 | 2200 |
| 焼結ジルコン | 99.5$ZrO_2$・$SiO_2$ | 5〜15 | 2420 | 1800 |
| 溶融シリカ(石英ガラス) | 99.8$SiO_2$ | 0 | 1710 | 1100 |
| バイカーガラス | 96$SiO_2$, 4$B_2O_3$ | 0 |  | 950 |
| パイレックスガラス | 81$SiO_2$, 13$B_2O_3$, 2$Al_2O_3$, 4$M_2O$ | 0 |  | 650 |
| ムライト磁器 | 70$Al_2O_3$, 27$SiO_2$ | 2〜10 | 1750 | 1400 |
| 高アルミナ磁器 | 90-95$Al_2O_3$, 4-7$SiO_2$, 1-4 (MO+$M_2O$) | 2〜5 | 1800 | 1500 |
| ステアタイト磁器 | 35MgO, 60$SiO_2$, 5$Al_2O_3$ | 2〜5 | 1450 | 1200 |
| モリブデン | 99.8Mo | 0 | 2625 | 2200 |
| 白金 | 99.9Pt | 0 | 1774 | 1550 |
| 白金-20%ロジウム | 80Pt, 20Rh | 0 | 1900 | 1650 |
| タンタル | 99.8Ta | 0 | 3000 | 2000 |
| タングステン | 99.8W | 0 | 3410 | 3000 |

hp：ホットプレス  
M：アルカリ土類金属  
$M_2$：アルカリ金属  

*) 空気中

表 2-9　耐火材料の熱的特性と化学的安定性 -2

| 密度, g/cm³ | 膨張率, 10⁻⁶/℃ 20～1000℃ | 熱伝導率, W/m・K 100℃ | 熱伝導率, W/m・K 1000℃ | 耐熱衝撃 |
|---|---|---|---|---|
| 3.97 | 8.6 | 30 | 7.9 | 良 |
| 3.97 | 8.6 | 29 | 5.9 | 可 |
| 3.03 | 8.9 | 200 | 19 | 優 |
| 2.25 | 13.3 | 5.8～29 | 12～21 | 可 |
| 2.52 | 4.5 | 29 | 12 | 可 |
| 3.32 | 13.0 | 14 | 7 | 不可 |
| 2.22 | 1.5～2.5 | 125 | 42 | 優 |
| 3.58 | 13.5 | 34 | 6.7 | 不可 |
| 6.2 | 9.2 | 31 | 13 | 可 |
| 3.03 | 5.3 | 5.5 | 3.3 | 可 |
| 3.22 | 10.6 | 4 | 2 | 不可 |
| 3.58 | 8.8 | 14 | 5.4 | 可 |
| 3.22 | 4.0 | 56 | 21 | 優 |
| 4.24 | 8.7 | 6.3 | 3.3 | 不可 |
| 10.00 | 9.0 | 9.2 | 2.9 | 不可 |
| 4.5 | 9.3 | 90 |  | 不可 |
| 5.6 | 10.0 | 2 | 2 | 可 |
| 4.7 | 4.2 | 6.3 | 3.3 | 可 |
| 2.20 | 0.5 | 1.7 | 5 | 優 |
| 2.18 | 0.7 | 1.7 |  | 優 |
| 2.23 | 3.2 | 1.7 |  | 良 |
| 2.8 | 5.5 | 3 | 2.5 | 可 |
| 3.75 | 7.8 | 20 | 6 | 良 |
| 2.7 | 10.2 | 3 | 2.5 | 不可 |
| 10.2 | 5.5 | 150 | 120 | 優 |
| 21.45 | 10.1 | 69 | 92 | 優 |
| 18.74 | 10.3 |  |  | 優 |
| 16.6 | 6.5 | 54 | 50 | 優 |
| 19.3 | 4.0 | 170 | 125 | 優 |

表2-9 耐火材料の熱的特性と化学的安定性 −3

| 材料名 | 安定性 | | | | |
|---|---|---|---|---|---|
| | 還元性雰囲気 | 炭素 | 酸性塩 | 塩基性塩 | 溶融金属 |
| サファイア | 良 | 可 | 良 | 良 | 良 |
| 焼結アルミナ | 良 | 可 | 良 | 良 | 良 |
| 焼結ベリリヤ | 優 | 優 | | 可 | 良 |
| hp窒化ホウ素 | | | | | |
| hp炭化ホウ素 | | | | | |
| 焼結カルシア | 不可 | 不可 | 不可 | 可 | 不可 |
| 黒鉛 | 優 | 優 | 良 | 良 | 良 |
| 焼結マグネシア | 不可 | 良 | 不可 | 良 | 可 |
| ケイ化モリブデン | | | | | |
| 焼結ムライト | 可 | 可 | 良 | 可 | 可 |
| 焼結フォルステライト | | | | | |
| 焼結スピネル | | 可 | 可 | 良 | |
| 高密度炭化ケイ素 | 優 | 優 | 可 | 不可 | 不可 |
| 焼結チタニア | | | | | |
| 焼結トリア | | 可 | 不可 | 良 | 優 |
| 焼結イットリア | | | | | |
| 安定化ジルコニア | 良 | 可 | 良 | 可 | 良 |
| 焼結ジルコン | 可 | 可 | 良 | 不可 | 良 |
| 溶融シリカ(石英ガラス) | 可 | 良 | 良 | | |
| バイカーガラス | | | | | |
| パイレックスガラス | | | | | |
| ムライト磁器 | 可 | | | | |
| 高アルミナ磁器 | 可 | | | | 可 |
| ステアタイト磁器 | | | | | 可 |
| モリブデン | 良 | 可 | 良 | 良 | |
| 白金 | 不可 | 不可 | 優 | 優 | |
| 白金−20%ロジウム | 不可 | 不可 | 優 | 優 | |
| タンタル | 良 | | 良 | 良 | |
| タングステン | 良 | 可 | 良 | 良 | |

hp:ホットプレス

表 2-9 耐火材料の熱的特性と化学的安定性 −4

| 市販形状 | 備　考 |
|---|---|
| 棒 | 高温の抗張力大，超音波の低減衰 |
| 管，棒，板，るつぼ，煉瓦など | 炉材，るつぼとして汎用 |
| るつぼ，管，棒，煉瓦など特注品 | 熱伝導良好，特性優秀，粉末に強毒性 |
| 棒，煉瓦など | 機械加工可，溶融酸化物に濡れない |
|  | 空気中赤熱で酸化 |
| るつぼ | 水蒸気により水和 |
| 煉瓦，るつぼ，棒，機械加工品 | 空気中450，水蒸気中700，$CO_2$中900℃で酸化 |
| るつぼ，粒状など | 真空中，還元性雰囲気中 1700℃で解離 |
| 棒状 | 脆性，空気中で $SiO_2$ 被膜生成 |
| 管，煉瓦など | 耐真空，雰囲気制御用炉芯管 |
|  | 電気絶縁体 |
|  |  |
| マッフル，煉瓦 | 特殊るつぼとして使用 |
|  | 還元雰囲気で酸素を放出 |
|  | 貴金属の溶解，機械的，化学的に安定 |
|  |  |
| るつぼ，管，粒 | 高融点金属溶解用，ガラス溶解用 |
| るつぼ，管，炉材 | 金属溶解，耐真空管，高温で$ZrO_2$と$SiO_2$に解離 |
| 管，棒，板，特殊形状 | 耐真空，雰囲気制御用管，1100℃で失透 |
| 管，棒，板，特殊形状 | 石英とほぼ同様に使用 |
|  |  |
| 管，棒，るつぼ，煉瓦など炉材 | 焼結ムライトとほぼ同様 |
|  | 反応管，金属溶解用 |
|  | 電気絶縁体として使用 |
| 板，棒，線 | 2150℃で$2 \times 10^{-3}$Torr，C と 1600℃で反応 |
| るつぼ，板，線，リボン |  |
| るつぼ，板，線，リボン |  |
| 板，棒 | 機械加工性良，水素脆性 |
| 板，棒 | C と 1500℃で反応 |

発熱体は金属系と非金属系に大別できる．金属系の発熱体には線，リボン，板，棒の形状があり，表中に入手できる形状を示した．殆どのものは線で入手でき，耐火材の炉芯管に巻き付けて使うことが出来る．一方，非金属発熱体は管状か棒状で入手でき，管はそのまま，棒は何本かを組み合わせて炉を作ることになる．実際の製作例は後ほど説明されるが，ここではごく一般的な注意事項を記しておく．

　一般に金属は温度が高くなると電気抵抗は下がり，非金属発熱体は逆に温度が高くなると抵抗も増す．抵抗値の温度係数が変化する様子は発熱体の種類に依存し一概にはいえないが，温度を上げてゆくとき注意しないと金属発熱体では温度の暴走につながり，非金属の場合，いつまでたっても温度が上がらないという結果になる．それと，使用温度の上限を守ることと使用雰囲気に注意すること．無理な使い方は炉の寿命を著しく短くする．

　筆者の経験では，1200℃程度まではカンタルA，1400℃レベルでは白金かシリコニット，1600℃になると黒鉛，モリブデンないしはタンタル，それ以上1700〜1800℃ではスーパーカンタルまたは黒鉛というところであろう．シリコニットも還元性雰囲気で使用すると1600℃程度まで利用できる．モリブデンはアルゴン－水素，タンタルは真空，黒鉛はCO雰囲気が必要である．なお，モリブデンは線，タンタルは薄板，黒鉛は筒状で使用した．スーパーカンタルは自作ではないが，U字形発熱体を垂直に配置して使用し，アルゴン雰囲気で1600℃を常用したことがある．

## 耐火材料

　炉製作のための材料および試料溶解用の容器に関連して，種々の耐火材－セラミックスや難溶性金属－を必要とする．その選択の参考とするため，表2-9に一般的な耐火材料の熱的特性と化学的安定性を示した．表中，ベリリアとイットリアは耐火材として大変優れた特性をもっているが，前者は粉末状態での毒性のため，後者は放射性のため通常使用されていない．

　後で述べる炉の手作りに役立つ断熱材としてのアルミナ製品の形態とその特性を表2-10に示した．

表2-10 アルミナ断熱材の形状と特性

| 形状 | 嵩密度<br>g/cm$^3$ | 見掛け熱伝導率*)<br>kcal/m・h・℃ | 使用温度<br>℃ | 曲げ強度<br>kg/cm$^2$ |
|---|---|---|---|---|
| ウール | 0.16 | 0.07 | ～1500 | |
| フェルト | 0.17 | 0.05 | ～1300 | |
| ボード | 0.7 | 0.08 | ～1700 | 10 |
| 煉瓦（1） | 0.9 | 0.19 | ～1600 | 13 |
| 煉瓦（2） | 1.1 | 0.65 | ～1800 | 70 |
| 煉瓦（3） | 3.2 | 2.7 | ～1800 | 170 |

\*) 350～400℃

　表2-10に見られる様に，見掛け熱伝導率は嵩密度に大きく依存している．嵩密度の小さいウールやフェルトは大量の空気を含み，空気によって断熱性を高めている．熱伝導率が異なる2つの相が混在している時の見掛け熱伝導率は図2-1に示す様に，熱流に対し混在する相が直列に配列するときと並列に配列するときではトータルの見掛け熱伝導率が異なってくる．直列の時は抵抗の和となり，並列の時はコンダクタンスの和となる．それぞれの相の熱伝導率を$\lambda_1$，$\lambda_2$，体積分率を$v_1$，$v_2$と書くと，全熱伝導率$\lambda_T$は

$$\text{直列の時}：\lambda_T = v_1\lambda_1 + v_2\lambda_2 \qquad (2\text{-}1)$$
$$\text{並列の時}：1/\lambda_T = v_1/\lambda_1 + v_2/\lambda_2$$

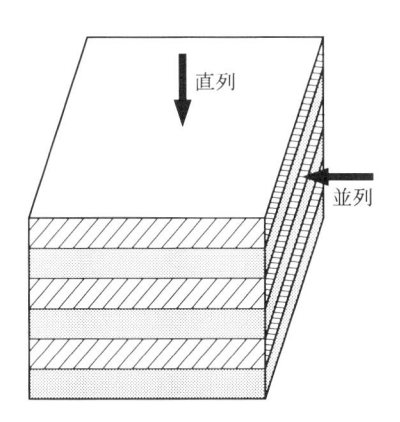

図2-1 直列熱伝導と並列熱伝導の概念図

もちろん，この様な理想的な場合は現実にはあり得ないが，どちらかの相が全相に渉って連続している場合は並列で近似され，いずれの相も切れ切れになっているときは直列で近似される．

表2-10を空気と焼結アルミナの混合相と考えて並列の時と直列の場合，および両者が50％ずつ寄与していると仮定したときの計算値を表2-11に示した．

表2-11 アルミナ断熱材をアルミナと空気の混合相とした時の計算値

| 材 料 | アルミナ体積分率[*] | 熱伝導率 kcal/m·h·°C | 並列熱伝導率 | 直列熱伝導率 | 直・並列熱伝導率 50/50 | 理想混合 |
|---|---|---|---|---|---|---|
| 空気 |  | 0.04 |  |  |  |  |
| ウール | 0.04 | 0.07 | 0.36 | 0.042 | 0.20 | 0.055 |
| フェルト | 0.043 | 0.05 | 0.38 | 0.042 | 0.21 | 0.057 |
| ボード | 0.18 | 0.08 | 1.47 | 0.049 | 0.76 | 0.305 |
| 煉瓦（1） | 0.23 | 0.19 | 1.87 | 0.052 | 0.96 | 0.47 |
| 煉瓦（2） | 0.28 | 0.65 | 2.27 | 0.055 | 1.16 | 0.675 |
| 煉瓦（3） | 0.81 | 2.7 | 8.21 | 0.22 | 4.21 | 6.69 |
| 焼結アルミナ | 1 | 10 |  |  |  |  |

[*]）焼結アルミナの密度を3.9として計算

表2-11には計算に用いた空気と焼結アルミナの熱伝導率も示した．計算値は直列，並列とも実測値と大きく外れている．また単なる両者の平均値（50/50）よりも外れていて，現実の状態がいかに複雑であるかを示している．ただ，並列と直列がそれぞれ体積分率に比例して混合するとして計算した理想混合は定性的に現実の熱伝導率と一致している．これは充填率が大きいところでは並列伝導に近く，粗な充填では直列伝導に近くなるという常識的な感覚と一致する．

ただ気を付けることは，ここでは空気を静止状態の熱伝導体として扱ったが，空気層の中での対流も考える必要がある．ただし，気孔直径が5 mm以下の小気孔では対流の影響は無視できるとされている．むしろ，温度が赤熱以上の高温（>800°C）になると放射による熱伝導が無視できず，しかも放射による熱損失は温度の3乗に比例するので放射による熱ロスを無視できない．

図2-2に気孔中の空気の熱伝導と放射による有効熱伝導率の寄与を，気孔直径$d$(inch)をパラメータとして示した．気孔径が大きくなると放射の影響は大

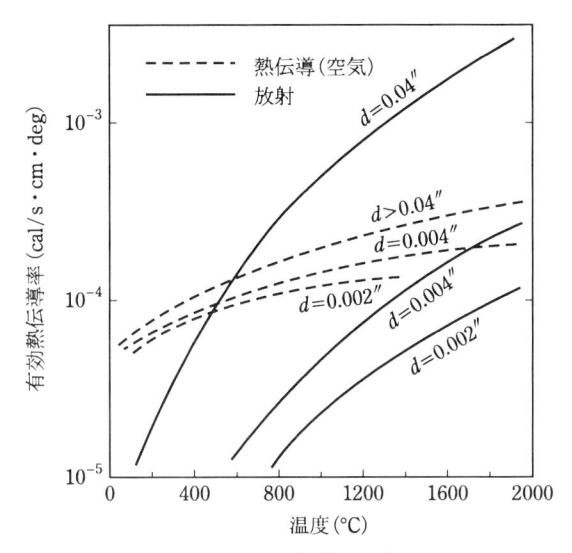

図2-2 気孔中空気の熱伝導と放射による有効熱伝導.
W.D.Kingery: Property Measurements at High Temperatures (1959), Johan Wiley & Sons.

きくなる．当然ながら真空炉では放射のシールドが大切である．反射率の高い，放射率の小さい材料（もっぱら金属板）で高温部を囲み，熱の輻射ロスを少なくすることが常識である．

　ガスを流通する炉では対流を妨げる為にアルミナ・ウールなどを充填する．なるべくフワッと，かつガスの流通抵抗を増すように均一に詰め込むことが大切である．上記の表2-10にある耐火材料は加工が容易で，煉瓦も金鋸とコンクリート・ドリルで容易に加工できる．焼結の進んだアルミナ煉瓦には金鋸の刃がたたないものがあるが，同じ材料で共擦りすると結構加工ができる．煉瓦同士の接着はセラミック・セメントで可能である．耐火度の異なる色々なセメントが入手できる．あとで述べる手作り炉ではこのような耐火材料を組み合わせて使っている．

## 炉芯管長さと均熱帯

　加熱された炉芯管の最大の熱損失はその端部で起きる．だから，一般に長く

細い炉は長い均熱帯が得られる．赤熱以上の温度では，図2-2で見られるように開口端での放射熱損失が一番大きい．(開口径：0.04″＝1 mm以上) そこで炉中心線上から開口端を見る立体角を求めると図2-3のようになる．横軸は開口端からの距離を開口径で割った値，縦軸は立体角を$2\pi$で割った値である．

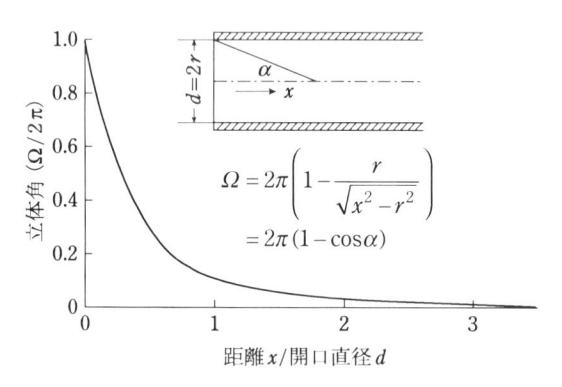

$$\Omega = 2\pi\left(1 - \frac{r}{\sqrt{x^2 - r^2}}\right)$$
$$= 2\pi(1 - \cos\alpha)$$

図2-3　管の軸上から開口部を望む立体角

　管長を開口径の3倍以上にとれば，中心軸から開口端を望む立体角はゼロに近づき，ほぼ変化がなくなる．放射による熱損失がこの立体角に比例するとすれば，均熱帯を取るためには炉芯管の長さを管径の片側で3倍以上にとることになる．

　たとえば，内径30 mmの炉芯管を用い，40 mmの均熱帯を得ようとすれば炉芯管の長さは少なくとも(30×3＋40＋30×3) mm＝220 mm必要ということとなり，経験的な結果とほぼ一致する．もちろんこの話は開口端の放射のみを考えた荒っぽいゼロ次近似である．いずれにせよ開口端の熱損失を少しでも補うため，後で述べるように，巻き線ピッチを密にするなどの工夫がなされる．

## 電源と温度制御

　電気炉を設計するときまず必要なことは電気容量の見積もりであろう．炉の断熱性に大きく依存するので一概に言えないが，1500 ℃程度の温度を得ることを考えて，経験的に炉内容積1000 cm$^3$当たり約4〜5 kWというところであ

ろう.これを目安に電源容量を考え,設備との兼ね合いで電源電圧を100 Vか200 Vかに決める.できればあまり電圧を変えず,電源電圧近くで操作できると効率が良い.スライダック,サイリスタなどの可変電力調節器を使い温度を制御する.ある程度の余力を電源に持たせた設計にすることが大切である.150％は過剰マージンであろうが120％程度の余裕は欲しいところである.なお,単巻式トランスを使うときには極性に注意すること.電源のアース側を共通にした配線にしておかないとあとで感電や接地時にバイアス電圧が生じるなど面倒が起こる.ヨーロッパではタイトランスを電源と負荷の間にいれて2次側をアースからフローティングにすることが通常である.無駄な様に見えるが事故防止のため見習いたいところである.配線には充分電流容量のあるケーブルを使う.電源用ケーブルの例を図2-4に示す.

| ケーブル種類 | 写真 | 許容温度 | 許容電流 (5.5 mm$^2$) |
|---|---|---|---|
| VCTF | 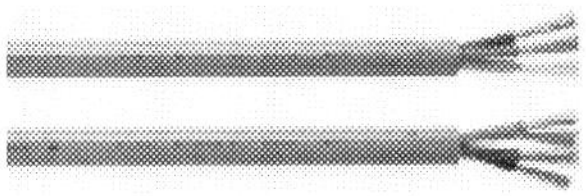  | 60℃ | 35 A |
| IV | 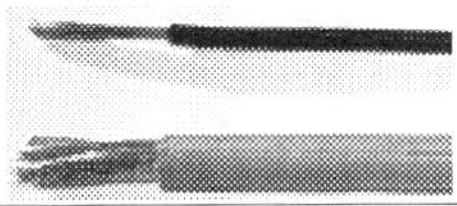  |  | 49 A |
| CV |   | 90℃ | 52 A |

図2-4　電源用ケーブルの例

　トランス類のターミナル配線には圧着端子を利用すると良い.ナットはスプリング・ワッシャーを介してしっかり締め付ける.ネジには必ず遊び(バック・ラシュ)があるので,長期間には振動により緩みが生じる.スプリング・ワッシャーを必要とする所以である.

　電力調節の最も簡単な方法はタップ付きトランスかスライダックを用いた手動式である.加熱炉の入力と熱放散のバランスが取れれば炉の温度は自ずとある値に落ち着くが,狙った目標値に落ち着くとは限らない.炉の温度を所定の

温度に保つには絶えず加熱炉への入力を調節することが必要で,手動で行うには高度な熟練を要し,とくに所定温度での測定には温度の自動制御器(温調)が必要である.温調には炉の加熱パターンをプログラム可能なものを用いるのが得策で,また,温調の制御出力で炉の加熱入力を制御するにはサイリスタ[*])を用いるのが一般的である.昔はオン・オフの温調を用いたが,オン・オフ制御は目標温度近くでオーバーシュートを繰り返し,いわゆるハンチング(hunting)を起こす.そこで,少なめの保持電流を流し,足りない分をオン・オフ制御で賄うという工夫でハンチングを軽減したものである.今はPID制御が当たり前になっている.これはフィードバック制御の一種で,Pは比例制御で目標値からの偏差に比例する制御,Iは積分制御で過去の偏差履歴に比例する制御,Dは微分制御で現時点での偏差の変化方向を反転させる操作,にそれぞれ対応する.式で書くと,

$$\Delta x(t) = K_p \Delta y(t) + K_i \int_{t=t_0}^{t_0+\tau} \Delta y(t)dt + K_d (d\Delta y(t)/dt) \quad (2\text{-}2)$$

ここで,$\Delta x$は操作量,$\Delta y$は目標値からの偏差,$\tau$は積分時間間隔,$K$はそれぞれの制御因子が操作量に及ぼす程度を定める比例定数である.$K$の値を適切に選べば安定した制御がえられる.現在流通している温度調節器の殆どは始めの試行加熱でその加熱炉に最適な定数を自動的に定める様になっていて,実験者が一々これらの定数を求めてインプットする必要はない.ただ,何かの都合で,自分で定数を変更しようとする時のため,定性的に各制御因子の特性を記す.P動作は現在の偏差量に対する制御操作で$K_p$はなるべく小さくとる方がよい.大きくすると反応は早くなるが,ハンチングを起こしやすくなる.I動作はオフセットの解消に役立つ.効き方は遅くなるが,積分時間$\tau$を大きめにとると操作の安定性は向上する.D動作は将来の為の操作であってハンチングの防止に役立つが,P操作に対する負のフィードバックに相当する.以上のこと

---

[*])シリコン整流器に制御電極(ゲート極)を付加した半導体素子でp-n-p-n構造を持っている.両端にあるpをアノード,nをカソードとし,中間のnかpをゲート極として,この電圧を制御してアノードからカソードに流れる電流を制御する.SCR(Silicon Controlled Rectifier)-GE社の商標-とも呼ばれる.サイリスタはRCA社の商標であったがIECによってこの呼称が定着した.なお,サイリスタ(Thyristor)はサイラトロンの半導体版に由来する.

を念頭に試行錯誤で少しずつ比例定数を調節すると良い結果が得られる.ただ (2-2)式で解る通りこの制御は線形制御である.通常の制御には充分であるが,特殊な制御,特に時定数の小さい変化や複雑な時間変化を伴う制御などには追従できないことがある.また,制御自身が追いついても加熱炉の熱的慣性が大きく結局制御不能といったこともある.なおPID定数の求め方については Wikipediaの"PID control"の項(英文)に詳しい解説がある.

### 温度測定

PID温度調節器は設定温度と現在温度の偏差によって操作量を出力する.従って,現在温度を温調に入力する必要がある.もちろんそれとは別に現在の温度を知ることは測定上不可欠である.温度測定には幾つかの方式がある.非接触の測定法として高温で放射する光の輝度を測定する放射高温計,二色高温計など.接触方式では各種の熱電対がある.測定物に接触できない,あるいは接触したくない場合前者は有力な測定法である.しかし,その測定は表面温度に限られる,あるいは測定表面の放射率が既知でなければならないという制約,さらには測定箇所と観測箇所を光学的に結ぶという装置上の条件がある.熱電対にはそのような条件がない.その代わりに雰囲気との両立という制約があり,また使用温度の上限がある.このようにそれぞれの得失があるが,矢張り熱電対の精度,利便性は通常放射温度計に優るところが多い.高温融体の測定に使用される熱電対の例を表2-12に示した.

表2-12 高温用熱電対

| 熱電対記号 | ＋極 | −極 | 使用温度常用/最高〔℃〕 | 最高熱起電力〔mV〕 | 使用雰囲気 |
|---|---|---|---|---|---|
| K | クロメル | アルメル | 1100 / 1300 | 52.398 | 大気中,還元性不適 |
| R | Pt・13Rh | Pt | 1400 / 1600 | 18.842 | 大気中,還元性不可 |
| B | Pt・30Rh | Pt・6Rh | 1700 / 1800 | 13.585 | 大気中,還元性不可 |
| PR40 | Pt・40Rh | Pt・20Rh | 1800 / 1880 | 4.943 | 大気中,還元性不可 |
| C | W・5Re | W・36Re | 2300 / 2800 | 36.922 (2300℃) | 真空中,水素,不活性ガス |
| IrRh | Ir | Ir・40Rh | 2000 |  | 大気中 |

通常白金系熱電対は酸化性雰囲気中で安定であり長期に渉って使用できるが，還元性とくにCO雰囲気に弱い．また長期の使用は結晶粒の成長によってもろくなる．定期的に検定することを奨める．標準となる熱電対を決めておき，それと比較するのが最も簡単である．超高温用にはW・Re（C熱電対）がある．大気中では400℃程度から酸化が始まるが，真空中あるいは保護ガス中で2000℃以上の温度に耐えられる．Ir・Rhは使用した経験はないが大気中の使用には便利そうである．熱電対による測温は接触式であるから熱電対を通して流れる熱の影響，つまり被測定物の温度低下に注意すること．被測定物の熱容量が小さいときは特に注意する必要がある．測定物の近傍に熱電対を置いて直接の接触を避け，その代わり測温位置と測定物の温度差を予め測定しておいて補正を施すなどの手段をとる．熱電対を保護管に入れて使用するときには保護管の熱容量が温度の追従性に影響しないことを確かめる必要がある．

主要な熱電対の熱起電力と温度との関係をAppendixに示した．また，温度調節器には使用する熱電対の型が指定されている．指定された型と異なる熱電対を使用する時には，指定されている熱電対の起電力と比較して両者の温度対応を調べ，同じ起電力を与える温度に変換して制御する．

熱起電力は普通大きな値ではない．それで，場合によってはノイズ対策が必要になる．これについてはAppendixの電子回路で説明する．

（白石 裕）

## 加熱炉の自作

### (1) 巻線炉の製作

モデレートな高温，たとえば多くの非鉄金属系や溶融塩などについて測定する場合，少量の試料が対象ならば，最も使いやすく，又作りやすい測定装置は管状電気炉に透明石英あるいはアルミナ質反応管を挿入して，アルミナボート等の容器に盛った試料に所定の温度，雰囲気の条件を与える方法であろう．

とくに部分的に異なった温度に保ちたい場合や，温度勾配をある範囲にわたって与えたい場合，さらにはもっと複雑な温度プロフィルを与えたい場合など，管状炉の中心線上に変化が要求される場合には，手作りする以外に方法は

ないと知るべきである．裏を返せば，この種の炉にこそ手作りの腕がモノを言うことになる．

まず発熱体の選定であるが，管状電気炉ではアルミナ質の炉芯管の外側に線状の発熱体を巻き，これをアルミナセメントで固めて耐火，断熱材で覆うというのが一般的な構造であるから，発熱体はニクロム系あるいはカンタル系などの線材を用いるのが普通となる．

試料容器の形とサイズ，これを収める反応管の太さ，熱電対保護管の入れ方などに基づき，電気炉の構造の中核となる炉芯管の寸法を決める．次に予定している実験温度範囲と電源の電気容量のバランスを考え，発熱体の種類，線径，長さを決め，必要な温度分布を与えるための巻線ピッチの設計図を原寸で描く．これは後々修正の元となるのでセクションペーパーにきっちり描くとよい．この巻線ピッチを炉芯管の外側に軟らかい鉛筆で印をつけてコピーし，発熱体の一端を炉芯管の端部に細いニクロム線で止めてから廊下の様な長さのとれる場所を利用して，炉芯管を両手で支え，他の端をしっかり固定した発熱体に引張力を加えながら設計ピッチに従って端から巻き付けてゆく．最後は炉芯管の他端部に細いニクロム線で固定して本体は完成する．両端の止め方は炉芯管に小孔を設けてここに発熱体の一端を通して固定してもよい．出来上った炉体にアルミナ系などのセメントを塗って固定し，断熱材を巻きつけたり，成形した断熱レンガを組み合わせて周囲を覆い，L字型鋼材を組み合わせた枠内に収めるなどの方法で断熱と強度を保つように工夫する．炉の周囲を薄鉄板などで包む場合は，発熱体の絶縁に注意する．炉体が完成したら炉内に空の反応管を入れ，長い熱電対保護管を深く挿入して炉に通電，昇温し，安定させてから熱電対を一杯に入れた状態から少しずつ，たとえば1cmおきに引き抜きながら温度を記録して炉の温度プロファイルを作る．これにもセクションペーパーを用いるとよい．

普通は試料の入る炉中央部分に試料容器を十分にカバーできる長さの定温部分が出来るように作ればよいので，与える電圧を変えて測定を繰り返し，電圧－炉温曲線を作る．もし，十分な長さの定温部分が出来ない場合にはピッチを修正し，炉を巻き直す．一定温度を得るためには炉芯管の両端部は密に，中央

部は疎に巻く様にデザインするが，場所により温度差が必要だったり，ある範囲にわたって温度勾配が欲しいというような場合には，巻線のピッチを場所により変化させて安定温度に差をつける．巻線ピッチと炉の温度プロフィルの関係を自在に作るところが手作りの腕の見せ所となる．

多少古いが，かって雑誌"バウンダリー"に手作り電気炉を特集したことがある[*]ので，機会があれば一読を奨めたい．

(阿座上 竹四)

[*] 材料開発ジャーナルBOUNDARY 第3巻11号, (1987), コンパス社.

## (2) シリコニット炉の製作

大気中で1400℃程度までの高温を得るのに適した発熱体としてシリコニット（以下SiC）がある．SiC発熱体の形状には棒状や管状があるが，手作りには棒状の発熱体が適している．棒状のものにもストレート形，柄付き形があり，また端子の接続法によって巻線端子とクランプ端子がある．仕上がりの奇麗さからはストレート形・クランプ端子が良いが，丈夫さの点からは柄付き形・巻線端子が良い．クランプ式では発熱体の端部にアルミメッシュのバンド（ヒーターに付属）を巻き，クランプで押さえ導通を取る方式である．高温に曝されるとクランプが鈍りバネが利かなくなる．そうすると，接触抵抗が増して，極端な場合アルミのバンドが溶融することもある．時々点検してクランプを交換することも必要である．

SiC発熱体を用いた炉の形式には，縦形，横形，井桁，割り形などが考えられ，実験目的に合わせて形を選ぶことになる．井桁を除き，炉の中心線に平行に発熱体を配置することは縦，横を問わず同じである．ここでは縦形炉の製作例を述べ，あとで井桁炉と割り形炉の特徴を述べる．図2-5にスラグ試料の溶製用として作った炉の概要を示す．使用したSiC発熱体は柄付き棒状で（柄：14 mmφ×85 mm$l$，発熱部：8 mmφ×10 mm$l$）端子はクランプ式である．これを6本用い，パラ接続した2本一組を3組，直列に接続した．カタログによると，大気中1000℃に発熱体を保ったとき抵抗値は2.7 Ω，47 Vで0.82 kW (17.4 A) とある．上記の様に接続すると全抵抗は約4 Ω，100 Vの電源に繋げば25

A流れて2.5 kWの出力となり，1本当たり12.5 Aと許容範囲に納まることになる．開口部をレンガで閉じた場合，100 Vで22 A流れて炉温1300℃，110 Vでは24 Aで1400℃が得られた．炉の容積はほぼ750 cm$^3$であり，1000 cm$^3$当たりでは3.5 kW，先に示した4〜5 kW/1000 cm$^3$より大分効率がよい．恐らく炉芯管を除いており，かつ，底と上部を閉じているためであろう．断熱材にはアルミナ質のCPレンガとシャモット質のレンガを組み合わせて使い，全体を

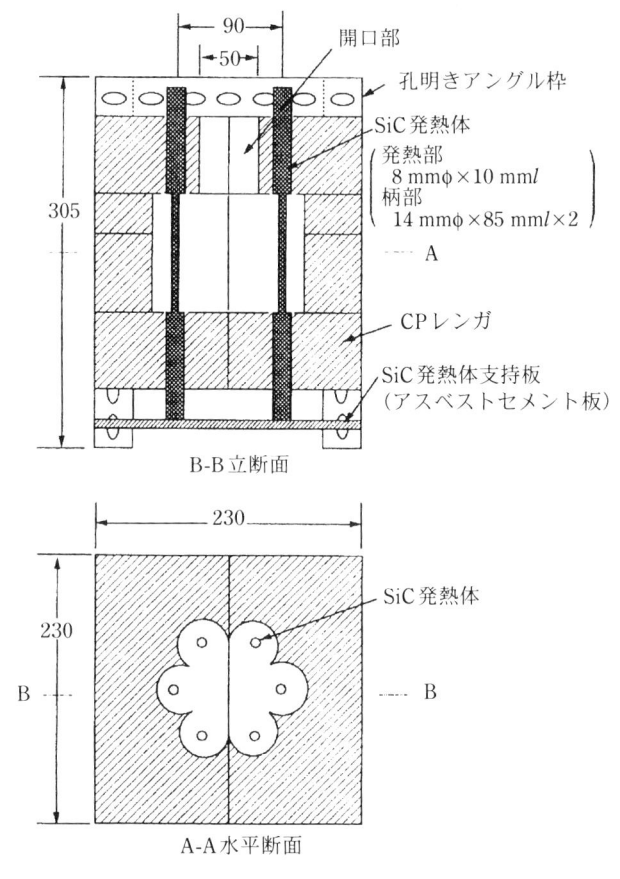

図 2-5 SiC棒状発熱体を用いた試料溶融炉[*)]

---

*)白石 裕：金属，**68**-7 (1998), 44-49.

穴あきアングルで押さえている．発熱体を通す孔はコンクリート・ドリルで容易に加工できる．レンガ内面の加工はコンクリート・ドリルで粗加工し，廃棄したSiC発熱体の柄や同質のレンガの廃材で摩耗加工した．発熱体周辺を花形に削ったのは容積をなるべく少なくするためである．この炉は専らスラグ試料の溶製のため大気下で使用した．スラグ試料の溶製にはPtるつぼを使うことが多いが，その時，Ptるつぼは単体でなくアルミナの保護るつぼに入れ2重にすることが望ましい．Ptと発熱体との不慮の接触による事故を避けるためと，溶融した試料を満たしたるつぼの熱容量を増すためである．溶融試料は急冷か徐冷かにかかわらず，炉から取り出してるつぼから流し出すことになる．このとき熱容量が大きくないと操作中に温度が下がり，るつぼから奇麗に流し出せなくなる．

　この形式の炉を縦に2つに割ってそれぞれをアングルで押さえると割り形炉が出来る．レールに載せたり，ヒンジを付けたりすれば割った炉の開閉が容易になる．炉の割り面にはアルミナウールやフェルトを張って割り面からの熱ロスを少なくする．割り面の接合には鞄などのバックルを利用するとバネの圧力で割り面を密着できて都合が良い．炉芯管を用いないか，あるいは炉芯管自身も割り形にすると，加熱部分に置く試料や装置の調整がその場で出来るという利点がある．ただし試料周りの気密性を保つのは困難で，雰囲気の制御は難しい．たかだか保護ガスを過剰に流して酸化を防止する程度となる．

　井桁炉は丈の割に均熱帯を長くとれるという特長があり，炉の高さを極力短くする必要がある時には検討に値しよう．2本の発熱体をペアにして井桁に積み重ねる．適当な段数を重ね，供給電力を分割して制御する．丁度，巻線炉で巻線を分割し，それぞれの供給電力を制御して所用の温度分布を得ようとするのと同等である．ただし加熱効率が良くないことと径方向の温度分布が悪くなることに気を付けることである．

## (3) 真空炉の製作

　1600℃以上の高温で用いられる発熱体としては大気中で使用できるスーパーカンタル (MoSi$_2$)，ランタンクロメート，還元性雰囲気での黒鉛，真空あるい

は保護雰囲気下でのMoが挙げられる．スーパーカンタルやランタンクロメートは大気中での使用という点でSiCと同じであり，使用する耐火レンガの選択に注意すれば原理的には自作できる筈であるが，実際には発熱体の選択や電源の点で困難が多いであろう．黒鉛は低電圧大電流（10～20 V×500～1000 A程度）の電源があれば，自作は可能である．還元性雰囲気は黒鉛発熱体（多くは

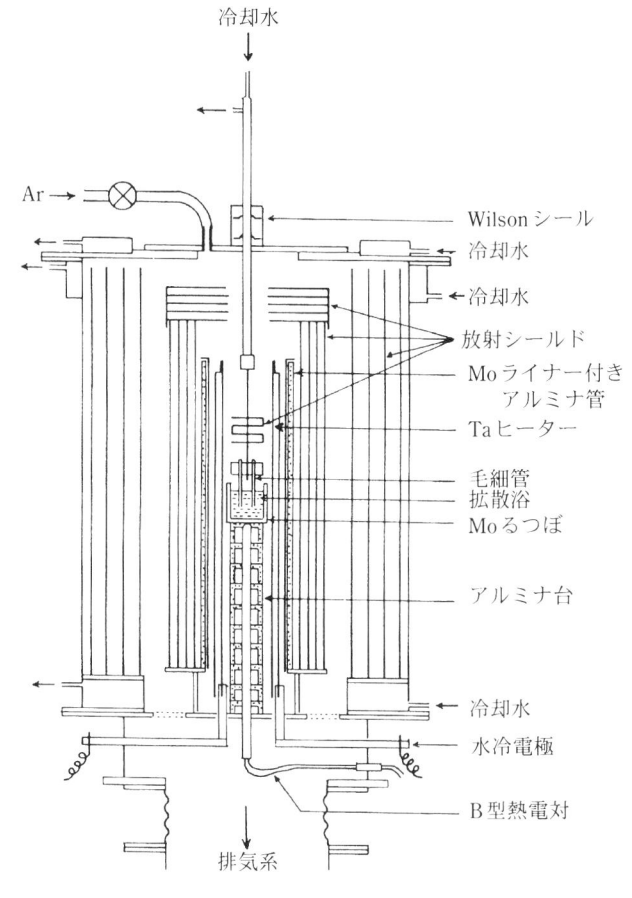

図2-6 タンタル・ヒーターを用いた真空炉[*]

---

[*] Y.Shiraishi, H.Nagahama and H.Ohta: *Can. Met. Quarterly*, **22**-1 (1983), 37-43.

筒形)の周りにクリプトル・カーボンを緩く充填することによって得られる．発熱体となる黒鉛筒を黒鉛棒から削り出す時，形状を工夫(両端の肉を薄くするなど)して均熱帯を伸ばすことが可能であるが，寿命は短くなる．大気中で使用するときは温度が高くなれば酸化による発熱体の劣化が早くなる．当然のことながら発熱体である黒鉛円筒の内部は高温下では$CO$雰囲気となる．還元性の雰囲気を望まないときには，適当な反応管を通す必要がある．黒鉛のテープを利用する方法もある．黒鉛を編んだ布があるが，それを適当に切りテープ状にして反応管に捲けば結構な発熱体になる．テープの幅を調節すると巻線ピッチの調節と同じ効果が得られる．この場合も，黒鉛テープを保護する還元性雰囲気が必要である．たとえば2重管にして間に黒鉛粉を充填するなどの工夫が必要である．

　Moを発熱体に利用する場合，線を利用するときと筒あるいはバンドを利用する時がある．線を利用するときは炉芯管に巻いて気密ケースに納め，ケースに$Ar+2～3\%H_2$の保護ガスを流す．真空容器内で内熱型として用いるときは筒かバンドで使用する．この場合は大電流で加熱することになる．図2-6にスラグ中の拡散を測定した時に使用した炉の模式図を示す．

　この炉の特長はタンタルとモリブデンを組み合わせた筒型ヒーターを用いている点であろう．雰囲気を厳密に制御するために真空炉とし，均熱帯の長さを確保するため長めのヒーターを必要とした．炉芯管に線を巻く方式はガス放出の点から好ましくない．そこでヒーターを自立型の長い筒型とした．Taは1000℃で$54\times10^{-6}\,\Omega\cdot cm$と高い電気抵抗値をもち，それに反しMoは$2.4\times10^{-6}\,\Omega\cdot cm$と抵抗値が低い．それでTaを内側，Moを外側とした2重円筒のヒーターを組み立てると内側の円筒で発熱し，外側の円筒でリード線と放射シールドを兼ねることができる．実寸法はTa内筒：0.05 mm th×48 mmφ×260 mm h，Mo外筒：0.2 mm th×62 mmφ×260 mm hで上端をかしめたうえ，点溶接し強度と導通を保持した．Moは点溶接し難いがTaは容易である．ヒーター下部はそれぞれ水冷のターミナルにネジ止めされる．このユニットを内容積260 mmφ×360 mm hの真空容器の底蓋にセットして下部から挿入し，排気系に接続した．9～12 V×200～300 Aの電力を加えて1500～1700℃の温度が得られ

た．均熱帯は±4℃，50 mmである．この容器を6″の拡散ポンプと回転ポンプで引いて加熱時に5×10⁻⁶ Torrを得た．このヒーターは切れることはないが，数回の使用で変形してくる．自立型であるため変形が進むと使用不能になる．ただTaとMoの薄板から自作は可能で，上端のかしめがすこし難しいが点溶接してしまえば強度は確保できるのでかしめを点溶接するまでの仮止めと考えればさしたる困難ではない．開口径が48 mmと広い割には均熱帯長さが長い．放射シールドを多段にしている効果であろう．

（白石 裕）

## 3章への プロムナード

　1973年から1974年にかけてストリーキング(streaking)が世界中に大流行しました．これは素裸で公衆の前を突っ走る自己表現(performance)の一種です．その元祖と目されるのは(？)アルキメデスの逸話でありましょう．入浴中，自分が沈んだ分だけお湯が湯船から溢れるのを見て，"解った，解った"と叫びながら街を走って自宅に帰ったと記されています．小学生のころ，髭もじゃの裸の男が街を走っている絵をみた記憶があります．ご存じの通り，王様から冠の金の純度を調べるように命じられて苦慮していたところ，お風呂に入って浮力の原理を発見し，密度による真贋の見分けを考えついた，と逸話は語っています．でも，水に沈めた冠の体積から密度を求めたのでは，恐らく，冠の真贋を決定できる程の精度は得られないでしょう．梃子の原理を知っているアルキメデスのことですから，長い棹の天秤を用いて，同重量の純金と被検物である冠を大気中で釣り合わせ，それをそっくり水に沈めて，その釣り合いのずれから冠の純度を検定したのでしょう．

　ところで，アルキメデスはどうしてstreakingする羽目になったのでしょう．自分の家にお風呂がなかったから？　あるいは，当時は公衆浴場しかなかった？　色々と疑問が生じます．当時(B.C.250年頃)のギリシャの浴場についての話は聞いたことがありませんが，古代ローマの浴場から推察して，ギリシャ語由来のbaineumは個人住宅に備えられた浴槽を，複数形のbaineaは公衆浴場を示した様であります[*]．ですからアルキメデスの家にお風呂がなかった訳でなく，わざわざ公衆浴場に出掛けたことになります．ただ，当時の公衆浴場にはジムが付属していて，運動して汗を流し，入浴してリラックスするという，いわば現在のアスレチッククラブの様なものでありました．恐らく，王様の難題に困惑していたアルキメデスがストレス解消に出掛けていたのでしょう．余談ですが，温水の風呂を意味した"thermae"からお馴染みの言葉"thermal"が発生しています．

　もう一つ余談ですが，アルキメデスには大言癖があるようで，「わたしに支点を与えれば地球を動かしてみせる」は有名ですが，それに勝ると思われるのは数学界の最高賞，フィールズ・メダルに刻まれた彼の横顔を取り囲む言葉."TRANSIRE SVVM PECTVS MVNDOQVE POTIRI" (＝Rise above oneself and grasp the world)，"精神を尽くして宇宙を我が手に"(拙訳)．

　でもどうしてアルキメデスの言葉がラテン語なのでしょう？

---

[*] From Wikipedia: "Spa", "古代ローマの公衆浴場".

# 3章 密度

## 3-1 まえがき

　熱エネルギーと力学的仕事の間の変換を取り扱う熱力学では,変数を示強変数 (intensive variable) と示量変数 (extensive variable) に分けて考えます. 対象としている系の中では一様で変化しない変数,それが示強変数です.温度や圧力が相当し足し算ができません.それに対し体積や質量の足し合わせができる変数,それが示量変数です.物質の量を示す質量を体積で割って得られる密度は,系の中で一定の値を保つ示強変数となります.つまり示量変数同士の比をとると示強変数になります.

　足し算ができるためには,その量の次元が同じである必要があります.種類の違う量同士を足し合わせても意味がありません.割り算は次元の違う量の間でも成り立ちます.少し雑な言い方をすれば単位の異なる量の間では足し算・引き算ができません.割り算・掛け算はできます.そこが示強変数と示量変数の基本的な違いです.

　割り算をして何々当たりという量を作ると,比較をするときに便利になります.例えば人口を面積で割ると人口密度になります.これは示強変数です.ある町の規模を他の町の規模と比較するとき,人口そのもの,面積そのもので比較することはもちろんできます.しかし人口密度で比較すると,また違ったイメージが出来上がります.目的によって異なりますが,密度という概念は自然科学だけでなく,社会科学においても重要な概念だと思います.早い話,百分率 (パーセント), 千分率 (パーミル) は全体の量を100あるいは1000としたときの割合を示し,広く使われておりますが,これも示量変数から示強変数への変換です.

この章では物質の単位体積当たり質量,つまり密度の測定方法について基本的な話をいたします.はかり方は(1)体積既知で質量を測る,(2)質量既知で体積を測る,(3)直接密度を測る,に分類できます.要は,高温で融けている物質の体積,質量や密度をどうやって測定するかということです.室温では何ともない測定が,温度が高いがためとても面倒になります.

## 3-2 密度の測定法[1]

通常使われる密度測定法を表3-1に纏めて示します.対象となる物質,原理,特長を比較しました.

表3-1 溶融体の密度測定法

| 測定法 | 適用物質 | 原理 | 特長 |
|---|---|---|---|
| ピクノメーター | 水溶液 | 定容積の重量測定 | 細粒体の測定可 |
| アルキメデス | スラグ,メタル | 浮力測定 | 密度既知の浸液か重錘が必要 |
| 最大気泡圧 | スラグ,メタル | 吹管よりの発泡圧力測定 | 被測定液の密度,表面張力 |
| 静滴 | スラグ,メタル | 液滴の形状測定 | 不活性な基板が必要 |
| レビテーション | メタル | 浮揚液滴形状 | 非接触 |
| 透過吸収 | スラグ,メタル | X線などの吸収 | 非接触,直接法 |

### ピクノメーター法

容積既知の容器に試料液体を満たし,その重量を測定して密度を求めます.室温では至極簡単な方法であります.容器に入れられる固体試料であれば,試料を入れて秤量し,そのあと,水で容器を満たして測定すれば,固体試料の重量,水の重量,容器の容積から固体試料の体積が求まり,従って密度が求められます.室温ではこれだけのことですので,天秤と市販のピクノメーターを用いて液体や,粉体,細粒体の密度が手軽に求められます.ただし,高温になるとそう簡単なことではありません.溶融メタルについて実際に使われたピクノメーターの略図を図3-1に示します.

(a)は所定温度に保持した容器に試料を鋳込む方法,(b),(c)は真空溶解したメタル中に容器を沈めて容器内に試料を注入します.いずれも凝固した試料

の重量を測定して密度を求めます.スラグや溶融塩でも同じ様にして測定することは可能ですが,使い捨て覚悟で容器の材質をうまく選定することが必要です.試料の注入孔を大きくすると試料の採取が容易になりますが,誤差は大きくなり,注入孔を狭くすれば精度は上がりますが,健全な注入が難しくなります.密度の大きい溶融メタルの中にピクノメーターの容器を沈めることはそう容易ではありません.(d)は液体試料の膨張を測るディラトメーターです.電気的な導通の有り無しで液体表面の位置を測定する探針法で液面の位置を測定し,温度による膨張を調べる方法です.膨張率が分かれば密度の温度変化が分かります. 容器の膨張率が分かっていることが前提となります.

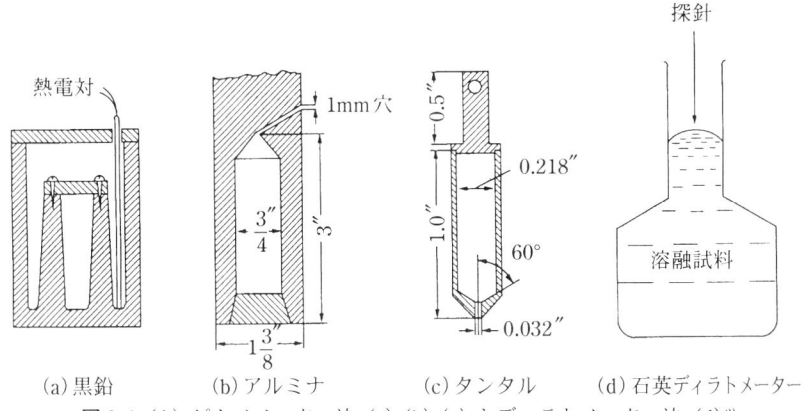

図3-1 (A) ピクノメーター法 (a) (b) (c) とディラトメーター法 (d)[2]

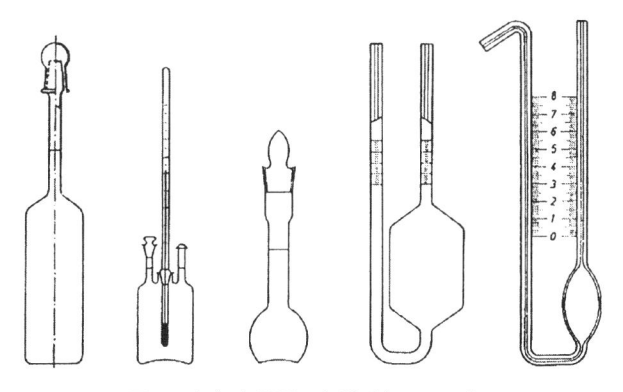

図3-1 (B) 室温用の各種ピクノメーター

## アルキメデス法

浮力の測定から試料の体積を求め，密度を測定する方法です．試料を溶かしておいて標準の錘を沈める直接法と，密度既知の標準液体中に容器に入れた液体試料を沈める間接法とに分けられます．図3-2に直接法(a)と間接法(b)を示しました．

図3-2(a)では2個の重錘を用いる方法を示しておりますが，もちろん1個の重錘でも差し支えありません．今，液体の密度を求める場合を考えます．試料がスラグであるとします．重錘はスラグより密度の大きく，かつスラグと反応しない金属，例えばPtとかWを用います．2個の重錘の体積を$v_1, v_2$とし，$v_1$を沈めたときの浮力を$b_1$，$v_2$も沈めた時の浮力を$b_2$とします．試料液体の密度を$\rho$とすると，

$v_1$の重錘を沈めたときは

$$\rho = b_1 / v_1 \tag{3-1}$$

$v_2$まで沈めたときは

$$\rho = (b_2 - b_1) / v_2 \tag{3-2}$$

となりますが，重錘を吊す吊線が液体の表面を貫くところで表面張力が働きま

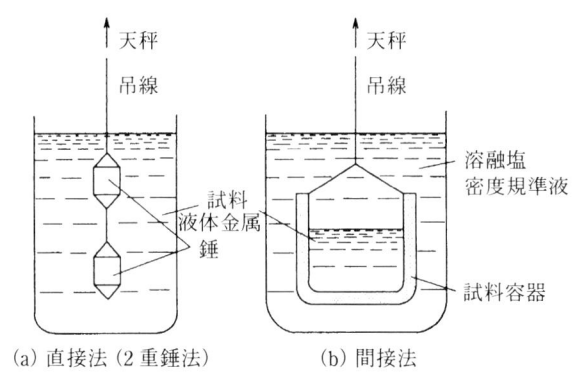

(a) 直接法（2重錘法）　　(b) 間接法

図3-2　アルキメデス法

す．(3-1) 式ではこの影響を補正する必要がありますが，(3-2) 式ではこの影響がキャンセルされます．2重錘 (2球) 法の特長がここにあります．なお，測定誤差の点からみて，$v_1, v_2$の大きさを同じくらいに取るのが利口でしょう．

図3-2(b)は密度$\rho_r$既知の液体中に体積$v_c$のるつぼに溶かした試料$m_s$ gを沈め，その時の浮力$b$から試料の密度$\rho_s$を次式で求めようとするものです．

$$\rho_s = \rho_r m_s / (b - \rho_r v_c) \tag{3-3}$$

ただし吊線の液表面での張力の補正が必要で，簡単には$2\pi r \sigma \cos\theta$を浮力から差し引きます．ここで，$r$は吊線半径，$\sigma$は表面張力，$\theta$は接触角です．

この方法の特色は試料が固体でも液体でも差し支えないことで，融解，凝固の過程も連続して測定できます．ただ，るつぼとレファレンス液体との反応に気を付けること，凝固時のるつぼ破損に注意することなどで，直接法よりるつぼという因子が増えただけ，余分な注意が必要です．天秤で浮力を連続測定できますから，密度の温度変化を求めることができます．ただ，長時間の測定をすると，試料の揮発などによる試料組成の変化や吊線への付着物などに気を付ける必要があります．

## 形状測定法

溶融体の形状から体積を求める方法で，通常，液滴の形を測定します．代表的な方法は次の静滴法で，その他，管端に液滴を付着させる懸滴法，メタルを浮揚溶解するレビテーション法などがあります．

### i) 静滴法

不活性な基板を水平に置き，その上に試料滴を静置して，液滴の形を写真などで観察・記録します．試料液滴の形は密度だけでなく表面張力によっても支配されますので，後で述べる様に，表面張力の測定にも用いられる方法です．Bashforth-Adamsの表を用いる方法が正攻法ですが，密度を求めるだけであれば，試料液滴の軸対称性を仮定して，円板の積み重ね，ないしは球面板の積層として図3-3のように区分求積するのが実用的です．球面板の積層としたときは，

$$V = (\pi/3) d \Sigma (3r_i^2 + 3r_{i+1}^2 + d^2) \tag{3-4}$$

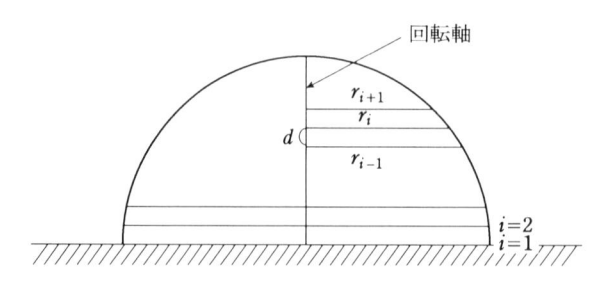

図3-3 試料体積の計算

で体積が求まります.

　測定装置は横型と縦型があります.実例は表面張力の測定装置を参考にしてください.形状の測定誤差は軸対称からの外れが一番気になるところです.試料を回転させたり,あるいは多方向から観察するなどの工夫があります.3方向から観察したときの測定例をあとで述べます.

## ii) レビテーション法

　円錐形のコイルを縦方向に向かい合わせに重ねた浮揚溶解コイルの中にメタルの粒を置いて高周波加熱すると,メタル表面に誘起されるエディカレントとコイル磁場の相互作用によりメタル粒は質量と釣り合って,浮揚溶解コイルの磁束密度最小の位置に保たれて,加熱・溶融します.るつぼを必要としないため,裸のメタル試料がコイルの隙間から観察できます.メタル滴の形状を観測すれば体積が求まり,密度を計算できます.静滴法と違って,メタル滴は絶えず揺らいでいます.そこで図3-4の装置では,側面と底面の写真を同一のフレームに納め軸対称性の良否を判断し易くしています.揺らぎのある測定では,この様な写真を多数観測して統計的に処理しないと信頼性を確保できません.レビテーション法は確度の点で一歩譲るところはあるにしても,るつぼとの接触を避け,高温での測定ができる特長には捨てがたいものがあります.

## 圧力測定法

　静水圧は密度 $\rho$ と液柱高さ $h$ の積から $\rho g h$ で定まります.それで,圧力を加

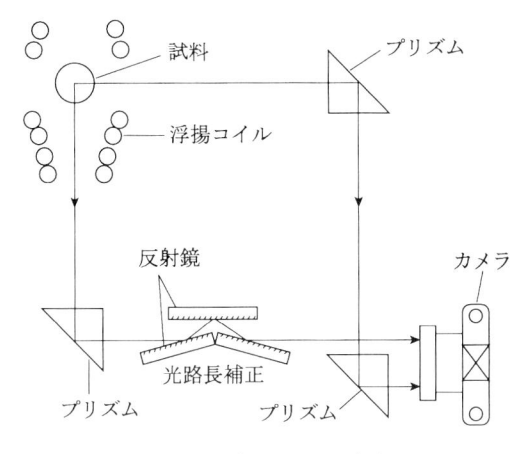

図3-4 レビテーション法[3]

えて出来る液柱の高さを測定すれば密度が求まる理屈です．実際には，以下の最大泡圧法とマノメーター法が利用されます．

## i) 最大気泡圧法（最大泡圧法）

試料液体の中に吹管を沈め，図3-5の様に吹管の先端から気泡を発生させます．気泡が吹管から離れる時の最大圧力$p$を測定して，吹管の浸没深さ$h$から(3-5)式で密度を求める方法です．

$$p = \rho g h + \pi d \sigma \cos\theta \tag{3-5}$$

ここで$d$は吹管の直径，$\sigma$は試料液体の表面張力，$\theta$は液体と吹管の接触角です．(3-5)式の第2項は吹管の浸没深さには関係しませんから，浸没深さを変えてその差を取ればこの項はキャンセルできます．それで

$$\rho = \Delta p / g (h_1 - h_2) \tag{3-6}$$

$\Delta p$は浸没深さを$h_1$から$h_2$に変えたときの気泡圧の差額です．

この方法では気泡の離脱するときに吹管が振動しないようにすることが大切です．そのためにはしっかりした吹管を用いることと，気泡離脱の時間間隔を適切に保つことです．普通30 s位の気泡離脱間隔をとることが多いようです．前回の気泡離脱による吹管の振動が納まってから次の気泡が形成される様にす

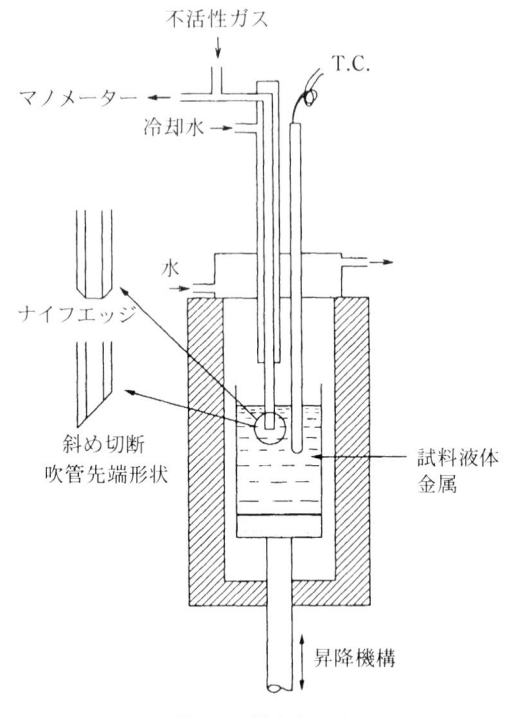

図 3-5 最大泡圧法

れば良いわけです．安定した気泡圧力が観察できることが必要条件です．

ついでですが，(3-5)式で分かる様に浸没深さを一定にして吹管の管径を変えて最大泡圧を測定すれば表面張力が求まります．径の異なる吹管を束にして用意し，順次圧力経路を切り換えて行けば，その圧力の差額から表面張力が得られます．吹管の形状の例を図中に示しました．要は同じ形状の気泡が安定して発生すれば良いのです．

## ii) マノメーター法

やや特殊な例ですが，試料液体の液柱の圧力を標準の液柱の圧力(マノメーター)に移し替えて測定する方法で，試料よりも密度の小さいマノメーターに変換すれば，密度の比に応じて液柱高さが増幅できます．溶融塩について適用された測定例を図3-6に示しました．

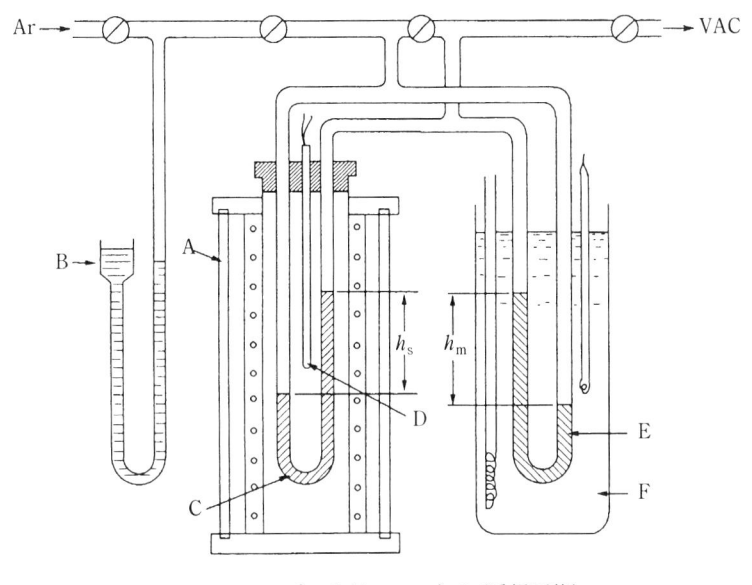

A：ゴールドファーネス（透視可能）
B：水銀溜め
C：溶融試料
D：熱電対
E：マノメーター
F：恒温槽

図3-6　マノメーター法[4]

　図では試料液面の高さを測定するため，ゴールドファーネスという透視可能な特殊な炉を用いています．また石英製のU字管を用いていますが石英以外でU字管をつくるのは困難で，試料溜に管を挿入し，内部を負圧として試料を吸い上げ，その高さを電気的探針法で測るのが実用的かと思われます．

## 3-3　高温融体の測定例

### 静滴法（純鉄）[5]

　図3-7に3方向から観測できる窓を持った縦型炉を用いた静滴法の例を示し

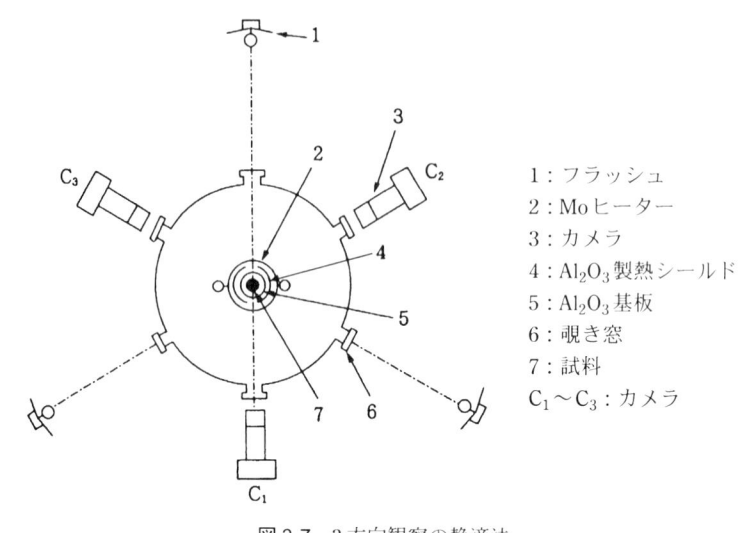

1：フラッシュ
2：Moヒーター
3：カメラ
4：Al$_2$O$_3$製熱シールド
5：Al$_2$O$_3$基板
6：覗き窓
7：試料
C$_1$〜C$_3$：カメラ

図3-7　3方向観察の静滴法

ます.

　3組の撮影装置を120°の等角度に配置した装置です.上下に2分割したMoバンドヒーターで試料を加熱しています.加熱効率を高め,かつ試料周りの温度分布を良くするため,直径方向にスリットを入れたアルミナ管を熱シールドとして用い,測定時に回転させて試料の所用方向のシルエットを観察します.雰囲気は10％H$_2$-Arです.試料温度は試料上方5 mmの位置に設置したR熱電対で測定し,予め試料位置に置いた熱電対を規準として行った較正値で補正しています.写真撮影には床に固定して設置された135 mm望遠レンズとベローズをもつカメラと,同様に,床に対して固定されたフラッシュバルブの組み合わせを用いています.フラッシュバルブは試料位置から1 m離れており,試料－カメラの間隔約550 mmから考えて,ほぼ平行光線で照射されています.このカメラと液滴の位置関係で,フィルム上には約1.5倍の像が得られます.写真像の測長はレスカ社製・フォトパターンアナライザーを用い,フィルムを直接±20 μの精度で測定しています.フィルム像の長さの規準を得るため,測定に先立って,長さ既知の円柱を室温で毎回撮影しています.

　試料の量は多すぎると滴の形が半球状より崩れ,少なすぎると形状はよく

なっても測定精度が悪くなります.試料の密度や表面張力によって異なりますが,通常1 cm³以下が目途でありましょう.

液滴の形状は基板との濡れによって左右されますので,基板の等方性と清浄さが求められます.特に酸素や硫黄といったカルコゲン系の不純物は表面活性ですので,濡れを助長します.その結果,試料が平坦な形状になって測定を困難にしますので,雰囲気を通しての汚染には注意する必要があります.旋盤で円柱状に加工した純鉄試料をアルミナ基板上に置き,温度を上げて順次測定します.形状の撮影はハレーションを避けるため3台同時には行わず,1台ずつ

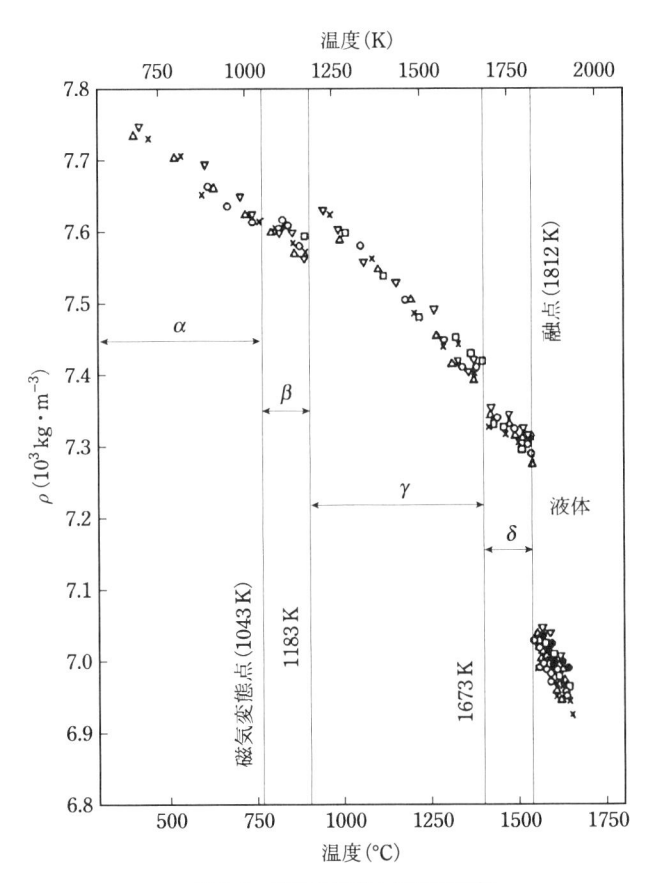

図 3-8　純鉄の密度と温度の関係

順次撮影しました．

純鉄についての固体から液体まで温度を上げながら測定した結果を纏めて図3-8に示しました．変態に伴う密度の変化が明瞭に観察されています．

## 最大泡圧法（純鉄）[6]

図3-5の装置を用いて液体の純鉄を測定した結果を図3-8の黒丸で示しました．吹き込みガスは2%$H_2$含有のArです．約30sの脱気泡間隔で測定しております．図3-8で見られるように静滴法と良い一致を示しています．

## アルキメデス法（$CaF_2$-$MgF_2$系）[7]

混合フッ化物の密度を固相から液相まで測定した例を示します．固相の測定は図3-7の静滴法によっています．試料は溶融したフッ化物を石英管で吸い上げ，800～900℃で焼鈍し，棒状試料として切断したものです．測定は円柱の直径の伸びを測定し，室温で得られた密度と膨張率を組み合わせて所定温度の密度としました．図3-9に線膨張率の測定結果を示しました．

液体の密度は10 mmφと15 mmφのPt・10%Rh球を用いるアルキメデス2球法によって測定しました．吊線には0.2 mmφのPt線を用いています．容器は

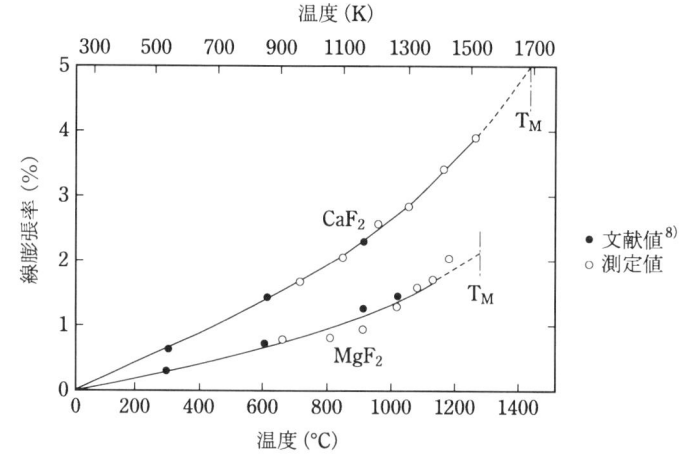

図3-9　固体$CaF_2$, $MgF_2$の線膨張率（静滴法）

44 mmφ×70 mmh の Pt・10％Rh るつぼで，溶融時に約35 mm深さになる様に試料を秤取しました．溶融炉はSiCヒーター12本を井桁に組んだもので，3分割のマニュアル制御です．浮力は直視天秤（秤量200 g，感度0.1 mg）で連続測定しています．浮力の測定結果の一例を図3-10に，固体～液体の遷移を含めた密度の測定結果を図3-11に示しました．

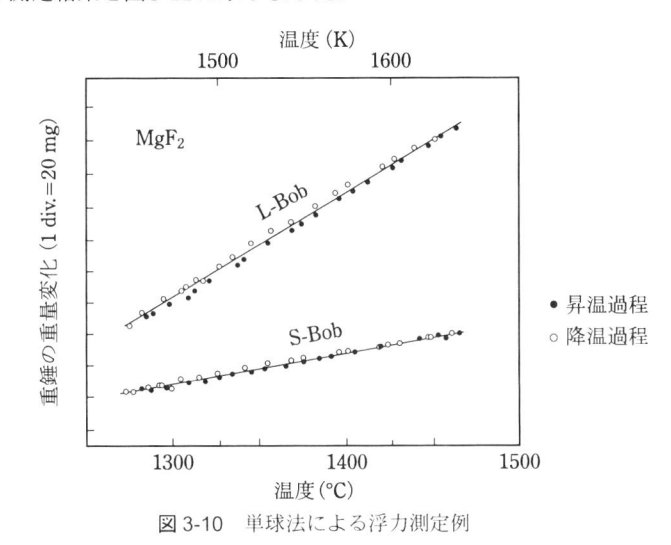

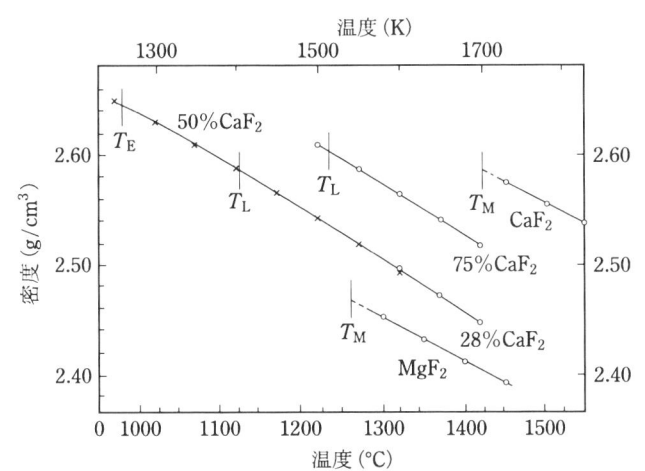

図 3-10 単球法による浮力測定例

$T_E$：共晶温度，$T_L$：液相線温度，$T_M$：融点
図 3-11 $MgF_2$-$CaF_2$系の密度と温度の関係

なお,参考のためアルキメデス単球法の結果と2球法の結果を比較して表3-2に示します. $\sigma\cos\theta$ の項は,2球法による密度値が真であるとして,それぞれの単球法による値との差額を表面張力の項に割当てた時の値であります.この値が揃っていれば2球法による表面の影響のキャンセルが適正になされたことを示します. 表3-2の結果は,2球法がほぼ正当に行われたことを示しています.

表 3-2　単球法で働く表面張力項の見積もり

| 試 料 | 測定法 | 密 度 (g/cm³) |  |  | $\sigma\cos\theta$ 項 (dyn/cm) |  |  |
|---|---|---|---|---|---|---|---|
|  |  | 1300℃ | 1450℃ | 1550℃ | 1300℃ | 1450℃ | 1550℃ |
| MgF₂ | S球 | 2.447 | 2.384 |  | −39 | −12 |  |
|  | L球 | 2.450 | 2.385 |  | −34 | −4 |  |
|  | 2球 | 2.451 | 2.358 |  | − | − |  |
| CaF₂ | S球 |  | 2.556 | 2.506 |  | 155 | 268 |
|  | L球 |  | 2.568 | 2.527 |  | 146 | 272 |
|  | 2球 |  | 2.573 | 2.536 |  | − | − |

## ピクノメーター法（溶融シリコン）[9]

　ピクノメーター法を高温の溶融シリコンに適用して,精度良い密度測定を行った例があります. その時のピクノメーターと測定操作を図3-12に示します. ピクノメーターの本体はホットプレスで作られたBN製で,内径12 mmの外円筒に逆円錐形の内筒が嵌合する形になっていて,これに直径0.8 mmの毛細管を穿っています.外円筒に試料をやや過剰に溶かし,内円筒を標線まで沈めると,過剰分の試料は毛細管を伝って溢れ,一定容量の試料が得られます. その後,外円筒を引き下げて凝固時の膨張による影響を避け,冷却後,試料を秤量すれば,密度が計算できます.

　問題は測定時のピクノメーターの容積の見積もりですが,この測定では室温の容積測定と,ディラトメーターで高温まで別途測定したBNの線膨張率を組み合わせて高温での容積を求めています. なお,BN焼結時のプレス方向による線膨張率の異方性を見出しています.

　BNはシリコンや金属に濡れ難く,安定であります.また,機械加工が可能で,

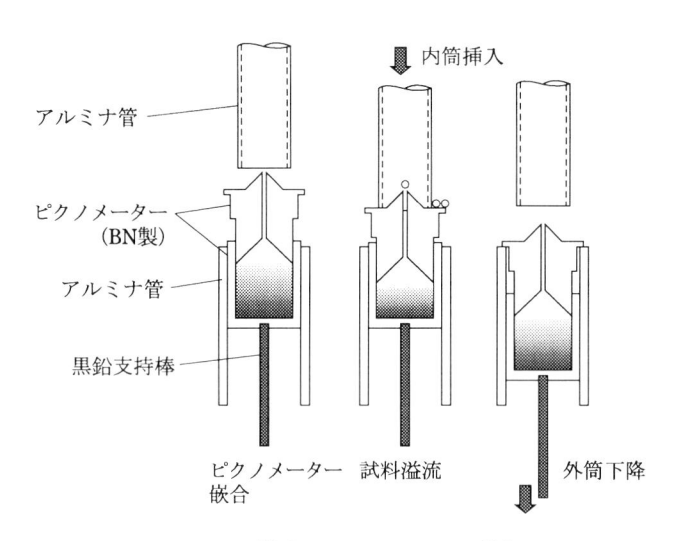

図3-12 BN製ピクノメーターとその操作

寸法精度の良い容器を製作できる利点があります．測定毎の使い捨てでランニングコストが高くつきそうですが，精度には替えられないということでありましょう．報告によると，他の方法よりバラツキの少ない測定結果が得られています．なお，測定雰囲気にはHeを用いてSi試料の酸化を防止しています．図では良く解らないでしょうが，容器の底をR仕上げにして角を除いております．濡れにくいBNの容器を使う場合，溶融試料の充填を容易にするためです．

(白石 裕)

**参考文献**
1) 白石 裕：金属，**69** (1999), 239, **67** (1997), 20.
2) 鉄鋼基礎共同研究会，溶鋼・溶滓部会報告；"溶鉄・溶滓の物性値便覧", (1971), 日本鉄鋼協会．
3) T.Saito, Y.Shiraishi and Y.Sakuma: *Trans. ISIJ*, **9** (1969), 118.
4) 佐藤 譲，小林賢一，江島辰彦：金属学会誌，**43** (1979), 97.
5) 渡辺俊六，津 安英，高野勝利，白石 裕：金属学会誌，**45** (1981), 242.
6) 齋藤恒三，天辰正義，渡辺俊六：東北大選研彙報，**25** (1979), 67.
7) 白石 裕，渡辺俊六：東北大選研彙報，**34** (978), 1.

8) Touloukian ed.: "Thermophysical Properties of High Temperature Solid Materials", 5 (1967), pp.359, 398, Machmilan.
9) Y.Sato, T.Nishizuka, K.Hara, Y.Yamamura and Y.Waseda: *Internl. J. Thermophysics*, **21** (2000), 1463.

# 4章への プロムナード

　まず始めに，筆者が専門としてきた高温熱量測定や金属熱化学の研究領域に関して自分史の中で思うことを述べます．高度経済成長期の昭和40年代は，公害や第一次・第二次石油危機などの社会的にインパクトの大きい問題があり，金属製錬工学を専門とする筆者にとって，無公害プロセスや省エネルギープロセスの開発が大きな関心事でした．筆者は，製錬プロセスのエンタルピー評価やエクセルギー評価に不可欠な合金，スラグ，硫化物（マット）などの高温融体の熱的データを多少なりとも集積できたことで工学の社会的役割の一端を担える，といういくばくかの自負を覚えました．若い時分の筆者は，工学研究の位置づけや社会的役割などに随分こだわってる一方，熱量測定の学問的バックグラウンドに対する認識は極めて浅かったと今思われます．

　昭和50年（1975）代に入り，筆者は，ドイツのアーヘン工科大学理論冶金研究所に留学する機会を持つことができました．当時の研究所には，熱力学データブック「Thermochemical Properties of Inorganic Substances」の著者Knacke教授およびBarin博士，熱力学データのオンラインシステム「THERDAS」の主宰者Spencer博士，そして，「Metallurgical Thermochemistry（金属熱化学：丹羽貴知蔵，横川敏雄，中村義男 訳 (1968) 産業図書）」の著者Kubaschewski名誉教授などが居られました．これらの世界的研究者との知遇を通じて熱量測定のバックグラウンドである合金熱力学や金属熱化学の奥深さを垣間見ることができたことは，筆者にとって大変幸運でした．Kubaschewski先生からは，大戦直後，ドイツから英国に移行し，爾来TeddingtonのNPL (National Physical Laboratories) に勤務するようになった経緯，NPLの化学部長を定年退官してアーヘン工科大学に招聘されるまでの凡そ25年間におけるヨーロッパの研究動向と金属熱化学のネットワーク造りの苦労話などを拝聴できました．戦後25年間にわたる金属熱化学の研究に対する先生の熱き想いは，筆者が生後から熱量測定の研究を本格的に始めるまでの期間に知り得なかった金属熱化学研究のmissing linkを満たすに余りあるものでした．

# 4章 熱量測定

## 4-1 まえがき

　熱量測定には比熱，相変態熱，混合熱など多様な測定対象があり，それぞれに適する方法が考案されている．大別すると，温度を一定に保持して測定する静的な方法と，温度を変化させながら測定する動的な方法に分けられる．ここではまず，熱量計を用いる静的測定法を述べ，次に動的な示差熱分析と走査熱分析について述べる．

　まず，溶融2元系合金の混合熱の直接測定を中心に記述することにする．混合熱の熱力学的な意味は，$x$モルの元素Aと$y$モルの元素Bを溶融状態で混合させて溶融合金$A_xB_y$を生成したとき，合金のエンタルピーから合金元素のエンタルピーの和を差し引いたものに相当する．また物理化学的には，混合前後の凝集エネルギーの差に相当する．このような混合熱の直接測定の意義は次のように纏められよう．

(1) 混合熱はエントロピーと共に，化学反応プロセスや相変化の熱力学的取り扱いに不可欠な活量(5章で記述)の基本をなしており，混合熱データから活量値を推定することや活量測定データの妥当性を検討することが可能である．

(2) $\Delta G = \Delta H - T\Delta S$なる熱力学関数に基づき，蒸気圧測定(5章で記述)などから直接得られる混合自由エネルギーの値$\Delta G$と混合熱の直接測定値$\Delta H$を組み合わせることにより，精度の良い混合エントロピーデータ$\Delta S$が得られる．

(3) 混合熱測定により，金属溶液に対する熱力学モデルの適用性，妥当性を検討でき，また新しいモデルを組み立てる上での重要な知見が得られる．

(4) 混合熱，エントロピーなどの熱力学諸量を，密度(3章で記述)，粘度(7章

で記述)などの物性と組み合わせ,溶液の構造に関する知見を得ることができる.
(5) 金属結合に関する物理化学的解釈や,合金の凝集エネルギーに関する量子論,電子論的取り扱いなどにおいて混合熱データが直接役立つ.
(6) 具体例としてCu-Sn合金の混合熱,比熱およびAl-6%MgZn$_2$の比熱,エンタルピーを取り上げた.

## 4-2 静的測定

### 熱量の測定方法

ジャケットに取り囲まれた熱量計内で反応により発生あるいは吸収された熱$dQ$,または外部から熱量計に与えられた電気エネルギー$L$(単位時間当たり)と,熱量計の温度変化$d\theta_c$の関係は次式で与えられる.

$$dQ = Ldt = Wd\theta_c + K(T_c - T_a)dt \qquad (4\text{-}1)$$

ここで,$W$は熱量計の水当量*,$K$は熱移動係数を示し,$T_c$および$T_a$は,それぞれ,熱量計および周囲のジャケットの温度を示す.(4-1)式右辺の第2項は熱量計から周囲への熱損失を表す.熱量計の種類は,(4-1)式の変数$L$,$T_c$,$T_a$の組み合わせによって基本的に次のように類別される.(i) 恒温壁型熱量計:$T_a$=一定の条件,(ii) 伝導型熱量計:$T_a$=一定,$T_c - T_a$=一定または$T_a$=一定,$L$=一定の条件,(iii) 断熱型熱量計:$T_c = T_a$の条件.

精度の良いデータを得るためには,$T_a$,$T_c$を適切な条件におくための温度制御ならびに熱量計の温度変化の精密な測定が重要であるが,これらは高温ほど困難となる.また高温では熱量計容器と試料の反応性が大きくなり,これによる誤差も無視できなくなる.熱量計からその周囲への熱損失をどのくらいの精度で見積もれるのか,あるいは,どの程度抑えることができるかという問題が,溶融合金の混合熱などを対象とする高温測定では特に重要である.

放射による単位時間あたりの熱損失量$q_r$は次式で与えられ,熱量計温度の3乗に比例すると見なせる.

---
*熱量計の熱容量を水の比熱で割った値.水の温度上昇で熱量の変化が解る.

$$q_r = \sigma ES (T_c^4 - T_a^4)$$

$T_c \simeq T_a$ のとき $\quad q_r = 4\sigma EST_c^3 (T_c - T_a)$ \hfill (4-2)

ここで，$\sigma$ はStefan-Boltzman定数，$E$ は容器の放射率からなる係数，$S$ はその表面積を示す．伝導および対流による単位時間あたりの熱損失量 $q_c$ は次式で与えられる．

$$q_c = k(T_c - T_a) \qquad (4\text{-}3)$$

ここで $k$ は熱伝達係数を示す．熱損失量の総計 $q_{total}$ は，

$$q_{total} = (4\sigma EST_c^3 + k)(T_c - T_a) \qquad (4\text{-}4)$$

したがって $\quad K = 4\sigma EST_c^3 + k$ \hfill (4-5)

このように高温になると熱移動係数 $K$ の値が急激に大きくなるので，熱測定に際しては特別の配慮が必要とされる．例えば，断熱型熱量計を用いて精度のよいデータを得るためには，熱量計とその周囲の熱移動を僅少にすることが必要であるが，高温ほど熱移動係数が大きくなるので，高温では $|T_c - T_a|$ を小さくする，換言すると断熱制御を良くする必要がある．恒温型や伝導型の熱量計では熱移動係数を精度よく見積もることが重要であるが，高温ではその見積もり誤差が測定の感度や精度に大きな影響を及ぼし，精度のよい実験が困難となる．

### (i) 恒温壁型熱量計

熱変化をおこさせる熱量計本体を一定の温度に保った恒温容器の中に支えて熱量計温度－時間曲線を描き，見掛けの温度上昇に対して，反応が終了するまでの熱量計本体から恒温容器への熱損失の補正を加える方法である．$T_a =$ 一定，$T_c - T_a = \theta_c$ とおくと，(4-1) 式は次のように書き表せる．

$$dQ = W(d\theta_c + \alpha\theta_c dt) \qquad (4\text{-}6)$$

ただし $\alpha = K/W$．反応終了後（後期定常状態）の冷却過程がニュートンの冷却法則に従うものとすると，$\theta_c$ の対数と時間の関係より，$\alpha$ は

$$\alpha = d\ln\theta_c / dt \qquad (4\text{-}7)$$

と求められる．(4-1) 式を反応開始から後期定常状態の任意の時間 $t$ まで積分すると，(iii) で記述する断熱型熱量計の場合と同様な温度－時間曲線が得られる．熱量計の水当量は既知の電気エネルギーを熱量計に与えることにより決定

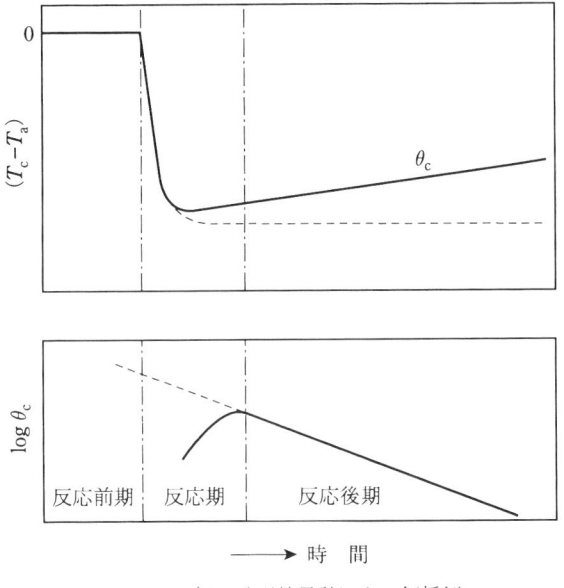

される．恒温壁型熱量計の温度と時間の関係を図4-1に示す．

図4-1 恒温壁型熱量計による解析例

　この方法は断熱法に比べ解析に手間がかかるが，炉を断熱制御させることよりも恒温壁を一定温度に保持する方が実験的に容易である．熱移動係数$K$を精度よく求めることが肝要であるが，測定熱量が小さい場合や反応が遅い場合は，熱移動係数の誤差や恒温壁の温度変動が測定感度を劣化させる．また熱移動係数が急激に大きくなる高温では，その誤差が測定精度に大きな影響を及ぼす．恒温壁型熱量計は混合熱のように瞬間的に発生する熱量の測定に多く用いられており，古くは河上[1]による銅や銀合金の混合熱の歴史的な測定がある．またFuwaら[2]は鉄合金の混合熱を1773 K以上の高温で直接測定している．

### (ii) 伝導型熱量計
　この方法は熱伝導を積極的に利用したもので，熱容量の大きい恒温壁と熱量計本体を熱の良導体で結ぶ．この方法には二通りあり，1つはWittigら[3]によ

る方法で，熱量計温度が一定になるように熱量計に電気エネルギー$Q_e$を加える．この場合，(4-1)式は次のように書き表される．

$$dQ_e = L\,dt = K\theta_c\,dt \tag{4-8}$$

ただし$\theta_c$は一定である．時間$dt$の間での熱量計から周囲への熱移動は$K\theta_c\,dt$となり，熱量計温度を一定に保持するためには，これだけの熱量を電気的に，あるいは反応により，熱量計に与える必要がある．熱量計に与える電気エネルギーは反応が無い場合と有る場合で異なり，その差が反応熱に相当する．もう1つの方法は，原理的には恒温壁型と類似しているが，熱量計本体と恒温壁の温度差が反応終了後迅速にゼロとなるようにしたもので，熱量は次のように求められる．(4-1)式を反応開始時から反応が終了して温度差が再びゼロとなる時間$t_f$まで積分する．

$$Q = W\int_0^{t_f} d\theta_c + K\int_0^{t_f}\theta_c\,dt \tag{4-9}$$

上式の右辺の第1項はゼロとなり

$$Q = K\int_0^{t_f}\theta_c\,dt \tag{4-10}$$

から，反応時の温度差－時間曲線の面積と既知熱量を加えたときの面積の比から熱量が求められる．Predelら[4]は1873 Kまで使用可能な伝導型熱量計を用いて，Ni-Co合金の混合熱を±84 Jの精度で求めている．

この方法は，熱量計の水当量が関与しない，熱伝導体に多数の熱電対をパイルにして用いることにより感度を上げ得る，熱移動係数や水当量を求める手間が省け，そのときの誤差も含まれないなど，優れた特色を有しているが，恒温壁の温度変動の影響を受けやすい欠点を有する．双子型にして用いると，この欠点や恒温壁型熱量計に一般的にみられる問題も除去される．Kleppa[5]の双子型伝導型熱量計を図4-2に示す．Calvetら[6]の双子型微量熱量計を発展させたもので，1373 Kまで使用可能である．恒温壁中に対称に2個のセル（1個は反応セル，他は擬似セル）を置き，それぞれのセルと恒温壁の間に96本の示差熱電対をもうけ，温度差測定の感度を上げている．これらの熱電対は熱伝導体の役目も果たしている．これら2つの熱電対の束を差動的に繋ぐことにより恒温

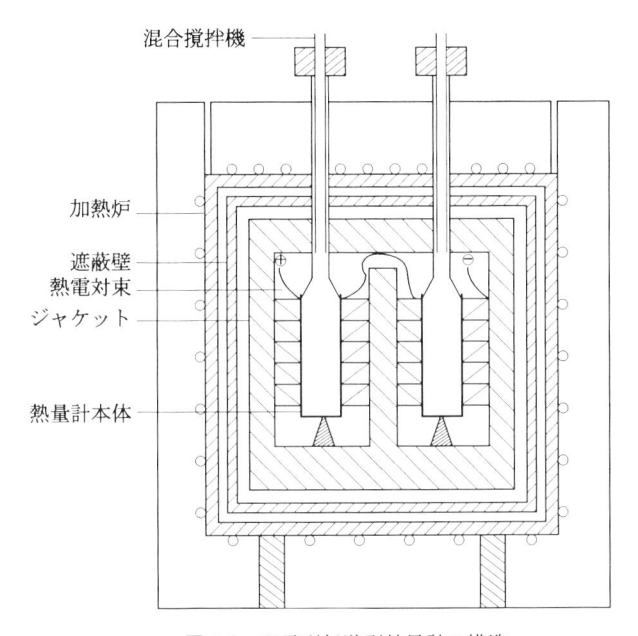

**図 4-2** 双子型伝導型熱量計の構造

壁の温度変動の影響が打ち消され,長時間でもゼロ点がずれない安定な実験条件を維持できる.双子型伝導型熱量計は反応が数日にも及ぶ極めて遅い場合でも精度のよい測定が可能であり,測定感度も良く,0.04 J程度の微小な熱量が検出できる.Watanabeら[7]は本熱量計を用いてCu-La合金の混合熱測定を行っている.

### (iii) 断熱型熱量計

試料容器と断熱容器の温度差がゼロとなるように断熱容器の温度を制御し,試料容器で発生した熱を外部に逃がさないようにしたものである.この場合,(4-1)式は次式のように簡略化され,見積もりの面倒な熱移動係数が関与しなくなる.

$$dQ = L\,dt = W\theta_c \qquad (4\text{-}11)$$

本方法では,反応熱は既知熱量を加えたときの温度変化と測定時の温度変化から比例関係で,また比熱は,熱量計に一定の電気エネルギーを与え熱量計が一

定温度上昇するのに要する時間から直ちに求められる．本法は，先述した諸方法に比べて解析が簡単で解析による誤差も少ない．熱量計の温度変化に対する追随性が非常に重要であり，高性能の断熱制御装置を用いる必要がある．本法では770 K程度の温度までは混合熱，比熱，変態熱などを1～2％の精度で測定可能である．しかし高温では，良好な断熱制御が困難になる，熱移動係数が急激に増加するなどの理由により，熱量計から周囲への熱損失量$K(T_c-T_a)$が無視できなくなり，これが大きな誤差原因となる．試料容器や断熱容器の材質として放射率の小さなものを使用する，試料容器の表面積を小さくするなどにより，熱移動係数の値を小さくすることが必要である．

## 断熱型熱量計の展開

断熱型熱量計は温度を変化させながら連続的に熱量を測定することが可能であり，また原理的にあらゆる種類の熱量を測定できるので，熱量測定における適用性はきわめて高い．これに対して，他の熱量計は温度に対する連続測定が原理的に不可能であり，測定可能な熱量の種類も限られている．一方，断熱型熱量計には熱的状況の変化に機敏に対応する身軽さが必要となるので，実験条件の設定が他の熱量計に比べて難しい．とくに高温では放射による影響が大きくなるので，実験条件の設定が一層困難となる．そこで筆者は，熱量測定法としての断熱型熱量計の利便性に着目し，高温熱量計としての適用性の向上に挑戦した．

### (1) 一重断熱壁型熱量計の解析

本節で検討の対象とする1つの断熱壁を有する断熱型熱量計（一重断熱壁型熱量計）は，長崎ら[8]による比熱測定装置を混合熱測定ができるように改良したものである．装置は，熱量計本体，排気・ガス供給部分，定電力供給部分，断熱制御部分，温度測定部分から成っている．熱量計本体は外径290 mmの排気鐘の内部に納められており，その構造を図4-3に示した．中心部のニッケル製の円筒状内部容器G（内径30 mm，外径38 mm，高さ38 mm）中には上下2段で構成される黒鉛製の反応容器Hがあり，ストッパーと撹拌棒を介して合金

成分を混合させる.内部容器の外側にはニッケル製の円筒状断熱容器F(内径58 mm,外径66 mm,高さ66 mm)が配置されている.電気炉Dは内径120 mm,高さ120 mmのアルミナ製支持枠に固定されたカンタル巻線で構成されており,その外側には直径150 mmのニッケル製の円筒状遮へい板C,さらにその外側にはアルミナ製遮へい筒Bが配置されている.内部容器(反応容器)の加熱は,定電力回路を通して内部容器内側のニクロム抵抗線Kにより行われる.ニクロム抵抗線と反応容器の間には雲母ないしはベリリア製の絶縁体が挟まれている.反応容器温度の測定は内部容器下底にセットされた熱電対I(アルメル－クロメル)によっている.内部容器と断熱容器の側壁中央部にそれぞれセットされた熱電対J(アルメル－クロメル)の微小起電力差を最大感度±0.4 μVの高感度直流増幅器で増幅してPID回路に入れ,PIDによる演算出力によりSCR

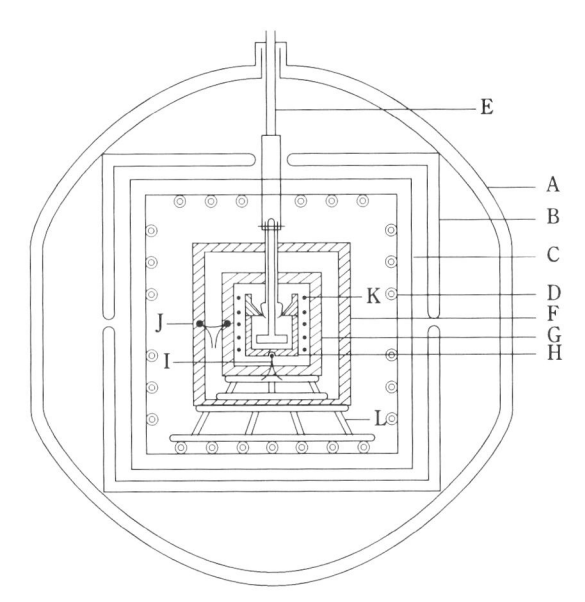

A:水冷排気鐘　B:アルミナ製円筒　C:ニッケル製遮へい板
D:カンタル炉　E:混合撹拌装置　F:ニッケル製断熱容器
G:ニッケル製内部容器　H:黒鉛製反応容器　I:温度測定用熱電対
J:断熱制御用熱電対　K:定電力供給加熱線　L:石英製支持台

図4-3　断熱型熱量計本体の構造

の位相を変える.この動作により電気炉電流を連続的に,しかもきわめて敏速に加減でき,精度の良い断熱制御が可能である.

まず始めに,本熱量計の内部容器と断熱容器との間の放射および伝導による熱移動を評価する.計算の便宜上,円筒形状のこれらの容器を体積が等しくなるように球体近似し,(4-2)式に基づいてこれらの容器間の放射熱移動係数 $K_r$ ($=4\sigma EST_c^3$)を算出した.これらの容器の材質であるニッケルの放射率[9]として,金属ニッケル(電解,磨かぬもの)の0.11と酸化ニッケルの0.70の平均値を用いた.

$$K_r = 0.154 \times 10^{-3} T_i^3 \qquad (4\text{-}12)$$

よって  $q_r = 0.154 \times 10^{-3} T_i^3 (T_i - T_d)$   kJ/hr   (4-13)

ここで,$T_i$,$T_d$ はそれぞれ内部容器,断熱容器の温度(Kelvin)を表す.

内部容器と断熱容器の間には定電力供給用導線,温度測定用および断熱制御用の熱電対,石英スペーサーなどが伝導熱伝達に関与しており,これらの固体による熱移動量は次式のように求められる.

$$q_{cs} = 0.013 (T_i - T_d) \quad \text{kJ/hr} \qquad (4\text{-}14)$$

また,試料の揮発を抑える目的で熱量計内に導入されているアルゴンガス(約1.5 kPa)による伝導熱移動量は次式のように求められる.

$$q_{cg} = 2.845 (-0.009 + 0.0004 T_i)(T_i - T_d) \quad \text{kJ/hr} \qquad (4\text{-}15)$$

内部容器と断熱容器の温度差を0.2 K(断熱制御能が最も劣化した時の値に相当する)としたときの内部容器と断熱容器との間の放射および伝導による熱移動量と熱量計温度の関係を図4-4に示す.高温では放射による影響が大きく,総熱移動(損失)量も急激に増加して測定精度の劣化が著しくなる.

現有熱量計の問題点を明らかにするため,熱量計各部分の温度や温度差を測定し,熱量計内の熱的対称性や熱移動および断熱容器の状況を調べた.熱量計内を0.1 Pa程度に排気し,内部容器と断熱容器が±0.2 K以内に収まるように断熱制御させながら773 Kから1273 Kの熱量計温度(内部容器底部の温度)範囲で測定を行った.内部容器ならびに断熱容器の側壁中央部の温度差を測定した結果の一例を図4-5に示した.測定は定電力供給電源を切った条件で行った.773 Kの温度では温度差は±0.05 K以内に収まり,良好な断熱制御が達成され

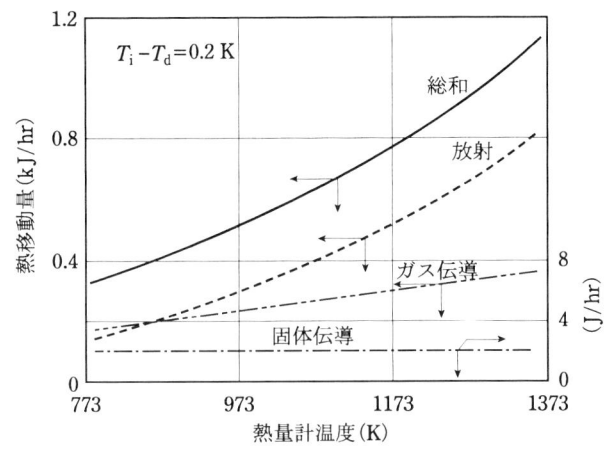

図 4-4 温度と熱損失の関係

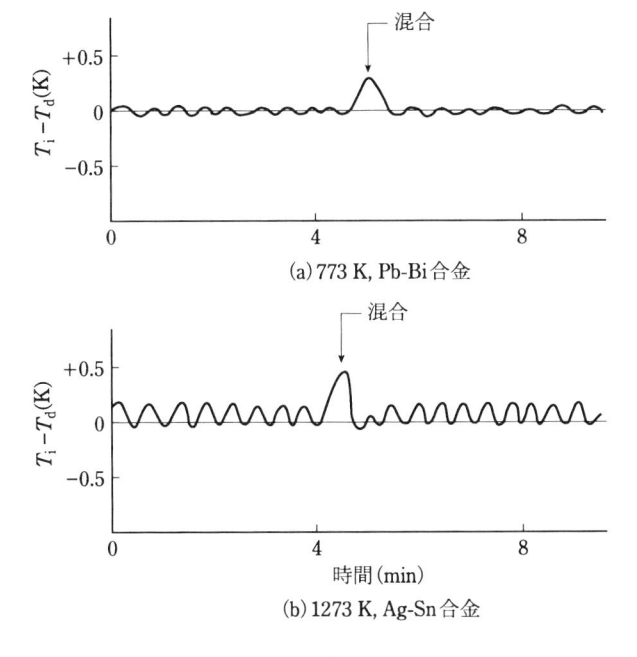

(a) 773 K, Pb-Bi 合金

(b) 1273 K, Ag-Sn 合金

図 4-5 内部容器と断熱容器の温度差

ているが，1273 K では温度差は時間に対して −0.03 〜 +0.2 K の振幅の周期的変化を示し，断熱容器の温度が低くなりがちなことが特徴である．この傾向は熱量計温度が高くなるほど著しい．また内部容器温度は時間と共に低下し，温度−時間プロットの勾配は温度が高くなるほど大きくなる．内部容器内部の反応容器内で異種金属を混合すると，瞬間的に内部容器の温度が変化する．図4-5に例示した銀−スズおよび鉛−ビスマス合金はいずれも発熱反応なので，内部容器の温度が高くなっている．断熱制御はこのような瞬間的な熱効果に追随できず，混合後の30秒程度のあいだ制御が乱れている．混合による熱発生（ないしは熱吸収）が大きいほど温度差も大きくなり，また定常状態に到達するのに要する時間も長いことが認められた．

　内部容器から断熱容器への放射による熱移動量と熱量計温度の関係を図4-6に示す．熱移動量は，内部容器への定電力供給回路を切ったときに生じる

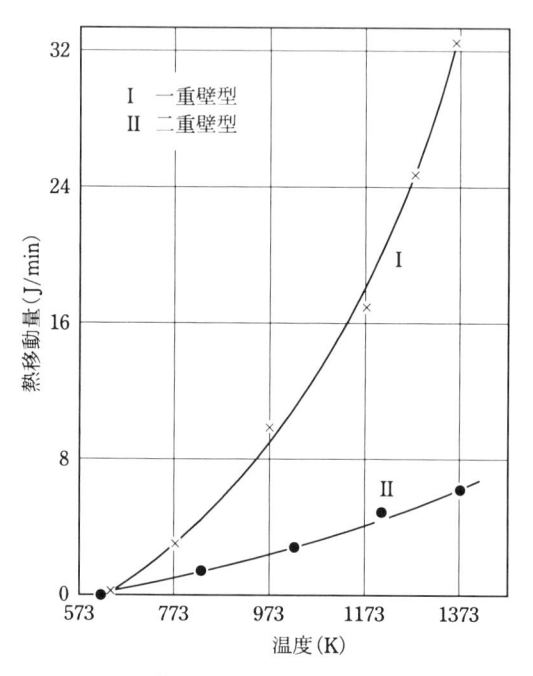

図 4-6　試料容器から断熱容器への熱移動量

内部容器の温度降下速度(温度－時間プロットの勾配)と内部容器の熱容量に基づいて算出されている．熱移動量は，773 K以下では4.2 J/min以下の僅少な値であるが，高温域では急激に増大し，1273 Kでは25 J/minにも達している．断熱容器外側に位置する加熱炉の役割は内部容器と断熱容器との間の微小な温度差を瞬時に補償することにあるが，放射による熱移動が増大する高温ほど補償に要する熱供給が困難になる結果，内部容器の温度降下速度が増大するものと考えられる．

### (2) 二重断熱壁型熱量計の開発

加熱炉から外部への放射熱移動に伴う断熱制御の追随性の劣化を緩和する手立てとして，二重断熱壁型の高温熱量計の開発を試みた．内部容器の外側にそれぞれ2個の断熱容器と炉を設置し，内部容器と第1断熱容器の間の断熱制御を第1炉で，また第1断熱容器と第2断熱容器の間の断熱制御を第2炉で行わせる二重断熱壁型である．本熱量計の中心部の概略を図4-7に示す．内部容器G (内径30 mm, 外径38 mm, 高さ38 mm)，第1断熱容器F (内径50 mm, 外径56 mm, 高さ56 mm)，第2断熱容器D (内径140 mm, 外径144 mm, 高さ144 mm) はいずれもニッケル製の円筒状容器である．第1炉Eおよび第2炉Cは，いずれもステンレス製の円筒状容器に絶縁性セラミックを介してエスイット巻線が固定されたもので，1623 Kまで加熱可能である．第2炉からその外側への熱放射をできるだけ抑えるため，遮蔽体として3個のニッケル製の円筒をその外側に設けている．

内部容器への定電力供給回路を切ったときに生じる内部容器の温度降下速度と内部容器の熱容量から内部容器－第1断熱容器間の熱移動量を求め，結果を図4-6に併示した．熱移動量が高温においてもかなり抑制されていることが特徴的である．1373 Kの高温においても6.3 J/min程度の僅少な値であり，一重断熱壁型に比べて熱移動量を5分の1以下に低減できている．この結果より，高温における熱量測定装置として本改良型二重断熱壁型熱量計を使用できる見通しが得られたものと判断し，溶融銅2元系合金などの混合熱および比熱の直接測定[10) 11)]を試みた．

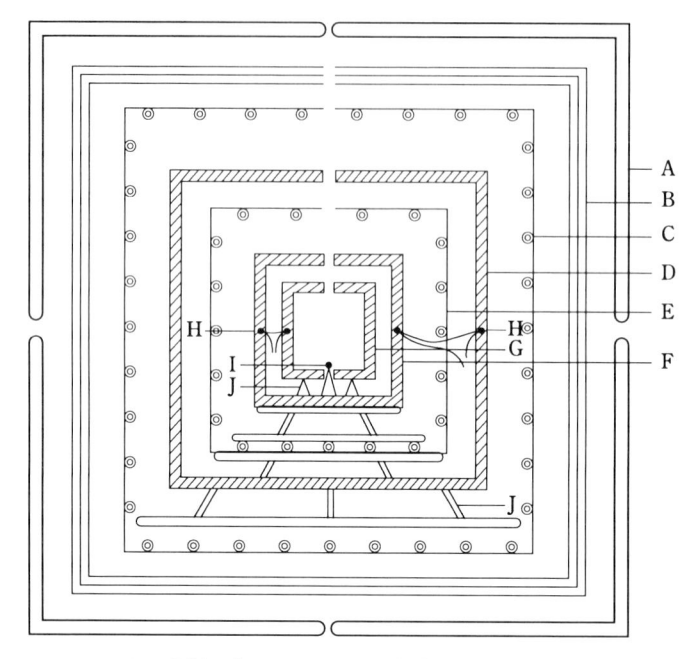

A：アルミナ製円筒　B：ニッケル製遮へい筒　C：第2炉
D：第2断熱容器　E：第1炉　F：第1断熱容器
G：内部容器　H：断熱制御用熱電対（プラチネル）
I：温度測定用熱電対（プラチネル）　J：支持台

図4-7　二重断熱型熱量計の構造

## 溶融銅－スズ2元系合金の混合熱と比熱の組成依存性

筆者らは，銀，銅，金などの周期表上の1価貴金属と，スズ，インジウム，アルミニウム，ガリウムなどの多価の金属との溶融2元系合金の混合熱や比熱などが特異な組成依存性を有することを見出している[10)11)]．本節では溶融銅－スズ2元系合金を取り上げてみよう．図4-8の曲線Iで表されるように，混合熱$\Delta H^M$ (1373 K) が負，正の2つのピークを呈することが特徴的である．混合熱は，合金中のスズのモル分率が0.3近傍で負（発熱）の最大値を，0.9近傍で正（吸熱）の最大値を示している．また図4-9に示したように，過剰定圧比熱$\Delta C_p$(1073 K)は，スズのモル分率が0.3近傍で正の最大値を示し，一方，スズ

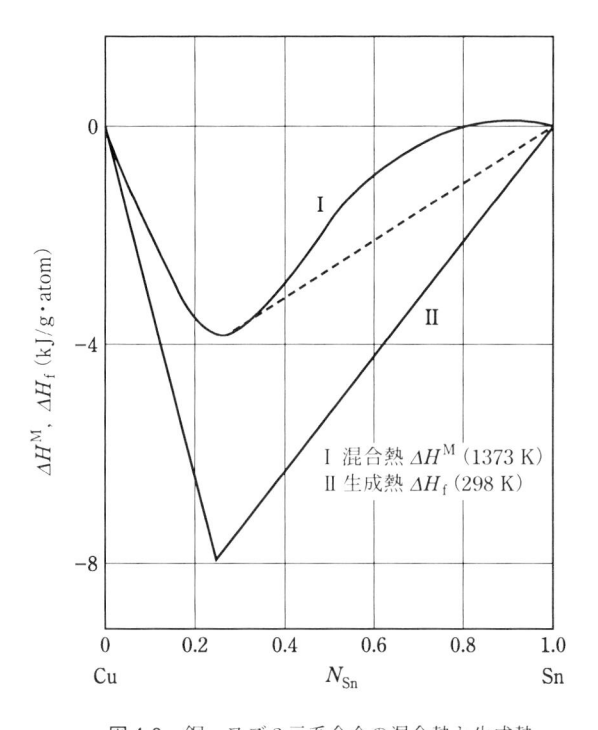

図4-8 銅-スズ2元系合金の混合熱と生成熱

の高組成側では下方側にかなり大きく湾曲した形状を呈している.熱膨張係数[12]、等温圧縮率[13]などの報告データを用いて(4-16)式に基づいて$\Delta C_p$の測定値から算出された過剰定容比熱$\Delta C_v$を図4-9に併示したが，$\Delta C_v$も$\Delta C_p$と類似した特異な組成依存性を示している.

$$C_v = C_p - TV\beta^2/M_T \tag{4-16}$$

ここで，$T$, $V$, $\beta$, $M_T$は，それぞれ，温度，体積，熱膨張係数，等温圧縮率を表す.

溶融銅-スズ2元系合金の混合熱および比熱に見られるこのような特異な組成依存性は，図4-10に示した本系の固相状態図[14]に基づいて定性的に説明されよう.図4-10において，スズのモル分率が0.45を超える組成域では単純共晶型の状態図が形成され，一方，スズの低濃度側には$\zeta$, $\gamma$, $\varepsilon$などの第2次固

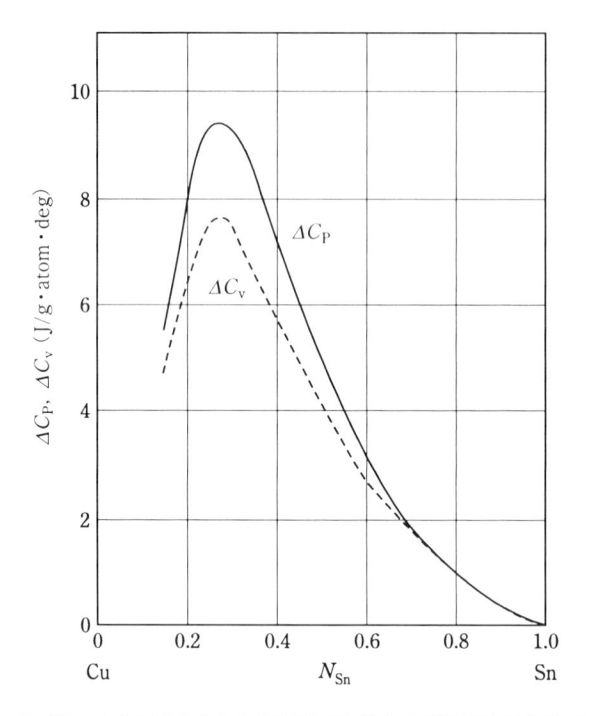

図4-9 銅-スズ2元系合金の過剰定圧比熱および過剰定容比熱(1073 K)

溶体が存在することが分かる．これらの固溶体は，Hume-Rotheryによって指摘された電子化合物であり，電子数と原子数の比が21：13ないしは7：4をほぼ満足している．本系の室温における生成熱 $\Delta H_\mathrm{f}$(298 K)を図4-8に実線IIで併示した．図4-10に見られるように，室温付近では1次固溶体の固溶度が非常に小さく，固溶度の小さい2つの2次固溶体 $\varepsilon$ 相，$\eta'$ 相だけが存在するので，生成熱-組成曲線は原理的に $\varepsilon$ 相および $\eta'$ 相の組成で結ばれる3本の直線で示されることになる．しかし $\eta'$ 相の生成熱データが存在しないので，図4-8では便宜的に $\varepsilon$ 相を結ぶ2本の直線で書き表されている．$\eta'$ 相の解離温度がかなり低いことから，その生成熱も $\varepsilon$ 相の値[15]に比べて小さいものと予想され，図4-8はほぼ妥当なものと思われる．固相の生成熱と融体の混合熱との間の量的関係には合金および合金元素の融解熱が関与するので，両者の値は当然異なるが，

Sn(wt%)

図4-10 銅-スズ2元系合金の状態図

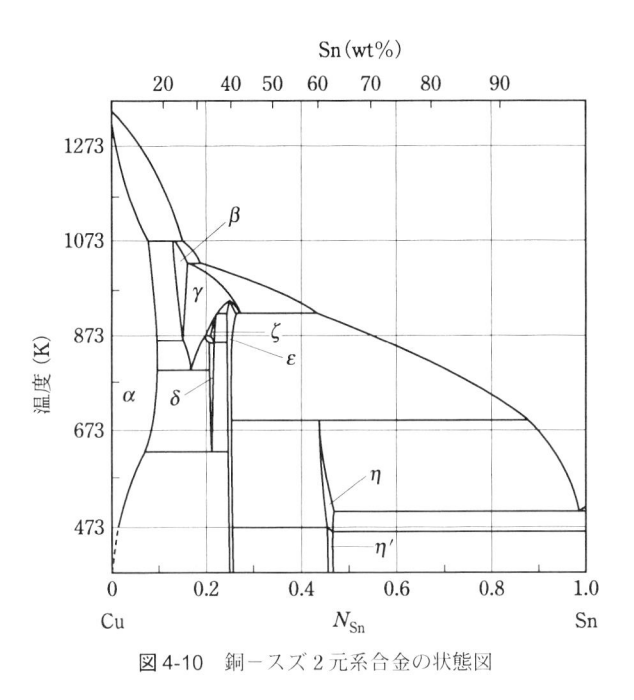

図4-8に示されるように,混合熱の組成依存性が固相生成熱の組成依存性に類似していることが注目される.この類似性は,固相に存在する$\varepsilon$相の影響が融体に残存することを示唆している.ただしスズの中,高濃度域において,混合熱はそのピークと純スズを結ぶ破線で示した直線からかなり大きな正の偏倚を呈しており,この濃度域の融体は固相に見られるような2相分離は呈していない.破線で示される直線からの偏倚は$Cu_3Sn$-Sn擬2元系融体の混合熱に相当しており,その値はかなり大きな吸熱を呈している.

溶融銅-スズ合金の混合熱や比熱に見られる特異な組成依存性は,密度[12],粘性[16],電気抵抗[17]などの物性値においても見出されており,いずれも,固相で存在する電子化合物の組成付近に異常なピークや屈曲が認められる.銅,銀,金などの1価貴金属とアルミニウム,インジウム,ガリウムなどの多価金属との溶融合金の物性も銅-スズ合金と良く類似した組成依存性を示している.竹内ら[18]は,融体中に$Cu_3In$, $Cu_4Sn$などの分子状のクラスターの存在を

仮定して自由電子近似による理論式から得られる値とのずれを見積もる方法を提起し,溶融1価金属合金の電気抵抗,帯磁率,熱電能などについて合理的な説明を試みている.溶融銅－スズ合金のX線回折結果から,クラスターの性状は有機溶液のようなrigidな構造ではなく,離合集散を繰り返すflexibleな構造を有すると考えられている[19].この意味で,竹内らの方法はpseudo molecule modelと呼称されている.

## まとめ

　断熱型熱量計はすべての熱量の測定に原理的に適用が可能であり,優れた汎用性を有している.融体の熱測定機器として注目されるべきと考えられるが,本稿で述べたように,放射熱移動量が増大することにより精密な断熱制御が困難となる高温領域における適用性については検討すべき問題も多い.断熱型熱量計には熱的状況の変化に機敏に対応する身軽さが必要とされるが,高温になるほどその保持が困難になる.現在,1273 K以上の高温における熱測定に等温壁型ないしは伝導型の熱量計が多く用いられているが,これは熱的条件の設定が断熱型に比べて容易なことに基づいている.しかし,熱測定の対象が混合熱以外の比熱などに広がるにつれて断熱型熱量計の有する汎用性が注目されていくものと思われ,断熱型熱量計の精度の向上は重要な課題である.1573 K以上の温度域における断熱型熱量計の開発も2,3試みられているが[20)21)],本稿で紹介した二重断熱壁型熱量計の改善を図り,その適用温度領域を段階的に広げて行くことも有効と思われる.

(板垣 乙未生)

## 4-3 動的測定

ここでは動的熱量測定法の代表として示差熱分析と走査型熱量測定を取り上げる.いずれも一定条件で温度を変化させ,試料と標準物質の熱的な差を測定し,その差額から試料の熱的物性を求めるものである.

**示差熱(Differential thermal analysis : DTA)分析の測定原理**[22]

図4-11に示すように加熱炉内に試料と基準物質を対称の位置におき,試料と基準物質の温度差を検出できるように熱電対を示差熱型に配置する.また試料側の熱電対で試料温度を検出する.

図4-12(a)は加熱炉を一定の速度で昇温させたときのヒータ,基準物質,試料それぞれの時間に対する温度変化を表す.図4-12(b)は示差熱電対で検出された基準物質と試料の温度差$\Delta T$の時間に対する変化を表す.この$\Delta T$がDTA信号と呼ばれる.

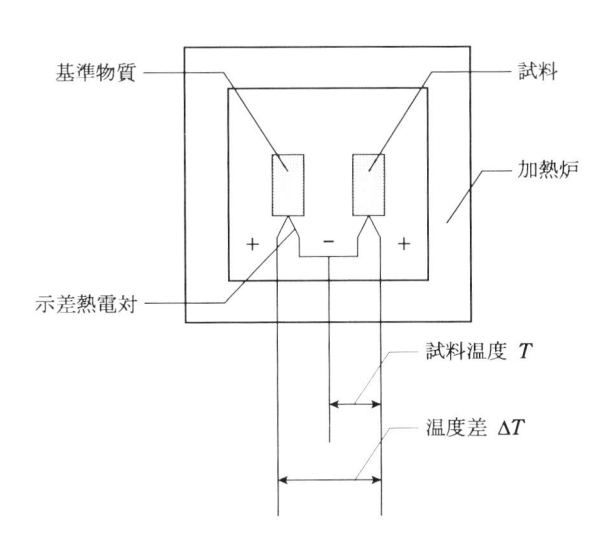

図4-11 DTAの装置構成

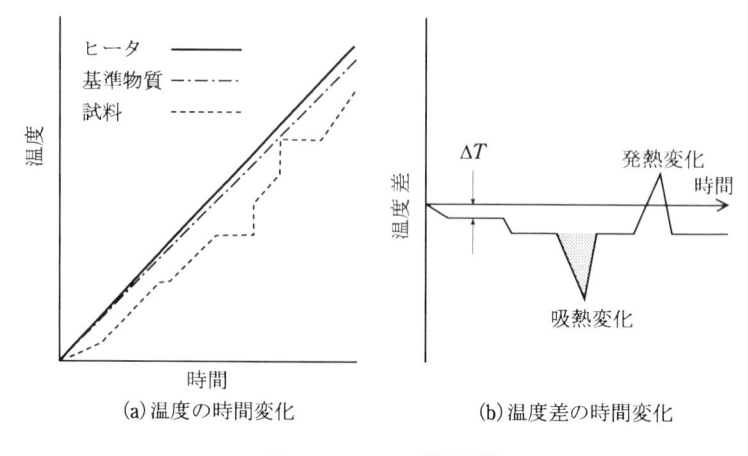

(a) 温度の時間変化 (b) 温度差の時間変化

図 4-12　DTA の測定原理

　加熱炉の昇温が始まると基準物質,試料ともにそれぞれの熱容量により少し遅れながら昇温してゆく. $\Delta T$ は昇温開始後定常状態になるまでは変化し,定常状態になったあとは試料と基準試料の熱容量の差に対応してほぼ一定となる. 試料に融解がおこると図4-12(a)に示したように試料の温度上昇がとまるので $\Delta T$ は大きくなり,融解終了後は元の温度上昇曲線に戻り, $\Delta T$ も元に戻る. このときの $\Delta T$ (DTA信号)は図4-12(b)に示したようにピークを示す. DTAの融解ピーク面積は近似的に融解熱と比例すると考えられるので,試料と標準試料の融解ピーク面積と比較することによって試料の融解熱を求めることができる.

　融解熱の標準試料は融点が試料に近く融解熱も試料に近い物がよい. また試料容器への試料の入れ方もなるべく同じにしなければならない. 固形の試料であれば容器の底と試料の下部にできるだけ隙間の無いように入れるのがコツとなる.

## DSC（Differential scanning calorimetry）：示差走査熱量測定

　DTAでは熱量測定が難しく,転移熱のように熱量変化の小さい場合はDTA測定では熱量を量ることができないために考えだされたのがDSCで,DSCに

は熱流束型と入力補償型の二つがある．

### (1) 熱流束型DSC（定量DTA）測定原理

図4-13のように熱流束型DSCでは温度制御されたヒートシンクを持ち，試料S，基準物質Rとヒートシンクの間に熱抵抗体をもうけ，熱抵抗体の定まった場所で温度差を検知する．熱流のフィードバックは熱抵抗体を介してヒートシンクとの熱移動で行われる．ヒートシンク－試料間，ヒートシンク－基準物質間に流れる熱流差は検知している温度差に比例する．この温度差を熱電対などで検知することによりDSC信号として出力する．

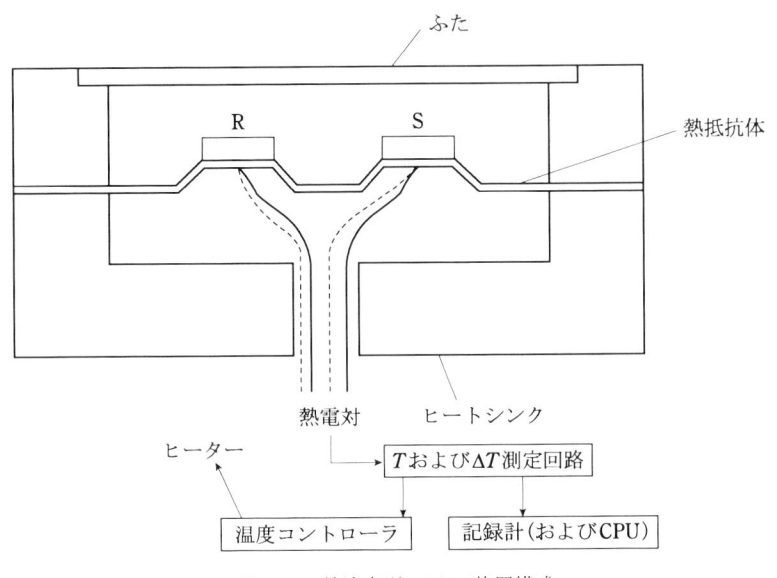

図4-13 熱流束型DSCの装置構成

### (2) 入力補償型DSC測定原理

図4-14のように試料側，基準物質側それぞれのサンプルホルダーに温度センサーとマイクロヒーターを設置し，試料側，基準物質側の平均温度に基づきマイクロヒーターで加熱昇温させる．同時に試料側，基準物質側の温度差

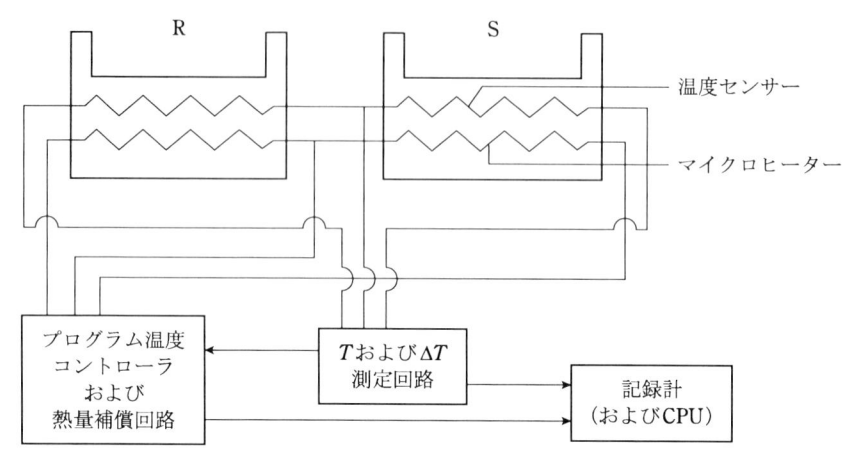

図4-14 入力補償型DSC

に対応してそれぞれのヒーターに電力を供給し熱流フィードバックを行う．試料，基準物質それぞれに供給したヒーター電力の差を熱流差（DSC信号）として出力する．

熱補償型DSCは熱流束型DSCと異なり熱容量のあるヒートシンクをもたず，マイクロヒーターで試料部周辺のみを加熱冷却するので早い昇温降温ができ，熱量測定の精度もよいが，700℃以上の高温の測定は困難である．他方，熱流束型DSCはヒートシンクシンクにより試料部周辺全体が温度制御されるため，ベースラインの安定性が良い．測定温度も1200℃以上まで測定できる．

## (3) DSCによる転移熱測定

転移熱（融解熱，結晶化熱，相転移熱等）は図4-15のグレー部分を用い，試料と標準試料との面積を比較して，次式で算出する．

$$\Delta H = (ABT/W)(\Delta H_r W_r / A_r B_r T_r)$$

ここに $\Delta H$ ：試料の転移熱 (kJ/kg)
$\Delta H_r$ ：標準物質の転移熱 (kJ/kg)
$A$ ：試料のピーク面積 ($cm^2$)
$A_r$ ：標準物質のピーク面積 ($cm^2$)

$W$：試料の質量（mg）
$W_r$：標準物質の質量（mg）
$B$：試料のX軸感度（min/cm）
$B_r$：標準物質のX軸感度（min/cm）
$T$：試料のY軸感度（mW/cm）
$T_r$：標準物質のY軸感度（mW/cm）

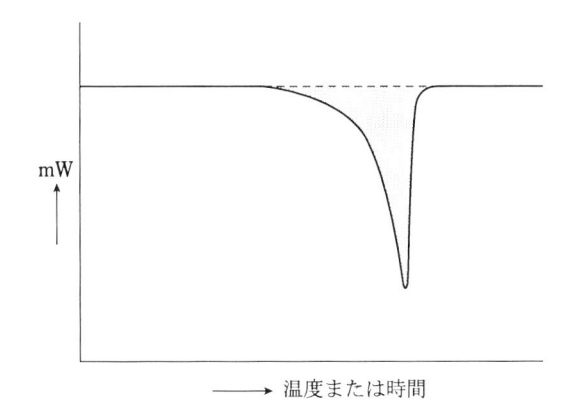

図4-15　DSC曲線

### （4）DSCによる比熱の測定

温度プログラムを測定開始温度で数分保持の後昇温し測定終了温度で数分保持するように組む．

測定は空容器，試料，標準物質と三つの測定を同一の温度プログラムで行う．図4-16のように三つのDSC曲線を開始温度と終了温度の等温ベースラインが重なり合うようにする．

### 比熱の計算

$$C_p = (h/H)(m_r C_{pr}/m)$$

ここに $C_p$：試料の比熱（J/g・K）

$m$：試料の質量（mg）

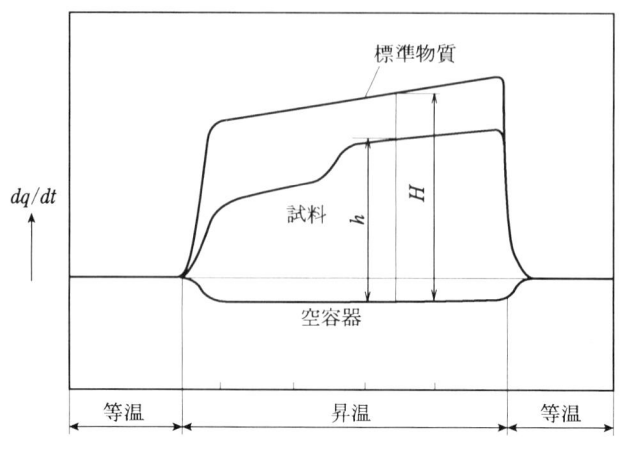

図4-16 DSCによる比熱容量の求め方

$m_r$：標準物質の質量（mg）
$C_{pr}$：標準物質の比熱（J/g・K）
$h$：空容器と試料のDSC曲線の縦軸方向の差
$H$：空容器と標準物質のDSC曲線の縦軸方向の差

入力補償型DSCでは，$h$：空容器と試料のDSC曲線の縦軸方向の差が比熱と比例するので標準物質の測定は不要となる．

## 断熱型連続比熱測定（Adiabatic scanning calorimetry）

断熱連続法[22]による比熱測定法は，比熱だけでなくエンタルピー，エントロピー，融解熱，相変態熱などが測定できる．また試料はバルクの固体だけでなく粉体，液体でも測定できる適用範囲の広い測定法である．

### 測定原理と装置

断熱状態において質量$M$の試料を定電力$W$で連続加熱するとき，ある一定微少温度間隔$\Delta\theta$の上昇に要する時間を$\Delta t$とすれば比熱$C_p$は次の式で与えられる．

$$C_p = W\Delta t/(M\Delta\theta)$$

質量 $M'$,比熱 $C'$ の試料容器を用いた場合は

$$C_\mathrm{p}=W\Delta t/(M\Delta\theta)-M'C'/M$$

$M'C'$ は予め測定しておく.

　装置はアルバック理工製比熱測定装置SH-3000型を例示する(図4-17).基本構造は図4-3と同じである.試料①は試料ホルダー②に内蔵の内部ヒーター⑤により定電力$W$ワットで加熱され温度上昇する.試料ホルダー②とその外側の断熱容器③との温度差を4対の示差熱電対⑥により検出し,この温度差がゼロになるように外部ヒーターの電流を制御し断熱状態を実現する.試料温度は試料容器に挿入されたR熱電対で検出する.試料ホルダー②の外側と断熱容器③の内側は熱放射損失を減少させるため純金の薄板で覆ってある.

　試料容器は通常白金製を用いる.アルミニウムなどの金属の融解熱測定をするときはグラファイト製の容器を使用する.

　図4-18,図4-19にアルミニウム合金の測定例を示す.

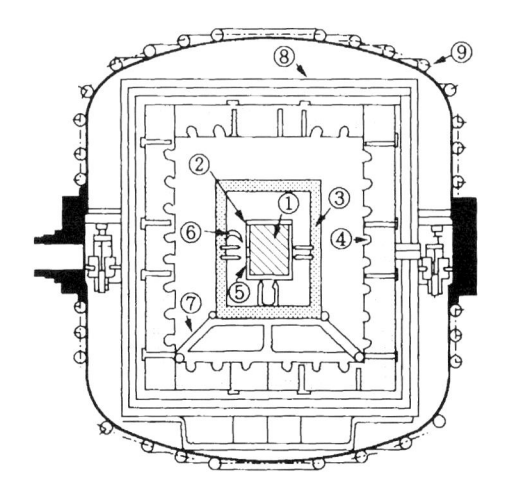

①試料
②試料ホルダー
③断熱容器
④外部ヒーター
⑤内部ヒーター
⑥断熱制御用熱電対
⑦スペーサー
⑧遮熱版
⑨ベルジャー

図4-17　SH-3000-M型熱量計

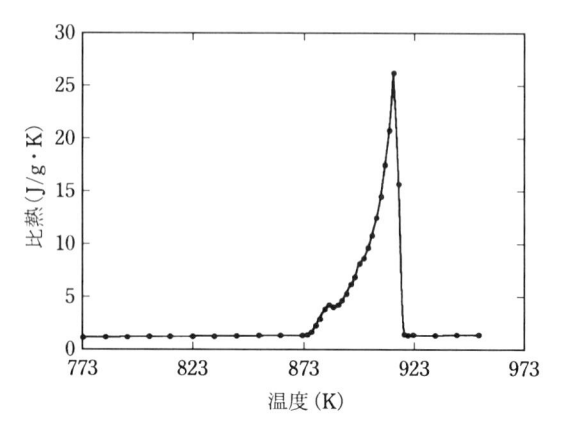

図4-18　Al-6％MgZn$_2$の比熱

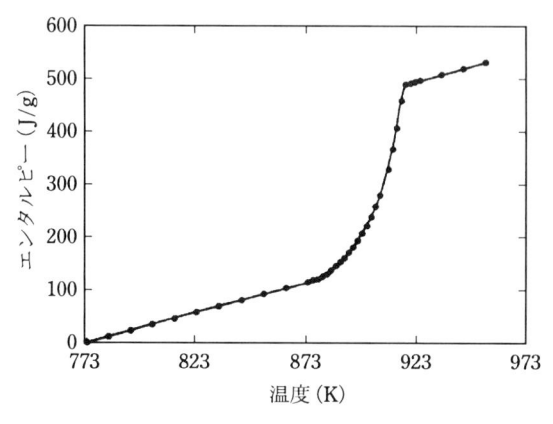

図4-19　Al-6％MgZn$_2$のエンタルピー

## 断熱型連続比熱測定とDSC測定の比較

　断熱型連続比熱測定は断熱状態の試料に一定の電力を加え，比較的ゆっくりした速度で昇温させてゆく準平衡状態での測定である．融解などの潜熱を伴う温度域では潜熱相当の熱量が蓄積されるまでの時間その温度域にとどまることになり融解曲線が明瞭になる．DSC測定では10℃/min程度の一定速度で昇温

させるので融解などのピークの終了温度は高温側にシフトする．DSC法の比熱測定では広い温度範囲を一度に測定することはできないので100～200℃間隔で測定を繰り返さなければならないが，断熱型連続比熱測定は一度の測定で広い温度範囲の測定ができる．

(青木 豊松)

**参考文献**

1) M. Kawakami: *Sci. Rep. Tohoku Univ.*, **19** (1930), 536.
2) T. Fuwa, S. Banya, Y. Iguchi and Y. Tozaki: Proceedings of Intern. Symp. on Metallurgical Chemistry, Sheffield Univ., (1971), 35.
3) F. E. Wittig and W. Schilling: *Z. Elektrochem.*, **65** (1961), 70.
4) B. Predel and R. Mohs: *Arch.Eisenhütt.*, **41** (1970), 61.
5) O. J. Kleppa: *J. Phys. Chem.*, **64** (1960), 1937.
6) E. Calvet and H. Prat: Microcalorimetry, Masson and Cie, Paris, (1956).
7) S. Watanabe and O. J. Kleppa: *Metall. Trans.*, **15B** (1984), 357.
8) 長崎誠三，前園明一：工業化学，**69** (1966), 1631.
9) W. H. Giedt: 基礎伝熱工学，丸善, (1967).
10) K. Itagaki and A. Yazawa: *Trans. JIM*, **16** (1975), 679.
11) A. Yazawa, K. Itagaki and T. Azakami: *Trans. JIM*, **16** (1975), 687.
12) 渡辺俊六，斉藤恒三：日本金属学会誌，**36** (1971), 554.
13) R. Turner, E. D. Crozier and J. F. Cochran: *J. Phys.*, **C**, **6** (1973), 3359.
14) M. Hansen: Constitution of Binary Alloys, Mcgraw Hill, New York (1958), p.633.
15) J. B. Cohen, J. S. Ll. Leach and M. B. Bever: *J. Metals*, **6** (1954), 1257.
16) K. I. Erentov and A. P. Liubimoz: Iz. VUZ. Tsoetnaja Metall, **No.1** (1966), 119.
17) A. Roll and H. Motz: *Z. Metallk.*, **48** (1957), 435.
18) S. Takeuchi, K. Suzuki, F. Itoh, K. Kai, M. Misawa and M. Murakami: Proceedings of Second Intern. Conf. on Properties of Liquid Metals, Taylor & Francis, London (1973), p.69.
19) 鈴木謙爾：日本金属学会会報，**9** (1970), 804.
20) M. Braun, R. Kohlhaas and O. Vollmer: *Z. angew. Phys.*, **25** (1968), 365.
21) F. R. Sale: *J. Sci. Instr.*, **3** (1970), 646.
22) 長崎誠三，高木豊：応用物理，**18** (1948), 104.

## 5章への プロムナード

　摂氏3000度の容器の中におかれた1枚の小判はやがてどうなるでしょう．この容器が柔軟でしかも十分な耐熱性を備えていれば，金属の王様「金」は地球の大気圏の標準的な圧力である1気圧のガスに化けるので，やがて小判は消えてなくなります．これは摂氏3000度の金の蒸気圧がおよそ1気圧であるためです．正確には2970度で1気圧に達するので，この温度を金の沸点と言います．因みに金の融点は摂氏1063度と知られています．

　すべての元素は気体，液体，固体のいずれかの状態で存在します．そして存在状態を規定する自由度 $f$ は次の式で表されます．

$$f = (n+2) - r$$

$n$ は独立成分の数，$r$ は相の数を表します．さて，軟らかい容器に固体成分を入れて封をし，温度を上げてゆくと通常はまず液体に変わります．この温度を物質の融点と言い，全部融けるまで一定温度に保たれます．これは溶融するのに必要な溶融熱（融解熱）を吸収するためです．その後融体はガスに変わりながら温度を上げてゆきます．融体がなくなると，今迄ガスに変わるために費やされていた蒸発熱（気化熱ともいいます）が不要となり，昇温スピードは上ります．そしてガスの圧力は高くなり容器の温度に対応する圧力に達したところで変化は終ります．1成分2相の自由度は上式から1なので，融体とガスが共存する場合，ある温度に対応するガスの圧力は一定となります．水の蒸気圧が1気圧になるのは摂氏100度なのです．これが水の沸点で，ご存じのように温度（摂氏－セルシウス）の基準点の一つに使われています．

　このようにあらゆる物質は，計測できるかどうかは別として，ある温度で固有の蒸気圧を持っています．これを現象として説明しますと，先程の話に出てきた容器の中で，固相もしくは液相のいわゆる凝縮相から飛び出す原子の数と飛び込む原子の数が等しくなった平衡状態として説明できるでしょう．

　般若心経に色即是空という有名な句があります．色（シキ）とは実在するものを意味します．原子内部の原子核と電子の世界に入れば，その大部分は何もない空間であることから，この句の意味が直感できるでしょうが，ここでは原子レベルの話に戻ってみることにしましょう．感覚的な表現として色－実在するもの－は

液体,固体などの凝縮相を意味し,空なるものは気体と考えることができます.この両者の間の交換ないしは平衡関係から色即是空,空即是色の言葉が納得できるではありませんか.何と古人の素晴しい洞察力かと驚くばかりです.

さて,蒸気圧の大きさを表す単位としては,同じ圧力単位ということで2章の真空の項でも述べられているような圧力の単位が用いられ,基本的にはSI単位が用いられています.地球表面の標準気圧として定められた気圧(atm)単位は,地球上での反応系の説明に熱力学の立場から大変便利に使われてきました.しかし,SI単位系では圧力の単位はPa(パスカル,1平方メートル当りのニュートン数:ニュートンは力の単位で$kg・m/s^2$を表す)で示すことになり,1気圧は,101.325 kPaという半端な数字になるので,既存のデータがすべて1 atm基準となっている熱力学計算では不便なことになっています.

蛇足ですが,天気予報などでよく使われたミリバールは,1バールが$1×10^5$ Paなので,1ミリバールが1ヘクトパスカルというややこしい話になり,したがって1気圧は1013ミリバールとなる訳です.今では気象庁はヘクトパスカル表示を用いています.2章の表2-2,表2-3を見ると,こうした圧力－真空の関係の歴史が読み取れるでしょう.2章へのプロムナードにあるトリチェリーの真空には常温での水銀の蒸気圧に相当する水銀の原子が存在しているということは読者の皆さんにはすぐおわかりでしょう.この値は,$2.55×10^{-6}$ atmとされています.

# 5章 蒸気圧

## 5-1 はじめに－蒸気圧と熱力学－

前述のように,蒸気圧はその物質のもつエネルギの強さを直接的に表示する特性であり,いわゆる自由エネルギ$G$として次式のように位置づけられる.

$$G = G° + RT \ln p \tag{5-1}$$

$R$は定数なので,温度が決まれば$G$の値は定まる.異なる種類が混合しているガスの場合は,気体は原子密度が小さいので,混合割合に比例して蒸気圧を示すことになる.このような性質を理想気体と呼ぶ.溶液と平衡するガス相の蒸気圧が溶液組成に比例する場合,蒸気圧$p$は純粋成分の蒸気圧$p°$と溶液組成$N$の積で示される.

$$p = p°N \tag{5-2}$$

この関係をラウール(Raoult)則とよぶ.通常は凝縮相の組成とは比例しない混合比を示すことが多く,純粋成分が示す蒸気圧$p°$と,溶液と平衡する蒸気圧$p$の比をその物質の活量(activity)と定義する.ラウール則では$a=N$となり,活量は$N$と等しくなる.

$$a = p/p° \tag{5-3}$$

活量は熱力学濃度といわれるようにすべての物質の反応性を示す熱力学的尺度であり,したがってその測定は混合物(例えば合金溶液など)の性質を示す最も重要な特性を知るために必須の研究方法を与えることとなる.このような研究方法,すなわち蒸気圧測定から活量を知る方法は,広く金属研究者によって用いられることとなった.

実例としてZn-Cd系の例を挙げよう.図5-1にこの2元系の固－液および気－液平衡状態図を示す[*].また式(5-3)から求めた両成分の800Kにおける活量関係を図5-2に示した[1].この2元系は両成分とも蒸気圧が比較的大きい特

---
*) 気液平衡状態図は,$P_{Zn}+P_{Cd}=1$ atm なる条件で示している.

徴があるが，状態図からわかるように両成分の相互親和力は小さく，合金中では互いに反発する傾向にあるため，活量値は理想混合を示すラウール則の直線よりは正の方向にズレていることが了解される．したがって融体と平衡する蒸気は著しくCdに富むものとなる．気－液平衡状態図からいわゆる$x$-$y$線図を作ると図5-3のようになり，両成分の分離傾向は一層明快に示されることになる．このことは工業的には蒸留亜鉛中に含まれるCdの分離を精留操作によって行うことが有効であることを示し，$x$-$y$線図中に示したように$x_{Cd}=0.05$からスタートして$x_{Cd}=0.98$の留出融体を得るための理論最小段数が4であることが判る．

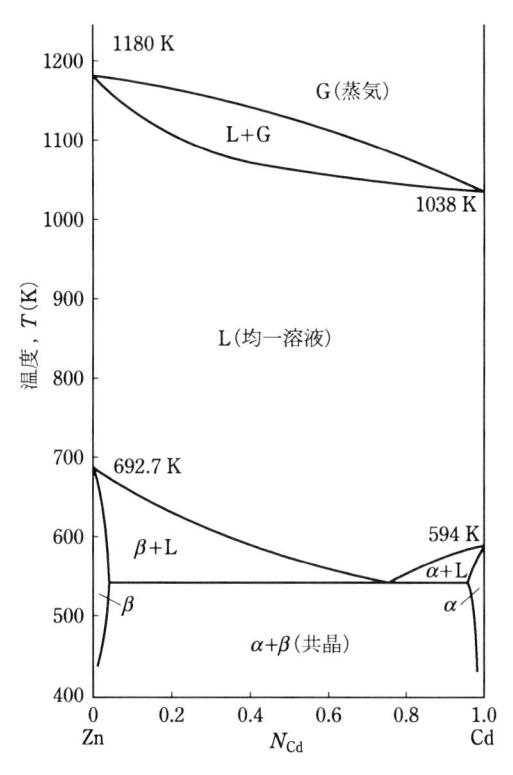

図 5-1　Zn-Cd 固－液，気－液状態図

図 5-2　Zn-Cd 系の活量－組成図（800 K）

図 5-3　Zn-Cd 系 $x$-$y$ 線図

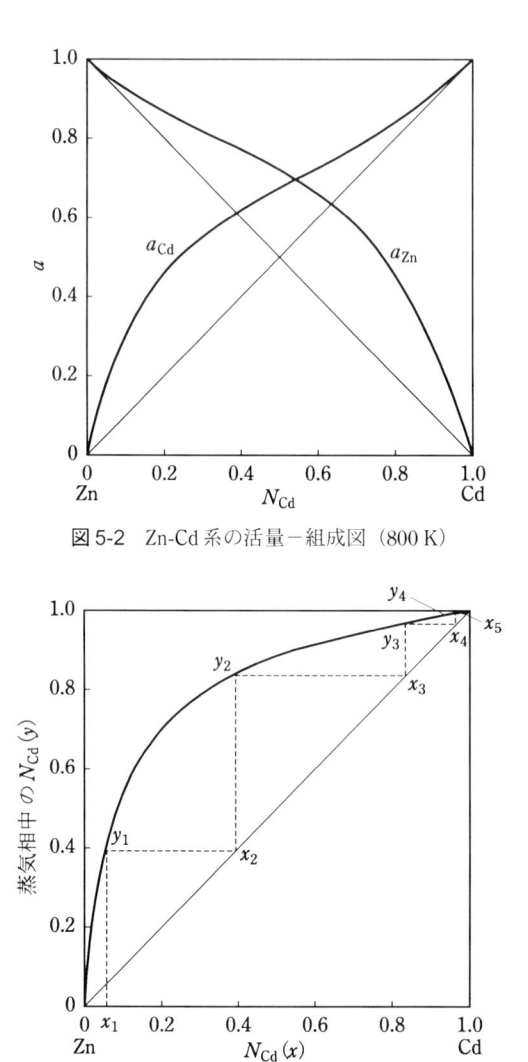

このように蒸気圧は活量を直接示す量として合金系の熱力学的研究でしばしば測定対象となるが, 系の種類や目的とする組成範囲あるいは温度などの条件によって蒸気圧が大きすぎたり小さすぎたりして測定が難しいものがあり, 測

定方法にも間接的な方法や代用測定値を用いるなどさまざまな工夫が凝らされている．それでも蒸気圧測定が困難な場合には，濃淡電池の起電力から求める電気化学的方法や化学平衡あるいは熱測定から活量を求めることができる．さらに活量の定義（式(5-3)）を用いて，既知の$p°$から蒸気圧$p$を逆算することも行われる．

単一元素の蒸気圧測定の場合でも複数の蒸気分子種を有する元素は数多く存在する．
表5-1にその一例を示した[2]．また図5-4は純アンチモンについて測定した結果を示すもので，図中$p_m$は全部のガスが単一原子分子種（モ

表5-1 多原子分子蒸気種の例

| | |
|---|---|
| Bi | Bi, Bi$_2$ |
| Sb | Sb, Sb$_2$, Sb$_4$ |
| Se | Se, Se$_2$, Se$_6$ |
| Te | Te, Te$_2$ |
| As | As, As$_2$, As$_4$ |

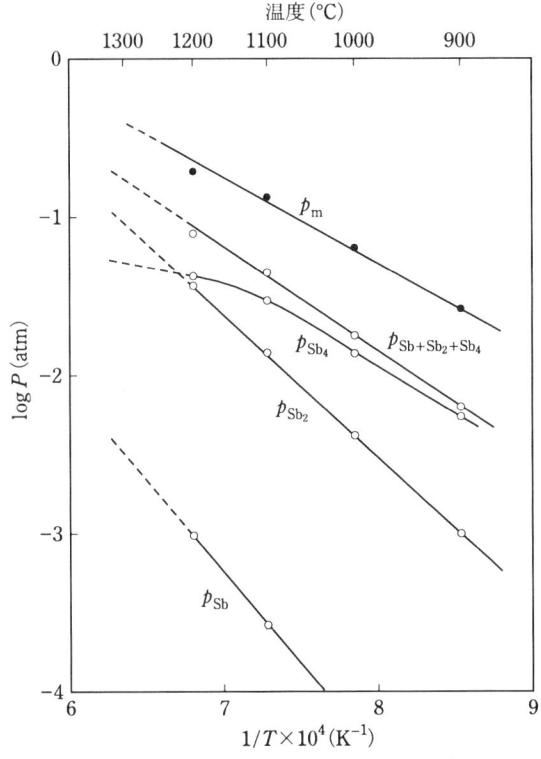

図5-4 純アンチモンの蒸気圧測定値[3]

ノマー）から成ると仮定して測定結果から算出したアンチモンの蒸気圧である．実際にはSb, $Sb_2$, $Sb_4$などの分子種が存在しており，これらの分子種間には平衡関係が成立している．

$$2Sb = Sb_2 \qquad K_2 = p_{Sb_2}/p^2_{Sb}$$
$$4Sb = Sb_4 \qquad K_4 = p_{Sb_4}/p^4_{Sb}$$

これらから計算される活量の一般式は次のように表される．

$$a = \sqrt[n]{p_n / p_n^\circ} \qquad (5\text{-}4)$$

$n$は分子種の原子数である．したがってSbについては

$$a_{Sb} = p_{Sb}/p_{Sb}^\circ = \sqrt{p_{Sb_2}/p_{Sb_2}^\circ} = \sqrt[4]{p_{Sb_4}/p_{Sb_4}^\circ}$$

と示される．これは多原子分子蒸気種から活量計算をする際に留意すべき点である．この点については後に述べる．

## 5-2 蒸気圧の測定法

蒸気圧の測定には対象とする圧力範囲によってさまざまな方法が用いられる．表5-2に各種の測定方法をまとめて示した[4]．表には記載されていないが，

表5-2 蒸気圧測定法

| 測定法 | 測定対象範囲 | 応用例など |
|---|---|---|
| 隔膜圧力計 | 0.2～1.5 Torr | アマルガム，水銀 |
| 懸鐘圧力計 | 10～760 Torr | ハロゲン塩 |
| 絶対圧力計 | $10^{-4}$～$10^{-2}$ Torr | KCl, CsI など |
| 露点法 | 5～30 Torr | Zn 合金 |
| 等圧法 | 5～30 Torr | Ag-Cd 合金 |
| 沸点法 | 0.1～50 atm | Cu, Ag 等の沸点 |
| 流動法 | $10^{-4}$～20 Torr | 合金系蒸気圧 |
| 蒸発法 | $10^{-7}$～$10^{-3}$ Torr | Ni, Fe, Cu, Be, Zr, Ta |
| 流出法 | $10^{-5}$～$10^{-1}$ Torr | Ni, Cu 他 |
| 回転流出法 | $10^{-5}$～$10^{-1}$ Torr | Ni, Cu 他 |
| 原子吸光法 | $10^{-9}$～$10^{-3}$ Torr | Cu-Ag 合金 |
| クヌーセン質量分析計法 | $10^{-9}$～$10^{-1}$ Torr | Cu, Ni, Fe, C など |

ブルドン管圧力計,水銀マノメータなど直接蒸気圧を読み取る方式の圧力計がある.ブルドン管圧力計は標準圧力による較正が必要である.水銀マノメータは開放U字管式,閉管式,マクレオドゲージ等があり,これらについては2章で述べた真空計と共通なので省く.

## (1) 隔膜圧力計 (diaphragm gage)

測定物質の蒸気がマノメータの水銀と反応したり凝縮したりする場合などに用いる方法で隔膜の中立位置を電気的に検出して隔膜の両面に測定蒸気と標準ガスをそれぞれ満たし,中立位置における標準ガス蒸気圧を他の圧力計で測定する方法である.

## (2) 懸鐘圧力計 (hanging bell method)

試料蒸気がガラス容器と反応するほど反応性に富むような場合に使用する.非反応性の釣鐘状金属容器内壁に試料を蒸着させておき,溶融スズのような非反応性融体に浮かべて加熱し,生じる浮力を容器外圧とのバランスから測定して蒸気圧を知る方法で,溶融塩の蒸気圧を測定した例がある.

## (3) 絶対圧力計 (absolute manometer)

この方法は圧力を分銅の重さで測定することからこの名がある.石英弁を引上げるための石英線の途中に設けた軟鉄片を引上げるのに要するソレノイド電流を測っておき,試料蒸気を導入した場合の電流値と比較して蒸気圧を知る方法で,高温での塩類の蒸気圧測定に利用された.比較的微小な蒸気圧を測定するのに適している.

## (4) 露点法 (dew-point method)

炉中においた透明石英管の一端に試料を真空封入しておき,管全体を測定温度に保持して平衡に達しさせた後,管の他端を徐冷してゆくと,ある温度で純成分の凝縮が炉に設けた観察孔から観察できる.他端の温度における純成分の蒸気圧を既知のデータから求めれば,測定温度における試料の蒸気圧を直ちに

知ることができる.他端の温度を上下して純成分の生成消失を複数回観察することで,通常±1℃程度まで精度を高めることができる.また,凝縮観察を客観化するため,光電管を利用することもできる.この方法は比較的蒸気圧の大きいZn合金などに適用され,測定範囲は5～30 Torr程度といわれている.

## (5) 等圧法 (isopiestic method)

前項露点法と同様の装置を用い,他端部に予め純金属をおいて予定温度に保持しておけば管内はその温度の蒸気圧のガスで満たされ,他端部よりも高温に保持された一端においた試料にはガスと平衡に達するまで気化成分の移動が起る.十分平衡に達した後,冷却して試料を分析し,組成を決めれば,管内蒸気圧,一端温度に見合う試料組成を決めることができる.平衡達成には通常時間を要するので,コイル状の線形試料を温度傾斜を与えた反応管中において,冷却後,取り出した線を複数個に切り分け,それぞれ分析定量した例もある.適用蒸気圧範囲は露点法と同程度とされる.

## (6) 沸点法 (boiling point method)

蒸気圧が周囲の気圧と等しくなる温度が沸点であることは既に述べた.このことから沸点の測定により蒸気圧を求めることができる.純粋な物質の沸点は気相の圧力が一定であれば定点であるが,種々の圧力の下で沸点を測定すれば蒸気圧と温度の関係がわかる.測定可能範囲は広く,100 Torr～数atmに及び,装置を工夫してCu, Agなどの沸点を50 atmまで測定した例もある.

## (7) 流動法 (transpiration method, transportation method)

気体流動法とも呼ばれ,反応管内で一定温度に保った測定試料上に不活性ガスなどの輸送媒体(キャリヤガス)を流して試料ガスで飽和させ,これをある時間保ってキャリヤガスの総流量とこれによって運ばれた試料蒸気の量比から試料の蒸気圧を次の様に算出する.

$$p = [n_B/(n_B+n_g)] \cdot P \tag{5-5}$$

ここに$P$は反応管内の全圧,$n_B$は運ばれた試料蒸気のモル数,$n_g$はキャリヤ

ガスのモル数である．この方法はキャリヤガスを流しながら平衡に到達しているとして計算するので，キャリヤガスの流量を変えて実験し，計算された蒸気圧値が流量に対して変化しない領域の蒸気圧値をとる．本方法は適用範囲は広く，$10^{-4}$〜20Torrにわたり，とくに溶融合金系の蒸気圧測定に適する．2種以上の成分が同時に運ばれる場合には，捕集した試料蒸気を分析定量することにより，同時に蒸気圧を測定することができる．この方法を実用した例については後述する．

### (8) 蒸発法 (evaporation method)

試料表面からの蒸発速度から試料の蒸気圧を求める方法が蒸発法で，次式の関係から計算する．

$$p = (m/\alpha)\sqrt{2\pi RT/M} \tag{5-6}$$

$p$ は蒸気圧 (dyne/cm$^2$)，$m$ は蒸発速度 (g/sec・cm$^2$)，$R$ は気体定数 (erg/deg)，$M$ は分子量である．$\alpha$ は適応係数または凝縮係数といわれる数値で，試料面に衝突したガス分子が反発されずに凝縮してとけ込む割合を示す補正係数であり，実験的に決めるが，金属では1に近い．適用圧力範囲は比較的低く，$10^{-5}$〜$10^{-3}$ Torr程度である．$m$ を計算する際，試料の有効蒸発面積の算定に留意する必要がある．

### (9) 流出法 (effusion method)

密閉容器に設けた小孔から真空中に流出する飽和蒸気の流出速度を計測して蒸気圧を求める方法で，提案者であるKnudsen（クヌーセン）の名を冠してKnudsen法と呼ぶことも多い．蒸気圧と流出量の間の関係は次式で表される．

$$m = paK\sqrt{M/2\pi RT} \tag{5-7}$$

ここで $p$ は試料の蒸気圧 (dyne/cm$^2$)，$m$ は単位時間当りの流出量 (g/sec)，$a$ は小孔（オリフィス）の面積，$M$ は分子量，$R$ は気体定数で基本的には蒸発法と同じ形である．$K$ は小孔の形状による補正係数で，クラウジング (Clausing) 因子と呼ばれ，孔の半径と長さの比によって決まる．この方法では補正要因が多

く,さらに多くの補正係数を組み込んだ計算式も提案されているが,標準物質との比較で較正するのが有効である.測定範囲は$10^{-5}$〜$10^{-1}$Torrと微小蒸気圧の測定に適している.流出量の定量には試料容器や蒸着板(コンデンサ)の測定前後における質量変化による方法が普通に用いられているが,同位元素の流出量を連続的に計測する方法なども工夫されている.

### (10) 回転流出法 (torsion-effusion method)

流出法における分子流の反動力を拡大して測定する方法として回転流出法がある.ねじれ定数が既知の細線に密閉容器を吊下げる.この容器の側面には点対称の位置に2個の小孔(オリフィス)をあけてあり,真空中所定温度で回転角$\theta$を測定する.

$$p = 2k\theta/(a_1 d_1 \alpha + a_2 d_2 \alpha) \tag{5-8}$$

$k$は細線のねじれ定数,$a_1, a_2$は小孔の面積,$d_1, d_2$は回転軸から小孔中心までの距離,$\alpha$は蒸発法と同様の適応係数である.この方法では蒸気の分子量や構成分子種に関係なく,容器内の蒸気圧が得られる特徴がある.測定範囲は$10^{-5}$〜$10^{-2}$Torr程度の微小蒸気圧である.

### (11) 原子吸光法 (atomic absorption method)

高温の原子状蒸気に光を透過すれば,蒸気種により特定の波長の光が吸収される.この方法は古くから蒸気圧測定に利用されてきたが,近時この方法を化学分析法に応用するようになった.これを再び蒸気圧の精密測定に使う試みがなされている.

蒸気層透過前後における特定波長の光の強さをそれぞれ$I_0, I$とすると,蒸気圧$p$は次式より与えられる.

$$-\log(I/I_0) = K \cdot d \cdot (p/T) \tag{5-9}$$

$K$は蒸気種と光の波長に関する定数,$d$は蒸気層の厚さである.蒸気圧既知の状態について$K$の値を求めておけば,任意の状態の蒸気圧を求めることができる.分析用に使用するバーナーの代りに,光学平面をもつ石英セルを石英管に接続した試料セルを準備すれば,光通過孔を具えた加熱炉を用いて容易に測

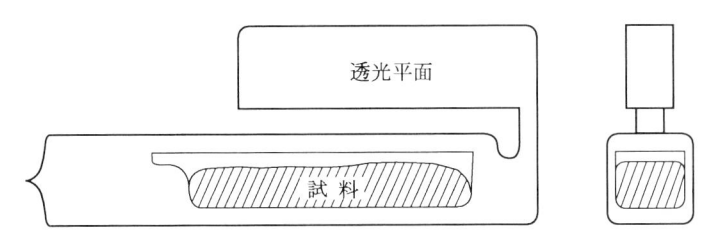

図 5-5 原子吸光法セルの一例

定できる．図5-5にセルの一例を示した．活量測定を目的とする場合には蒸気圧の絶対値を必要としないから，同一形状のセルを使用して標準物質と比較すればよい．測定範囲は$10^{-9}$〜$10^{-3}$ Torrと微小蒸気圧の測定に適している．

### (12) クヌーセン-質量分析計法 (Knudsen-mass spectrometer method)[5]

流出法のセル小孔から流出した蒸気を質量分析計に導き，強度を測定する方法で，この方法も前法同様微小蒸気圧測定に適した方法である．基本的には標準物質による測定値と比較することになるので，予め試料収納部を2個具えた容器を用いて測定条件を揃え，装置定数をキャンセルして測定精度を上げることができる．とくにこの場合も活量を求めるには直接イオン電流比から求めることが可能となる．この方法は合金だけでなく，スラグや溶融塩などの蒸気圧測定の有力な手段として用いられており，今後の利用拡大が見込まれる．

## 5-3 測定例

前節にあげた蒸気圧測定諸法の中で，手づくり実験的要素の多い二，三の例について測定上留意すべき点を中心に述べることとする．

### (1) 露点法，等圧法

5-2測定法の(4), (5)で露点法，等圧法は同様な装置を用いると述べたように，両法は一読しただけでは判別しにくい類似性をもっている．また，比較的大きい蒸気圧をもつ対象に対して有効な点も共通しており，装置はいずれも手

作りしかないという，本書の目的に合致する方法でもあることから少し詳細に説明することとしよう．

最初に両方の特徴を把握するために原理図を示す(図5-6)．装置の中核は温度差をもった密閉容器で，通常透明石英管が使われる．両端部に適当な温度差を与えるのは石英管を保持する管状電気炉で，図に示したように両端部に等温領域をもつような温度分布が望ましく，ここに熟練した手づくり電気炉の本領が発揮されることになる．両法とも図中に丸印をつけた特性を観測，決定することにより蒸気圧を求める．すなわち，露点法では図左端の温度$t_1$をゆっくり上下して炉に設けた観察孔から揮発成分Bの凝縮，消失を観察し，露点$t_1$を決定する．$p°_B(t_1) \to P \to p_B(t_2)$の関係から，温度$t_1$における純Bの蒸気圧$p°_B(t_1)$を既存データから求めればこの値が温度$t_2$における試料の蒸気圧$p_B(t_2)$である．$P$は管内全圧で管内どこでも一定である．右端部においたA-B試料は管内へのBの揮発により多少の成分変化が起るので，実験後確認することが必要である．簡便な方法としては試料の質量変化から推測できる．

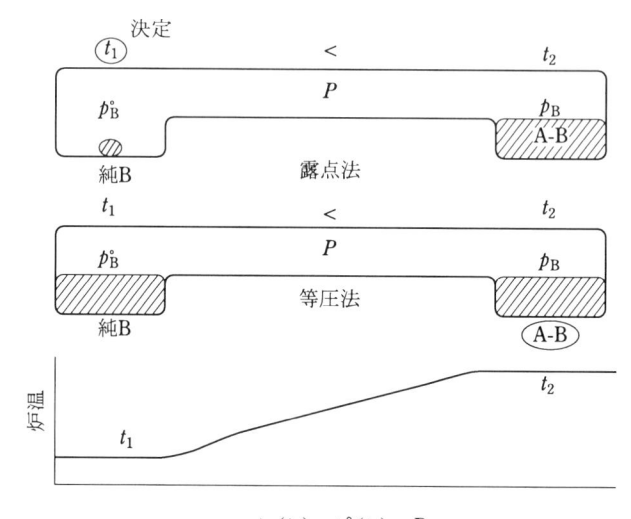

$$p_B(t_2) = p°_B(t_1) = P$$

$$a_B(t_2) = \frac{p_B(t_2)}{p°_B(t_2)} = \frac{p°_B(t_1)}{p°_B(t_2)}$$

図5-6 露点法，等圧法の測定原理

等圧法の場合は，$t_1$と$t_2$を固定しておき，左端におく純Bを十分な量おけば平衡に達した後の右端$t_2$のA-B試料の分析値から蒸気圧を知ることができる．この方法では平衡到達に時間がかかることが多いので，数日程度の時間をかけ，時間を変えて複数回の実験を行うことで確認するとよい．この場合も炉の温度分布の良否が実験結果の精度を決定するので，手づくりの腕を存分に発揮できることになる．等圧法の場合は電気炉に温度分布を乱す可能性のある観察孔を設ける必要がないので，良好な温度分布を得ることが容易となる．両法とも温度$t_2$における成分Bの活量は，図中に示したように測定値から求められる．測定目的の組成が純成分と大きく離れる場合，与えるべき温度差が大きくなりすぎて電気炉の製作上無理が生ずることがある．このような場合は，標準物質として活量既知の中間組成を選んで段階的に測定を行うのも有効な手段である．

## (2) 流動法

　測定法の項に述べた計算式をより実用的に書き換えると次のように示される．

$$p_B = \frac{W_B/M_B}{W_B/M_B + V_g^0/22.414} \cdot P \qquad (5\text{-}10)$$

ここに

　　$W_B$：キャリヤガスで運ばれたBの量 (g)

　　$M_B$：Bの分子量または原子量

　　$V_g^0$：キャリヤガスの総流量 (NTP, $l$)

　　$P$：反応管内全圧 (実験時大気圧)

図5-7に流動法装置の原理図を示す．この方法は動的状態から擬似平衡としてサンプルを取り出す方法なので，試料の定量，キャリヤガスの流量測定，温度測定，大気圧測定，炉の温度分布などがいずれも測定値に影響を与える．このため，反応管にキャピラリ付きの隔壁，飽和室，コンデンサなどを具えた装置のデザイン，加熱炉の温度分布が基本的に重要であり，適正な流量範囲で種々のキャリヤガス流量の下で測定を繰返す必要がある．図5-8に測定例を示

114    5章　蒸気圧

したように流量に対して影響のない水平部分から求めるのが妥当であるが,蒸気圧既知の純成分などの試料について十分な予備実験をして再現性を確認しておくことが望ましい.

　図5-8に示したCu-Pb系についての実験では,キャリヤガスとして0.5%のCOを加えたN$_2$ガスを用いた.ガス流量の小さい領域では,真の蒸気圧より大きい値を示す傾向がある.一方,ガス流量が大きすぎると,蒸発原子の飽和不

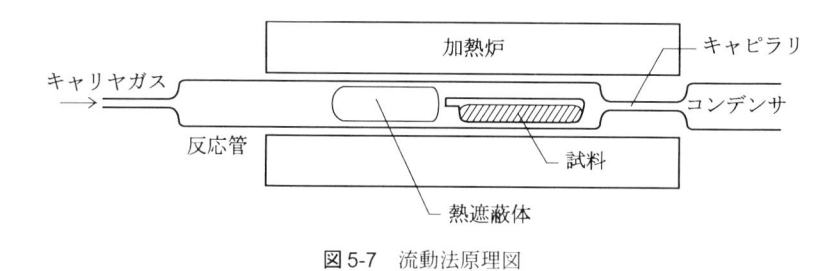

図 5-7　流動法原理図

図 5-8　流動法測定結果の一例（Cu-Pb系 1000℃）[6]

十分により真の値より小さくなる．そこで測定値として流量により変化しない平坦部の値を採用する．ガス拡散による過飽和の影響を小さくするには，キャリヤガスの流量を大きくし，キャピラリの長さを長くするとよいと言われる．一方，飽和不十分に対しては，拡散が問題とならない程度にキャリヤガスの流量を小さくし，試料の表面積をできるだけ大きく，ガスが流れる空間容積を小さくするとよい．蒸気圧測定値とキャリヤガス流量との関係をプロットし，流量ゼロに外挿して測定値とする場合もあるが，注意深く実験することにより流量変化に対して蒸気圧値が一定値を示す流量範囲が得られるので，その値をとって真の値とする方がよい．この場合も蒸気圧既知の純元素と比較することが大切である．

図5-9は反応管中心部の一例を示すもので，隔壁，キャピラリ，コンデンサなどの相互関係がわかる．試料蒸気捕捉を確実にするため，コンデンサにはグラスウールなどをゆるく充填するほか，コンデンサ側の全圧を僅かに高くしてキャピラリとコンデンサの隙間からごく少量のキャリヤガスを補助ガスとして流すような配慮が必要である．固体合金などでは試料そのものに成分の揮発による表面組成変化 (surface depression) が起る可能性があり，流量を絞って正常な飽和を実現することが重要である．

アンチモン合金のように蒸発分子として多原子分子を含む場合は，$nB \rightleftharpoons B_n$ なる平衡の平衡定数が既知であれば，流動法により各蒸気種の蒸気圧を求めることができる．例えば，5-1蒸気圧と熱力学の項で述べたように，アンチモン

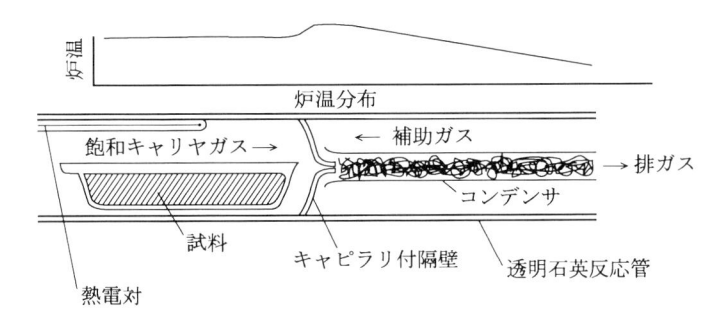

**図 5-9** 流動法反応管中心部構造の例[6]

の蒸気圧測定に流動法を適用する場合,次式のようにアンチモンの各蒸気種の蒸気圧を求めることができる.

$$p_m = \frac{n_{m(Sb)}}{n_{m(Sb)}+n_g} \cdot P = \frac{n_{Sb}+2n_{Sb_2}+4n_{Sb_4}}{n_{Sb}+2n_{Sb_2}+4n_{Sb_4}+n_g} \cdot P$$
$$= \frac{p_{Sb}+2p_{Sb_2}+4p_{Sb_4}}{p_{Sb}+2p_{Sb_2}+4p_{Sb_4}+p_g} \cdot P \quad (5\text{-}11)$$

但し $p_m$:全部単原子分子と仮定したみかけの蒸気圧
$P$:反応管内全圧

$2Sb=Sb_2 \quad K_2=p_{Sb_2}/p_{Sb}^2 \to p_{Sb_2}=K_2 p_{Sb}^2$
$4Sb=Sb_4 \quad K_4=p_{Sb_4}/p_{Sb}^4 \to p_{Sb_4}=K_4 p_{Sb}^4 \quad (5\text{-}12)$
さらに $p_{Sb}+p_{Sb_2}+p_{Sb_4}+p_g=P \quad (5\text{-}13)$

これらの式をまとめて整理すると,$p_{Sb}$ に関する4次式が得られる.

$$K_4(4P-3p_m)p_{Sb}^4+K_2(2P-p_m)p_{Sb}^2+P\cdot p_{Sb}-P\cdot p_m=0 \quad (5\text{-}14)$$

$K_2, K_4, P, p_m$ を代入して解けば,$p_{Sb}$ の値が得られ,順次 $p_{Sb_2}, p_{Sb_4}$ も算出できる.$P$ の値については,実験の度に室内大気圧を精密に計測することが大切である.

あらためて図5-4に示した純アンチモンの蒸気圧と温度の関係を参照すると,高温になるほど $Sb_4 \to Sb_2 \to Sb$ とガス分子の解離が進むことがわかる.このようにして得られた蒸気圧値からSbの活量 $a_{Sb}$ を求めるには式(5-4)の一般式から求めることになる.

## (3) 流出法

既述式(5-7)により流出法を用いて蒸気圧値を求めるに当って最も重要な点は,流出容器の小孔(オリフィス)の形状である.オリフィス付近における蒸発分子間の衝突が無視できる範囲が測定可能範囲となる.すなわち,蒸発分子の平均自由行程 $\lambda$ がオリフィスの径 $d$ に近づくと,分子間に相互作用を生じ,流出速度は式(5-7)では与えられなくなる.この方法の提案者であるKnudsenによれば,自由分子流に対する下限として $\lambda/d>10$ を与えているが,一般には

1〜10程度がよいとされている．この方法も静的な平衡を実現するのではなく，動的測定を行うので平衡系とは言いがたいが，オリフィス面積$a$と試料表面積の比を十分小さくすれば平衡値からのズレは無視できる．実際にはこの比を1/100以下にするのがよいとされる．試料が固体の場合には，この比をさらに小さくする必要がある．

使用する容器の材質の選定も重要である．加工のしやすさ，耐久性は言うまでもないが，測定対象によっては反応性の有無の確認も重要である．Sn合金の蒸気圧測定にタンタル製の容器を用いたところ，純Snの測定値は既知のデータより高い数値を示した．これはSnが残留酸素と反応して揮発性のSnOを生成したためと推察されたので，容器に黒鉛を使用することにより正常な値を得ることができた例がある[7]．

流出法では補正因子の正確な見積りが困難なことが多いので，蒸気圧の絶対値を精度よく求めることは難しい．しかし測定の結果から合金成分の活量を求める場合には，

$$m_i/m_i^\circ = p_i/p_i^\circ = a_i = \gamma_i N_i \tag{5-15}$$

の関係から面倒な$K$の値を気にせず純金属と合金の流出量の比を求めればよいので，蒸気圧測定値から求めるよりも精度よく算出することが可能である．

合金から別々の蒸発分子が同時に流出する場合には流出量を定量することが難しいが，このような場合，先に述べたクヌーセン質量分析法が両成分の活量を同時に測定できてきわめて有用である．前に述べたように，イオン電流比から直接活量を求めることができる上，測定下限が小さいため，広範な応用が期待される方法である．

### (4) 手づくり電気炉と温度分布

測定例のうち，露点法，等圧法，流動法については，それぞれの方法，装置に適した特徴的な温度分布をもつ加熱源－電気炉が必要不可欠である．この種の電気炉は既製品に求めるのは一般に無理で，個々の実験に適した炉を手づくりすることとなる．炉の特定領域，たとえば試料部分や露点検出部などで，均一温度を示すような加熱源としては横型の巻線抵抗炉が最も一般的で作りやす

い.これは抵抗発熱巻線のピッチを加減することで加熱流束密度を調節でき,放熱とのバランスで希望する温度分布プロファイルを得ることができるためである.したがって発熱部外側の断熱材の厚さに細工をして温度分布を微妙に調節することなども行われる.たとえば流動法の項で述べたように,運ばれた揮発成分を正確に凝縮させるコンデンサと試料上のガス平衡部分を仕切る隔壁とキャピラリ部分の温度をわずかに高目に保って,この付近への試料の蒸着を防止することが補助ガスと同時に必要となる(図5-9参照).従来便利に使われてきたアスベストが使用できなくなったので代替品の選定も性能を左右する要因となる.

　露点法で与えるべき温度差が大きい場合は,容器の長さが長くなるので電気炉長も大きくなる.このような場合,全体の炉温への影響を避けるために,露点検出部周辺の温度の上昇,下降用のヒータを別に設ける方法がとられる.温度をわずかに上下させるヒータの電源としては高度の電子制御よりはスライダックのような古典的な道具の方が適していることが多い.いずれにしても2章の高温技術の項に述べられた事項に留意して独自の加熱炉を手づくりして欲しい.

(阿座上 竹四)

## 参考文献

1) R. Hultgren et al.: Selected Values of the Thermodynamic Properties of Binary Alloys, John Wiley & Sons, (1963).
2) H. H. Kellogg: *Trans. AIME* **236** (1966), 602.
3) 阿座上竹四,矢沢 彬:日本鉱業会誌,**83** (1967), 666.
4) 金属の化学的測定法Ⅰ:日本金属学会, (1976), 他.
5) 藤田康世,R. U. Pagador,日野光久,阿座上竹四:日本金属学会誌,**61** (1997), 619.
6) 矢沢 彬,阿座上竹四,川島崇司:日本鉱業会誌,**82** (1966), 519.
7) 阿座上竹四,矢沢 彬:日本鉱業会誌,**86** (1970), 377.
8) M. Hansen, K. Anderko: Constitution of Binary Alloys. McGgraw-Hill, (1958).
9) L. Darken, R. Gurry: Physical Chemistry of Metals. McGgraw-Hill, (1953).
10) O. Kubaschewski: Metallurgical Thermochemistry,(丹羽貴知蔵 他訳),金属熱化学,産業図書, (1968).

# 6 章への プロムナード

　日常接するさまざまな物質には，表面と内部があります．ミクロの目で物質の内部を覗いて見ましょう．物質はそれを構成する微粒子（原子，分子，イオンなど）の集合体です．固体や液体のようにかたまりとして存在する物体（凝縮系と言います）では，構成している原子，分子，イオンなど微粒子を互いに結び付ける力が働いています．この力のおかげで，物質はバラバラにならず，形を成して存在できるのです．

　図1は，物質を表面と直角な面で切断した場合の模式図です．表面にある分子と内部にある分子との相違は，次のように考えられます．内部にある分子は，前後，左右，上下を他の分子によって取り囲まれています．表面にある分子は，その外側に分子が存在しないことから，外側に別の分子が現れると，それと結合する力を残しています．この表面だけに存在する結合力を表面自由エネルギーと言います．この表面だけに存在する過剰なエネルギーが，表面張力発現の源なのです．

　山の上にある水が，山を下って河となり海に注ぎ，位置のエネルギーを減らすように，表面にある分子は，表面積を減らしたり，その並び方を変えたり（表面緩和と言います），また或る時には，外から近づいて来た分子を捕まえ（吸着です），過剰なエネルギーを減らします．

　では，表面固有の過剰なエネルギーが，何故，表面張力のような力として観測されるのでしょうか．熱力学による厳密な議論は成書[1)～3)]に譲ることにしますが，表面を拡大しようとする仕事は，表面積の増加，即ち，表面全体の持つ表面エネルギーの増加を引き起こします．この時，表面エネルギーと表面積の掛け算である表面エネルギーの総量を減らすため，表面積を減少させる向きの力，即ち，方向性を持って計測できる力としての表面張力が出現するのです．

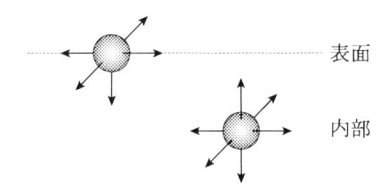

図1　表面分子と内部分子

表面に過剰なエネルギーが存在することによる表面と内部の性質の違いは，物質がナノサイズ（百万分の1 mm）になると，その融点が低下することからも認識できます．今，分子1000個よりなる立方体（図2）を考えてみましょう．各辺10個，総数1000個の分子より成っています．その中で外界と接しない分子は，各辺とも8個ですから全体で512個となります．外界と接する粒子の数は488個と全体の約半分です*)．このように，物質のサイズがだんだん小さくなって表面の占める割合が増すと，表面特有の性質がはっきりと現れます．

図3には，融点1064℃（1337 K）を持つ金粒子が半径20 nm以下になると，その融点が200℃以上も急激に低下することを示しています[4) 5)]．

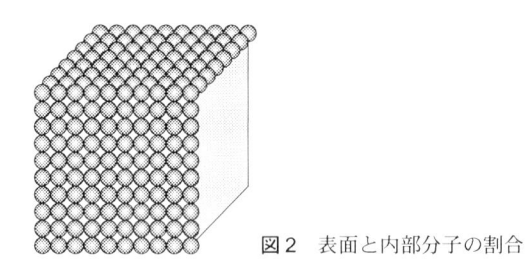

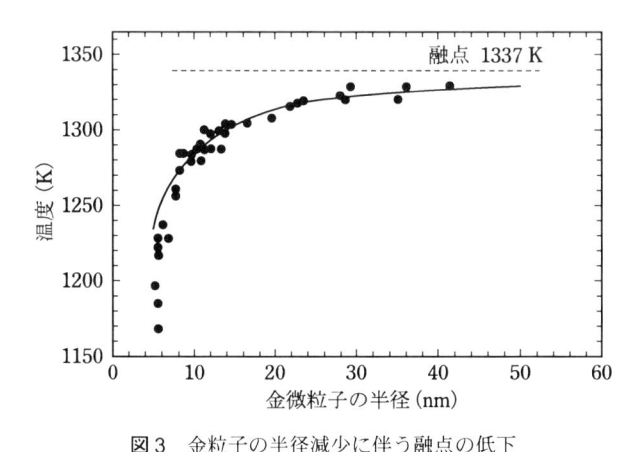

図2　表面と内部分子の割合

図3　金粒子の半径減少に伴う融点の低下

*) 一辺$n$個の立方体では，表面に出ない分子の数は$(n-2)^3$個です．表面に出る分子数の全分子数に対する割合は$(n^3-(n-2)^3)/n^3$です．$n$が大きいとき，$n$に対して-2は無視できますが，$n$が6位（分子数で約200程度）になると70％の分子は表面に顔を出すようになります．

# 6章 表面張力・界面張力・接触角

## 6-1 はじめに－表面張力が関わる身近な自然現象－

　蓮の葉の上で水滴が丸くなったり，コップになみなみと水を注ぐとコップの縁より上に水が盛り上がったりするのを見たことがありますか．梅雨明けの水溜りでは，アメンボが水面を滑るように泳いでいます．少し近づいてその様子（写真6-1）を観察してみましょう．アメンボの足下の水面が凹んでいるのが見えますか．アメンボの足もとの水面は，あたかも弾力を持つゴム膜のようです．アメンボは，浮力と重力の釣合いのみで浮かんでいるのではないことが分かります．この現象には，「表面張力」と「濡れ」が大きな役割を果たしています．地上より30 mもある巨木の先端にまで水分を運ぶのも，シャボン玉のようにわずか0.01～0.001 μm厚の膜が安定して存在できるのも，「表面張力」が大きな役割を果たしています．表面に固有の性質である「表面張力」「界面張力」「濡れ」について，さまざまな視点からお話しましょう．

写真6-1　水面に浮かぶアメンボ

## 6-2　Young-Laplace（ヤング－ラプラス）の式

　表面張力測定において，多くの場合Young-Laplaceの式を利用します．ヤング（Thomas Young, 1773-1829）は，材料特性を表すヤング率でも知られる英国の物理学者（生理学，エジプト学でも著名）です．また，ラプラス（Pierre-Simon Laplace, 1749-1827）は，ラプラス方程式やラプラス変換で有名なフランスの数学者です．

　さて，図6-1に示すように，表面が直交する2つの曲率半径$R_1$と$R_2$を持つ曲面で表わされる場合を考えて見ましょう．

　この円弧$x$と円弧$y$よりなる曲面が，それぞれ$dx, dy$だけ拡張する場合，その表面積の増加$dA$は(6-1)式で表すことが出来ます．

$$dA = (x+dx)(y+dy) - xy = xdy + ydx + dx \cdot dy \cong xdy + ydy \quad (6-1)$$

その単位表面当たりに，表面張力（表面自由エネルギー）$\gamma$が作用しているとすれば，表面積が増加するために加えられた仕事$W$は，その面積の増加の結果生ずる自由エネルギーの増加$dG$と対応することとなります．

$$W = \gamma dA = \gamma(xdy + ydx) = dG \quad (6-2)$$

また，表面を挟んで内外に圧力差$\Delta P$が存在していると考えると，表面積$xy$に加わる力$F$は，(6-3)式で与えられます．

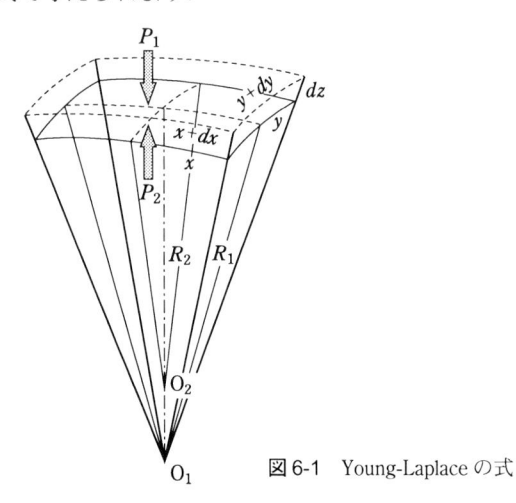

図6-1　Young-Laplaceの式

6章　表面張力・界面張力・接触角

$$F = xy \cdot \Delta P \tag{6-3}$$

そこで，表面の移動$dz$に伴う仕事$W'$は(6-4)式となります．

$$W' = F \cdot dz = xy \cdot \Delta P \cdot dz \tag{6-4}$$

(6-2)式による仕事$W$と(6-4)式の仕事$W'$が等しいとすると次の関係が得られます．

$$W = \gamma(xdy + ydx) = xy \cdot \Delta P dz = W'$$

ここに相似の関係を入れると，(6-5)式が求められます．

$$\frac{x}{R_1} = \frac{x+dx}{R_1+dz} \Rightarrow dx = \frac{xdz}{R_1} \qquad \frac{y}{R_2} = \frac{y+dy}{R_2+dz} \Rightarrow dy = \frac{ydz}{R_2}$$

$$\Delta P = \gamma\left(\frac{1}{R_1} + \frac{1}{R_2}\right) \quad (\text{Young-Laplaceの式}) \tag{6-5}$$

このようにして導かれたYoung-Laplaceの式は，表面張力$\gamma$の測定に利用されます．

## 6-3　自然現象とYoung-Laplace（ヤング－ラプラス）の式

それでは，Young-Laplace(ヤング－ラプラス)の式はどのように自然現象に適用されるかを具体的に考えて見ましょう．

今，図6-2のように液中に半径$r$の清浄なガラス毛細管を立てます．ガラスと水銀とは濡れないため，管内で水銀のメニスカス（管内の曲面を持つ液面）は，外側にある水銀の面より低くなります(B)．これに対して，水はガラス管

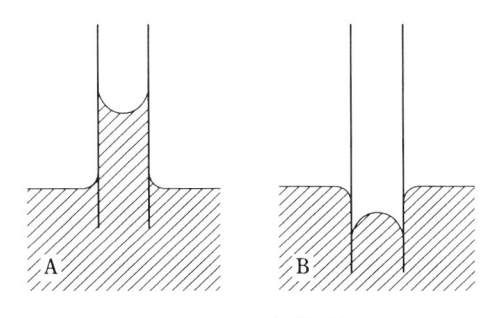

図6-2　毛細管現象

を良く濡らすので，水は管内を上昇して行きます(A)．これは，メニスカス直下の水に働く圧力が，外側の大気圧より$\Delta P$だけ低くなった結果起こるのです．水が高さ$h$だけ上昇したとき，密度$\rho$の水を，圧力差$\Delta P$によって吸い上げるために使われた力$F$は(6-6)式となります．

$$F = \Delta P \times \pi r^2 = \rho \cdot g \cdot (h \times \pi r^2) \tag{6-6}$$

なお，$g$は重力加速度で，980 cm/s$^2$の値を取ります．ここで，水を吸い上げようとする力の源は水の表面張力$\gamma$なのです．

表面張力は，ガラス管とメニスカスの界面だけに働く力です．ガラス管を水が良く濡らすと，水の吸上げに働く力$F$は，水と接するガラス管内面の長さ$2\pi r$と表面張力$\gamma$の積$2\pi r \times \gamma$となります．この力$F$と吸い上げられた水柱が重力で押し下げられようとする力との釣り合いを考えると(6-7)式が得られます．

$$F' = \Delta P \times \pi r^2 = 2\pi r \times \gamma = F$$

$$\Delta P = 2\gamma/r \tag{6-7}$$

ガラス管と接するメニスカス形状が，半径$r$を持つ半球$R_1 = R_2 = r$と考えた場合，(6-7)式はYoung-Laplaceの式(6-5)に一致します．また，この式を変形すると，毛細管現象によって水がガラス管を上昇する高さ$h$を求めることが出来ます．

$$h = 2\gamma/\rho g r \tag{6-8}$$

水の表面張力$\gamma$は約72 mN/m（72 dyn/cm），密度$\rho$は1.0 g/cm$^3$です．そこで，毛細管半径$r$が1 mmの場合，1.5 cm，0.1 mmの場合には15 cm，0.0001 mm（0.1 μm）のときは15 mも水はガラス管内を上昇することとなります．しかし，実際には水はガラスを必ずしも完全に濡らすわけではなくて，水の上昇高さ$h$から水の表面張力$\gamma$を求めるのには，後ほどお話する接触角$\theta$を含んだ(6-8')式が使われています．

$$\gamma = \rho g r h / 2\cos\theta \tag{6-8'}$$

Young-Laplaceの式を用いるとシャボン玉（写真6-2）の膜の強さを知ることが可能です．シャボン玉の場合，空気と接する面はシャボン玉膜を挟んで内外の2面ですから，Young-Laplaceの式は$\Delta P = 4\gamma/r$となります．

表6-1は，直径3.8 mm～18.5 mmのシャボン玉の内圧を測定し，Young-

写真6-2 シャボン玉

表6-1 シャボン玉の直径と内圧，膜強さ

| 直径 (mm) | $\Delta P$ (cmAq)[*] | $\gamma$ (dyn/cm) |
| --- | --- | --- |
| 3.824 | 0.456 | 21.3 |
| 4.589 | 0.377 | 21.1 |
| 5.002 | 0.365 | 22.3 |
| 5.466 | 0.322 | 21.6 |
| 6.858 | 0.273 | 22.9 |
| 7.683 | 0.243 | 22.9 |
| 8.014 | 0.231 | 22.7 |
| 9.591 | 0.194 | 22.8 |
| 11.314 | 0.164 | 22.7 |
| 18.563 | 0.103 | 23.5 |

[*] cmAq：水柱の高さ

Laplaceの式で膜の表面に作用する力を求めた結果を示しています[6]．水に洗剤を加えて作ったシャボン玉液の表面張力は，約21 mN/mです．シャボン玉膜の強さは，シャボン玉液の表面張力にほぼ等しいことが分かります．また，シャボン玉が大きくなると膜の厚さは減少しますが，膜強さはわずかに増加しています．このように，シャボン玉膜では，ある箇所で厚みが減るとその部分の膜の強さが増して，シャボン玉膜が破裂するのを防いでいるのです．

万有引力で有名なニュートンやデュワー瓶で著名なデュワーたちは，シャボン玉が，なぜ壊れずに存在できるのかに関心をいだき研究しました．デュワーの作ったシャボン玉は，322日の間壊れず，また直径1.2 mまで成長できたと

伝えられています.

　表面張力は,単位表面積の持つ自由エネルギー変化で,$J/m^2$の単位を持ちます.しかし,古くから液体表面の単位長さにかかる力として認知されたことから,その単位としてdyn/cm($\equiv g \cdot cm^2/s^2$)が使われてきました.SI組立単位を使うとN/mであり,$10^{-3}$ N/mが1 dyn/cmとなります.また,単位表面積あたりの自由エネルギー変化は$J/m^2$($1 J=1 kg \cdot m^2/s^2$)の単位を持つことから,$1 mJ/m^2=1 mN/m=1$ dyn/cmの関係があります.現在では,固体については,表面自由エネルギーの単位として$mJ/m^2$,液体では表面張力の単位mN/m(またはdyn/cm)が慣用的に使われています.

## 6-4　濡れるということ－濡れの尺度－接触角－

　固体表面を液体で濡らす現象は,日常生活の様ざまな場面で目にすることが出来ます.切手を封筒に張り付けることを考えて見ましょう.糊面を水で湿らし,封筒に押し付けて乾燥すれば出来上がりです.接着過程は,液体にした糊を固体の表面に広げ,固化することで完成するのです.このように,まず液体が固体を良く濡らすことが大切です.高温接着プロセスでは,固化する際に,接着される固体との膨張率差が大きくないことも大切です.膨張率の差が大きいと冷却して固化する際に,ひずみで界面での破壊が起こります.

　もうひとつ例を挙げましょう.フライパンで目玉焼きを作ります.フライパンの表面に油をひいて焦げ付きを防ぎます.これは,油をひいた面が水をはじくことから焦げ付かないのです.水をはじくフッ素系樹脂でコーティングしたものが,「焦げ付かないフライパン」として売られているのもご存知でしょう.このように,濡れ性の良し悪しが日常生活では重要な役割を示します.それでは,濡れ性はどのように評価されるのでしょうか.

　図6-3のように液体を固体基板上に滴下した時,基板上で液滴が丸くなる場合は濡れにくい,薄いレンズ状に広がる場合は良く濡れると言います.濡れの評価には,固体基板と液滴間の角度,接触角$\theta$が使われます.この接触角$\theta$が90度より大きな場合は濡れない系,90度より小さい場合は濡れる系です.

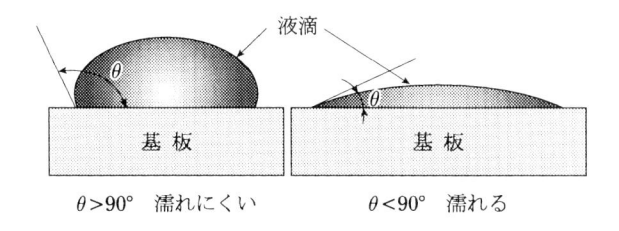

**図6-3　固体基板上の液滴**

　それでは，この接触角 $\theta$ は，何で決まるのでしょうか．固体基板の持つ表面自由エネルギー（表面張力）$\gamma_S$，液体の表面張力 $\gamma_L$ および固体・液体間の界面張力 $\gamma_{SL}$ の間には，図6-4に示すように水平方向に作用する力の釣合いを示すYoungの式 (6-9) が成り立ちます．

$$\gamma_S = \gamma_{SL} + \gamma_L \cos\theta \tag{6-9}$$

(6-9) 式からは，物質の組み合わせによって $\gamma_S$, $\gamma_L$, $\gamma_{SL}$ の値が決まり，接触角 $\theta$ は自然と決まるように見えますが，必ずしもそうではありません．固体の表面張力 $\gamma_S$ は，その履歴により大きく変化するからです．

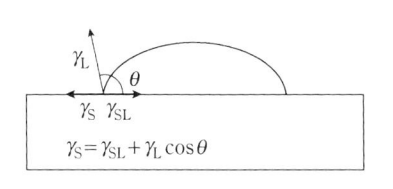

**図6-4　Youngの式**

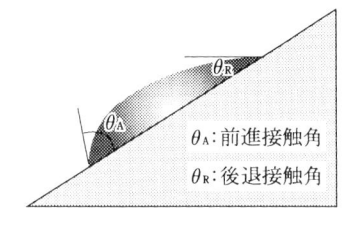

**図6-5　前進接触角と後退接触角**

$\theta_A$：前進接触角
$\theta_R$：後退接触角

　水面にアルミニウムの1円玉を浮かべたことがありますか．だけど，直前に水で濡らした1円玉は，もはや水面に浮かべることは出来ません．前処理の影響を受けて，アルミニウム表面状態は変化するからです．このことは，水平に置かれた固体基板に液滴を滴下し，図6-5に示すように基板を傾けると前進接触角と後退接触角に相違があることからも分かります．接触角は，置かれている表面の状況を反映して敏感に変ります．そこで，接触角の変化を利用して，固体基板の表面状態を追跡するという実験は，誰にでも簡単に行える手法ですが，基礎研究分野でも実用面からも重要な表面の研究方法なのです．

◇◇◇　コーヒー・ブレイク（アグネス・ポッケルス嬢の物語）　◇◇◇

　表面張力測定には，古くから手作りの装置が使われてきました．表面張力の測定装置の話を始める前に，アグネス・ポッケルス嬢のお話をしたいと思います．ポッケルス嬢（Agnes Wilhelmine Louise Pockels, 1862-1935：写真6-3）は，父がオーストリアの軍人であった家庭に，1862年イタリアのベニスで生まれました．その後，父親の病気のためザクセン王国（現ドイツ）のブランズウイックに移り，生涯をその地で過ごします．彼女の弟Frederichは，物理学者として結晶の光電気効果（ポッケルス効果）にその名前を残しています．ポッケルス嬢は，少女時代から科学に興味を持つ子でした．両親が病気がちで，その介護と家事に忙しく，高等教育を受ける機会には恵まれなかったのですが，自然科学に対する憧れから，家事の合間に台所でありあわせの道具を使い，水の表面張力の測定を始めます．写真6-4はその装置を再現したものです．

　秤の一端より垂らした糸の先端に円板（最初は洋服のボタン使ったと言われています）を付けます．円板を測定液体に浸した後，秤の他端に円板が液面を離れるまで錘を載せます．離れたときの錘の重さから，表面張力を求めます．そのような実験を続けて，水面の汚染による表面性質の変化について，数多くの興味深い結果を得ます．1891年，ゲッチンゲン大学の

写真6-4　ポッケルスの表面張力測定装置（複製）
（American Physical Societyのホームページより）

写真6-3　アグネス・ポッケルス
（Agnes Pockels）嬢

写真6-5 ポッケルス嬢の論文を載せた「Nature」

物理学科の学生であったフレデリックの強い勧めがあって，この分野の泰斗レイリー卿(John William Strutt, 1842-1919，1873から第3代Rayleigh男爵)に，得られた結果を記したドイツ語の手紙を送ります．その面白さに驚いたレイリー卿は，推薦文をつけて「Nature」誌に送ります(写真6-5)．その後，彼女は，両親の介護と家事の合間に，この手製装置を用いて，年1報のペースでNature(1894年まで)やドイツの科学誌に研究成果を発表し続けます．1932年，70歳の誕生日には，地元ブランズウイック工科大学で女性初の名誉博士の称号を得ます．彼女の生涯は，科学する心とは何かを私達に教えてくれます．この手紙を「Nature」誌に送ったレイリー卿は，その後，空が青く見える理由を示すレイリー散乱，地震の表面波(レイリー波)の研究を始めとする多くの仕事を残し，1904年には，気体の密度とその成果によるアルゴンの発見でノーベル物理学賞を受賞します．

## 6-5 高温融体の表面張力測定用材料の選択

高温融体の表面張力の測定には，室温液体で行なわれてきた多くの方法を使うことができます．温度を上げると，表面での物理的吸着による汚染が減ることから，条件さえ整えば，室温や低温での測定に比べて再現性の良い測定も可能です．ただ，高温に伴う材料の安定度の低下や化学反応による測定融体の汚染を防ぐため，測定融体と接する容器，装置，部品などの材質選択には一定の配慮が不可欠です．

溶融金属の表面張力の測定用材料には，アルミナ（$Al_2O_3$），マグネシア（MgO）などの酸化物が用いられます．だが，チタン（Ti）のように酸素との親和力の強い金属融体については，カルシア（CaO）のような安定な酸化物を用いてもある程度の反応は起こります．溶融塩や溶融スラグ・フラックスには，金属製容器が使われています．

表6-2には溶融フッ化物，および酸化物に用いられる容器と使用雰囲気の例を示しています．溶融フッ化物，酸化物，およびスラグ，フラックスなど融体

表6-2 溶融フッ化物，酸化物用測定容器の例

| 化合物 | 融点（K） | 容器 | 雰囲気 |
| --- | --- | --- | --- |
| LiF, NaF, KF, RbF, CsF | 1121, 1269, 1131, 1048, 954 | Pt, Rh, Ir | Ar, $N_2$ |
| $MgF_2$, $CaF_2$, $SrF_2$, $BaF_2$ | 1536, 1691, 1673, 1593 | Pt-20Rh, Ir | Ar, $N_2$ |
| $GdF_3$, $NdF_3$, $LaF_3$, $CeF_3$ | 1515, 1679, 1772, 1733 | Pt-20Rh, Mo | Ar |
| $Al_2O_3$ | 2323 | Ir, W, Mo | Ar, $N_2$ |
| $Cu_2O$ | 1509 | MgO | Ar, He |
| $GeO_2$ | 1389 | Pt | Air |
| $Nb_2O_5$ | 1733 | W | Ar |
| $Ti_2O_3$ | 2293 | Mo, W | Ar, Ar-10％$H_2$ |
| $BaTiO_3$, $CaTiO_3$ | 1978, 2243 | Ir | Ar, $CO_2$ |
| $BaMoO_4$, $BaWO_4$ | 1753, 1833 | Pt | Air |
| $CaMoO_4$, $CaWO_4$ | 1723, 1853 | Pt | Air |
| $MnFe_2O_4$ | 1773 | Ir | $N_2$, Ar |
| $Nd_3Ga_5O_{12}$ | 1833 | Ir | Ar |
| $Y_3Al_5O_{12}$ | 2230 | Ir | Ar |

の測定容器には，貴金属であるAu（金，融点1337K），Pt（白金，融点2017K），Rh（ロジウム，融点2239 K），Ir（イリジウム，融点2683 K）などが多用されます．Rh, Irについては，高温・強酸化性条件では，酸化による昇華損失が僅かに起こるので，中性もしくは弱酸化性雰囲気のもとで使われています．高融点金属のW（タングステン，融点3683 K）やMo（モリブデン，2893 K）も使用できますが，空気中では400℃以上で三酸化物として昇華が起こり，一部は測定融体中に溶け込みます．$MoO_3$（三酸化モリブデン，融点1068 K）や$WO_3$（三酸化タングステン，融点1743 K）の表面張力は70 mN/m, 100 mN/mと低く，汚染によって表面張力の測定値を低下させることとなります．

酸化鉄のように気相の酸素分圧に応じて酸化状態が変化する酸化物を含む融体では，気相酸素分圧の制御と適切な容器の選択が重要なテーマです．たとえば，酸化鉄を白金-10％ロジウム合金のるつぼに入れて空気中で加熱すると，空気の酸素分圧0.21気圧と平衡する酸化鉄融体 $\left(\dfrac{Fe^{2+}}{Fe^{3+}+Fe^{2+}} \approx \dfrac{1}{3}\right)$ が得られます．更に，酸素分圧を下げて二価の鉄イオン（$Fe^{2+}$）濃度を高めようとすると，鉄そのものの析出がなくても，るつぼ中に溶け込んでるつぼの融点を低下させます．更に鉄の溶け込み量が増すと，るつぼに穴を開けてしまいます[7) 8)]．

## 6-6 表面張力の測定方法

金属液体，溶融塩，溶融スラグなど，高温融解体の表面張力測定には，室温で使われる，①静滴法，②最大泡圧法，③円筒，円板，円錐引き上げ法，④懸滴法，⑤液滴重量法，⑥毛細管法などが使えます．その方法の概要と高温融体に利用する場合の注意点を述べましょう．

### (1) 静滴法

水平固体基板上の液滴の形状から，静滴法では表面張力を求めます．この場合，液体と固体が濡れないことが不可欠です．この方法は，濡れ性の観点から，固体酸化物や窒化物の基板上で溶融金属の表面張力測定に適しています．

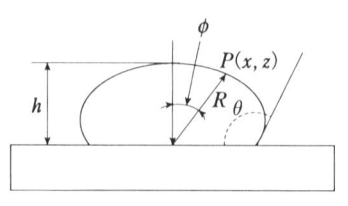

図6-6 液滴法の説明図

溶融スラグや溶融塩にこの方法を適用する場合には,濡れ性の悪い基板材料として,もっぱら黒鉛が使われます.図6-6には固体基板上の液滴の形状を模式的に示します.

基板上の液滴は,重力の影響を受けて球体から変形し,その輪郭は前に述べたYoung-Laplaceの式 (6-5) で表わされる形状を取ります.

$$\Delta P = \gamma \left( \frac{1}{R_1} + \frac{1}{R_2} \right) \tag{6-5}$$

なお,$\Delta P$は輪郭上の座標点 $(x, z)$ での液体内部と外側との圧力差で,$R_1, R_2$ はこの点において直交する二つの主曲率半径を表わしています.紙面を含む平面上の曲線に対する$R$について次の関係があります.

$$dx/d\phi = R \cos \phi \tag{6-10}$$
$$dz/d\phi = -R \sin \phi \tag{6-11}$$
$$R = \frac{1}{q_3(q_1 - z) + q_2 - (\sin \phi / x)} \tag{6-12}$$

ここで,$q_1 = h$ ($h$は液滴の高さ),$q_2 = 2/b$ ($b$は液滴頂点での曲率半径),$q_3 = \rho g / \gamma$ ($\rho$は液滴の密度) を示します.(6-10),(6-11),(6-12) 式は次のように差分の式に置き換えると解くことが出来ます.

$$x_{i+1} - x_i = R_i \cos \phi_i \, (\phi_{i+1} - \phi_i) \tag{6-10'}$$
$$z_{i+1} - z_i = -R_i \sin \phi_i \, (\phi_{i+1} - \phi_i) \tag{6-11'}$$
$$R_i = \frac{1}{q_3(q_1 - z_i) + q_2 - (\sin \phi_i / x_i)} \tag{6-12'}$$

いま$i = 0$の時,$x_0 = 0$, $z_0 = h$とし,例えば$\Delta \phi = \phi_{i+1} - \phi_i = 0.01$と仮定して,$\phi_i = 0$から$\phi_i = \pi (=3.14)$まで順に$x_{i+1}, z_{i+1}$を計算します.$z_{i+1} \leq 0$になったときに計

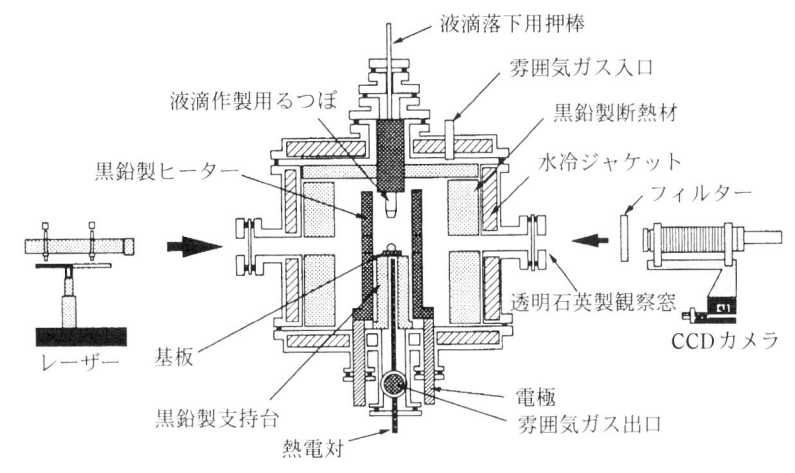

6章 表面張力・界面張力・接触角　　133

**図6-7　静滴法による表面張力測定装置**

算は終了です．パラメータである $b$ は次のようにして求めます．液体が基板と濡れない場合，接触角 $\theta=180°$ です．そこで $z=0$ の位置で，$\phi_{z=0}=\theta-90°$ が得られるように少しずつ $b$ の値を変化させて繰り返すことで，接触角 $\theta=180°$ の場合の液滴の輪郭が求められます．

　著者らは，静滴法による溶融鉄合金の表面張力の測定には，図6-7に示す装置を使っています．静滴法の測定において重要な点は，基板上に対称性の良い液滴を形成し，その形状を正確に計測することです．この装置では，液滴の形状観察は，一方向のみですが，90度ずれた位置にさらにもう一つ観察窓を設けて，液滴の対称性を確認することも行われます．基板上に固体金属を置いて昇温融解し液滴を作る方法では，固体基板と試料金属とが始めに接していた部分とそうでない部分で濡れが異なる場合には，時として非対称な液滴が形成されます．その防止には，固体基板上に，接触面の少ないボール状の金属試料を置いて融解することも行われます．対称性の良い液滴を得るために，図6-8のような漏斗中で金属試料を溶融し，押し棒で一滴だけ滴下する方法を筆者らはよく使います．

　固体基板上の液滴形状は，液体の表面張力と液体の密度により変化します．同じ体積の液滴を作っても，表面張力が大きく密度の小さい液体ほど球形に近

図6-8 静滴法で液滴の滴下法

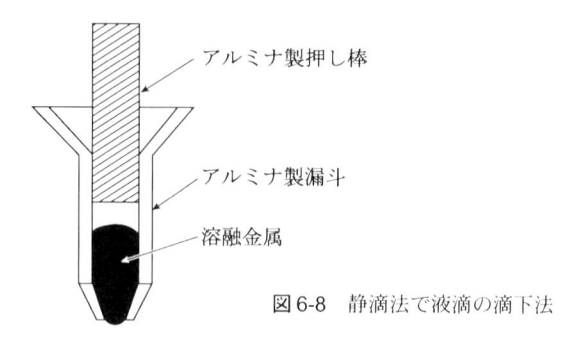

く，表面張力の小さく密度の大きい液体ほど上下に押しつぶされた形状となります．Young-Laplaceの式を使って，液滴の表面張力を精度良く測定するためには，球形に近い滴の形状ではだめで，少し上下にひしゃげた形が必要です．このような条件は，滴下量を増すことで達成されますが，滴が大きくなると，固体基板上の滴は不安定となります．水平からのわずかなずれや外部からの少しの振動で，液滴は基板上よりすべり落ちます．このような場合，ナイフエッジの壁を持つるつぼになみなみと注がれて盛り上がった液体金属の形から表面張力を算出する，大滴法（図6-9）を使います[10]．

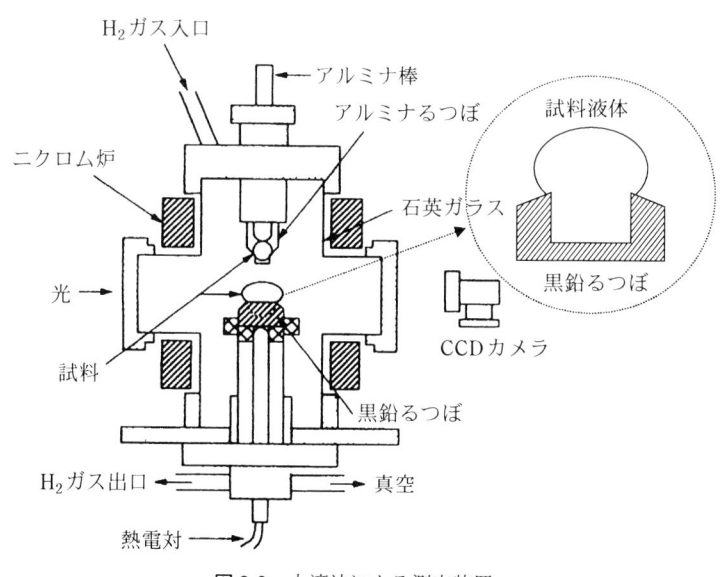

図6-9 大滴法による測定装置

実際に撮影された図6-10のような液滴について，古くは，Young-Laplace式を変形した (6-13)，(6-14) 式を用いて求められたBashforth & Adamsの表[11]を利用して，表面張力を算出する方法が利用されてきました．

$$\frac{1}{(\rho/b)} + \frac{\sin\phi}{(x/b)} = 2 + \frac{\beta z}{b} \tag{6-13}$$

$$\beta = \frac{g\rho b^2}{\gamma} \tag{6-14}$$

ここで，$b$は液滴の頂点での曲率半径で，たとえば，$\phi=90°$のときでは液滴の最大径の1/2 ($x$) の値と最大径の位置から頂点までの高さ ($z$) を計測し，Bashforth & Adamsの表から$\beta$および$b$を決定します．その値を使い (6-14) 式で表面張力$\gamma$を求めます．密度$\rho$は，Bashforth & Adamsの表から求めた液滴の体積$V$と試料の質量から決定するか，他の測定法で求めた値を使います．

最近では，輪郭線上の座標の測定値をコンピュータに入れて最もよく測定点を再現するいわゆるカーブフィッティング法も使われています．

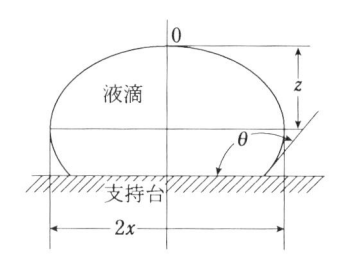

図6-10　Bashforth & Adamsの表による表面張力の測定

この場合，以前示した (6-10)，(6-11) および (6-14)，(6-15) 式を連立して最適な表面張力$\gamma$を求めます．

$$dx/d\phi = R\cos\phi \tag{6-10}$$

$$dz/d\phi = -R\sin\phi \tag{6-11}$$

$$\beta = \frac{g\rho b^2}{\gamma} \tag{6-14}$$

$$\gamma = \frac{1}{\beta z - \sin\phi/x + 2} \tag{6-15}$$

コンピュータプログラムを利用して，液滴の形状から表面張力$\gamma$と密度$\rho$を求める方法は最近とみに発展しています[12]〜[14].

## (2) メニスカス形状から表面張力を求める方法

向井ら[15]は，図6-11に示すように液体に浸漬した円柱と液体の接触部のメニスカスの形状から表面張力を求める方法を報告しています．この場合，白金るつぼに入れた溶融スラグの中央に白金円柱を垂直に浸漬します．円柱の周囲にはスラグ液体の軸対称メニスカスが形成されます．この形状をYoung-Laplaceの式を変形した (6-16)，(6-17)，(6-18) 式に入れて，表面張力$\gamma$を求めています．

$$\gamma\left(\frac{1}{R_1}+\frac{1}{R_2}\right)=\rho gh+C_0 \tag{6-16}$$

$$\frac{1}{R_1}=(\partial^2 z/\partial x^2)/(1+(\partial z/\partial x)^2)^{3/2} \tag{6-17}$$

$$\frac{1}{R_2}=(\partial z/\partial x)/[x(1+(\partial z/\partial x)^2)]^{3/2} \tag{6-18}$$

ここで，定数$C_0$は変曲点$A$における条件 (6-19) を (6-16) 式に代入して得られる (6-20) 式から求めることができます．

$$z=Z_A,\ x=X_A,\ R_1=\infty,\ R_2=-X_A/\sin\alpha \tag{6-19}$$

$$C_0=-(\gamma\sin\alpha/X_A+\rho g Z_A) \tag{6-20}$$

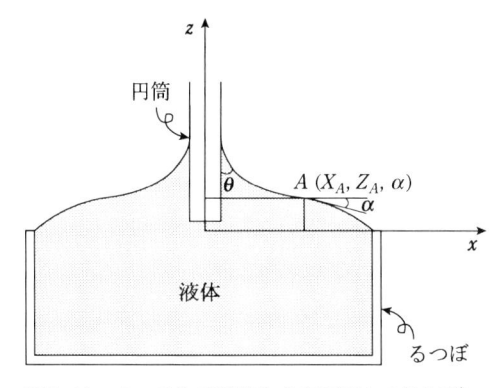

図6-11 メニスカス形状から表面張力の決定[15]

この$C_0$をYoung-Laplaceの式(6-16)に入れて得られる(6-21)式が，メニスカスの形状を表すことと成ります．

$$(\frac{1}{R_1}+\frac{1}{R_2}) = (\rho g/\gamma + C_0)(z-Z_A) - \gamma\sin\alpha/X_A \qquad (6\text{-}21)$$

そこで，(6-21)式に表面張力$\gamma$を入れて計算を繰り返し，実測されたメニスカス形状を最も再現できる$\gamma$の値を求めることとなります．静滴法で表面張力を測定する場合，液滴をのせる基板材料として濡れ性の悪い材料を見つけることは困難です．その例外は黒鉛ですが黒鉛との反応を配慮すると，測定温度には限界があります．本法の長所は，酸化物融体と濡れ性のよい材料が利用できることにあります．

## (3) 最大泡圧法

最大泡圧法では，図6-12に示すように半径$r$の毛細管を液中に浸漬し，気体を送り込んでその先端に気泡をつくり，その気泡が破裂して離脱するときの最大圧力を測定し，表面張力$\gamma$を求めます．毛細管の先端で気泡が，毛細管半径$r$と同じ半径の半球状で破裂するとしてYoung-Laplaceの式(6-5)に$R_1=R_2=r$を代入すると，表面張力が支えられる気泡圧$\Delta P_1$が求められます．実際は，毛細管の浸漬深さ$H$に対応する水中圧$\Delta P_2$が加わるので，気泡の示す最大圧$\Delta P$

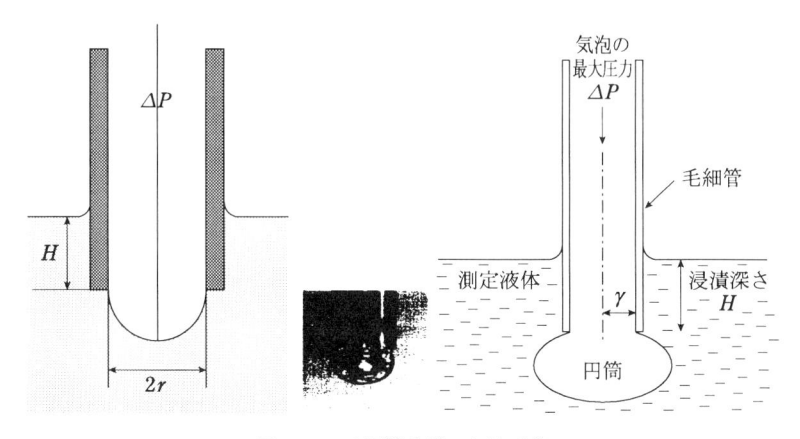

図6-12 毛細管先端の気泡形状

は (6-22) 式となります.

$$\Delta P = \Delta P_1 + \Delta P_2 = \frac{2\gamma}{r} + \rho g H \qquad (6\text{-}22)$$

ここで, $\rho$ は測定する液体の密度です.

　水中のガラス毛細管先端で気泡の写真 (図6-12中央) に見られるように, 実際の気泡は変形した楕円形状です. そこで, その変形を考慮して, 気泡の破壊する最大圧の表面張力項 $\Delta P_1$ をSchrödinger (シュレディンガー) による補正式, (6-23) 式に代入して, 表面張力 $\gamma$ を計算することになります[16]. 表面張力の計算に必要な毛細管の内径 $r$ は, 室温で計測した値に測定温度での毛細管材料の膨張率を乗じた値を用います. 著者らは白金およびモリブデンの膨張率として次の値を採用しています[17]. また, (6-22) 式の第二項 $\Delta P_2$ は, 測定液体の密度 $\rho$ の値を求めるために使われます.

$$\gamma = \frac{r \Delta P_1}{2} \left[ 1 - \frac{2}{3} \left( \frac{rg\rho}{\Delta P_1} \right) - \frac{1}{6} \left( \frac{rg\rho}{\Delta P_1} \right)^2 \right] \qquad (6\text{-}23)$$

白金の線膨張率[17]

$$\Delta L/L = 9.122 \times 10^{-6}(T - 293) + 7.467 \times 10^{-10}(T - 293)^2$$
$$+ 4.258 \times 10^{-13}(T - 293)^3 \qquad 293\,\text{K} < T < 1900\,\text{K}$$

モリブデンの線膨張率[17]

$$\Delta L/L = 0.760 \times 10^{-3} + 7.583 \times 10^{-6}(T - 1545) + 1.3297 \times 10^{-9}(T - 1545)^2$$
$$+ 1.149 \times 10^{-12}(T - 1545)^3 \qquad 1545\,\text{K} < T < 2800\,\text{K}$$

図6-13は内径約1.6 mmの白金毛細管を用いて, 溶融フッ化カルシウム中に気泡を作った時, 観察された最大気泡圧力と毛細管浸漬深さの関係です. 温度一定とした場合, 浸漬深さと気泡の最大圧との間の直線関係は良好で, この直線の勾配から測定融体の密度 $\rho$ を求めます.

　著者らが使っている気泡の最大圧を測定するシステムを図6-14に示します. 通常の液体では気泡の発生速度は約2気泡/分程度ですが, 高粘度液体では, 速度を変えても測定最大圧が変化しない条件に達するまで, 気泡の発生速度を遅くします. そこで, 光ファイバー用ガラス融体のような高粘度融体では1気泡発生に10分を要することも起こります. 圧力は, 図6-14のように最大測定圧100～250 mmAq.の差圧電送器で電圧に変換し, AD変換の後ノートPCのディ

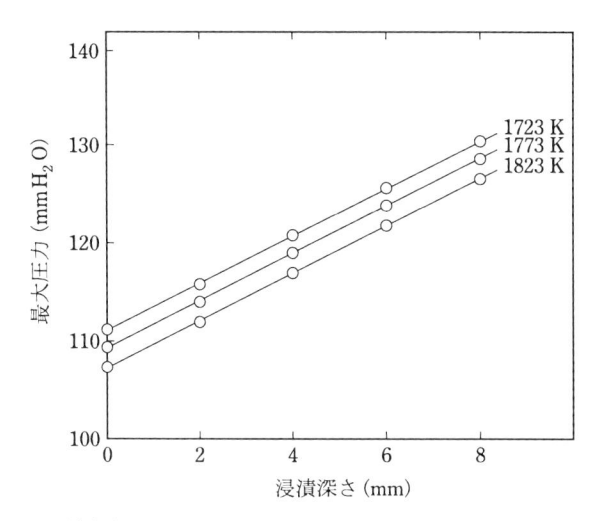

図6-13 最大泡圧法における浸漬深さと最大泡圧の関係（測定試料：$CaF_2$）

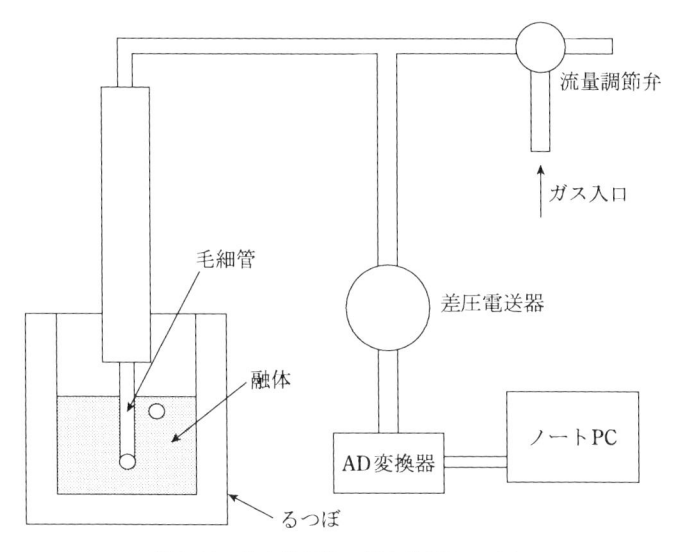

図6-14 最大泡圧法の圧力計測システム

スプレーに表示し記録します．

　最大泡圧法の精度は，気泡を生成する毛細管の先端に大きく依存していま

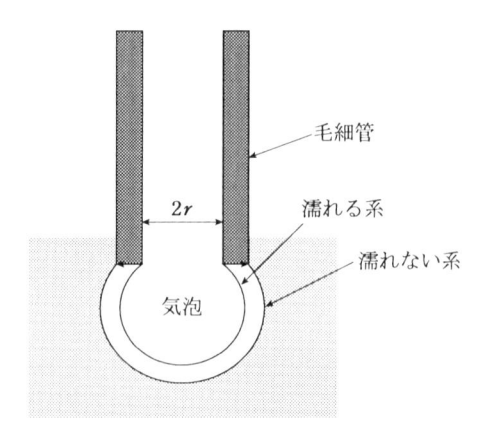

図6-15　毛細管先端での気泡の破壊・離脱

す．図6-15には，毛細管先端で気泡離脱の際の様子を示しています．毛細管材料と測定液体とがよく濡れる系では，内径に規制されて気泡は成長し，離脱します．濡れの悪い材料の組み合わせでは，最初は内径で規制されて気泡は成長しますが，圧力がある閾値を越すと毛細管先端を気泡は外径の方向に滑り，外径で規制されて気泡の離脱に至ります．前者と後者の違いは，図6-16のように送気中の気泡内の圧変化を観察すると明らかです．図6-16(a)は溶融塩や溶融スラグに対して白金のような金属製の毛細管を使用した場合，(b)は金属融体に酸化物系毛細管を使用した場合に見られます．後者のように濡れない組み合わせでは，表面張力の計算には毛細管の外径を用いることになります．常に内径で規制され気泡が発生・離脱するように図6-17 (a) の代わりに，(b)，(c)，(d) の様な毛細管の先端形状も利用されています．

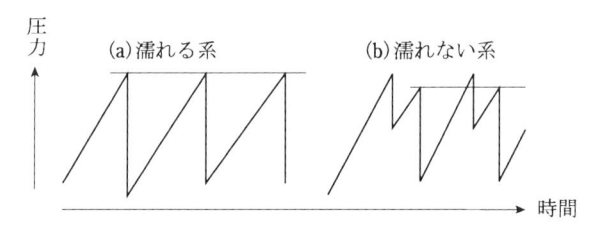

図6-16　気泡の破壊前後の毛細管内圧力変化

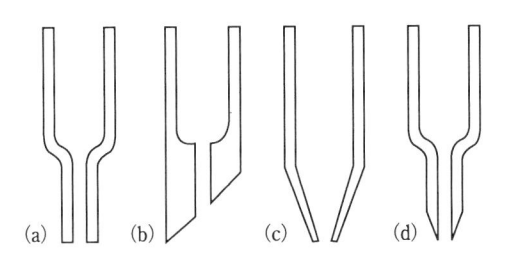

6章 表面張力・界面張力・接触角　　　　　　　　　　　　　　　　　*141*

図 6-17　毛細管の先端形状の例

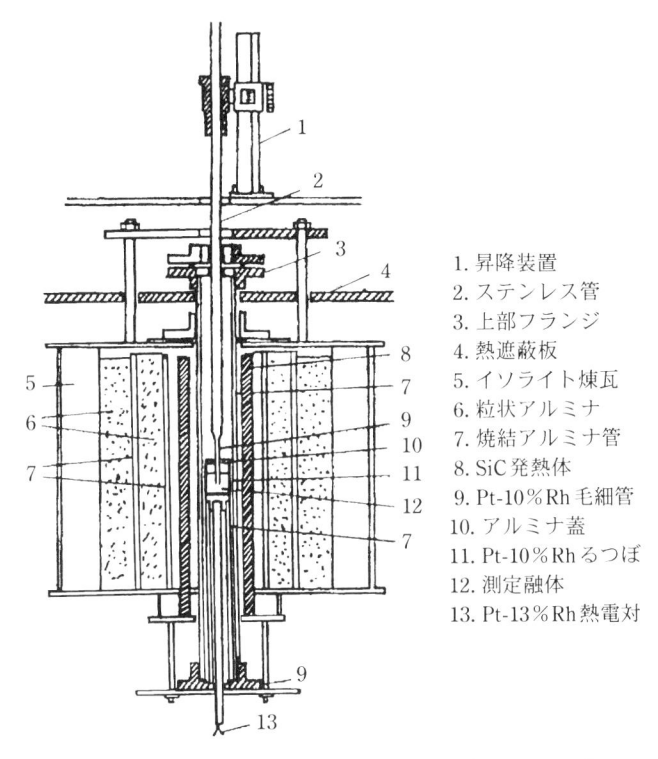

1. 昇降装置
2. ステンレス管
3. 上部フランジ
4. 熱遮蔽板
5. イソライト煉瓦
6. 粒状アルミナ
7. 焼結アルミナ管
8. SiC発熱体
9. Pt-10％Rh毛細管
10. アルミナ蓋
11. Pt-10％Rhるつぼ
12. 測定融体
13. Pt-13％Rh熱電対

図 6-18　最大泡圧法による表面張力測定装置（測定温度1550℃以下）

　図6-18には，1550℃以下で最大泡圧法による表面張力測定装置[18)〜20)]の例を示します．起泡用Arガスを送り込むために先端の白金毛細管とアルミナ製

のパイプとはガラス粉末を混ぜたセラミックス系接着剤にて接着されています．図6-19は融点が2000℃以上の融点を持つ溶融アルミナの表面張力測定に用いた装置[20) 21)]を示します．この場合，測定容器であるMoるつぼを高周波電流で直接加熱しますが，断熱のためにその外側にジルコニア粉末を充填し，また上部には熱反射板を設けています．

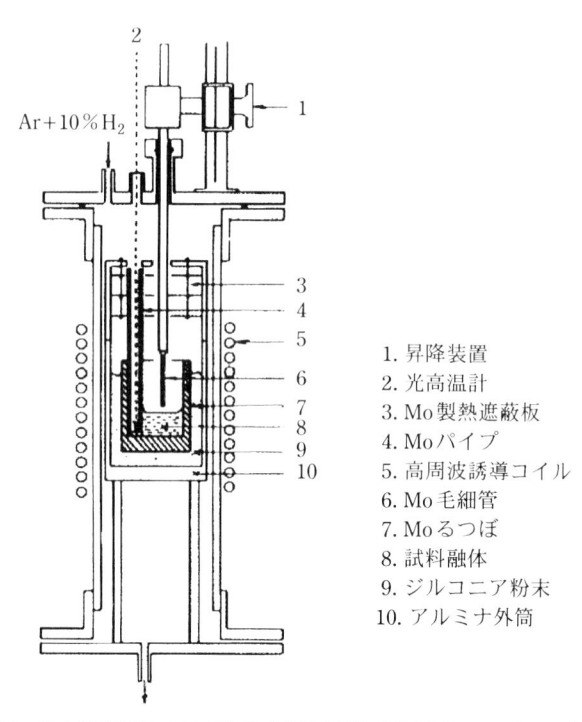

1. 昇降装置
2. 光高温計
3. Mo製熱遮蔽板
4. Moパイプ
5. 高周波誘導コイル
6. Mo毛細管
7. Moるつぼ
8. 試料融体
9. ジルコニア粉末
10. アルミナ外筒

図6-19 最大泡圧法による表面張力測定装置（測定温度2300℃以下）

## （4）懸滴（Pendant Drop）法および液滴重量（Drop Weight）法

水道の水が蛇口から少しずつ漏れ出る時，小滴となって成長し，ついには落下します．落下直前の液滴の形状から表面張力を求める方法が懸滴法で，落下した液体の重さからそれを求める方法が液滴重量法です．図6-20には，向井らにより溶融スラグの表面張力の測定に用いられた，懸滴法の装置の例[22)]を示しています．パイプ先端に成長した液滴は，重力の影響を受けて下方に伸びた

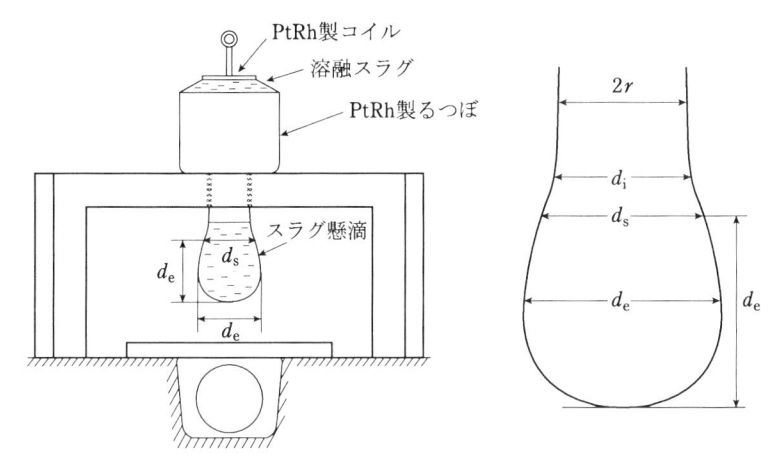

図6-20 懸滴法による表面張力測定[22]

球形となります．この形状は，Young-Laplaceの式から導かれる(6-24)式で与えられます．

$$\frac{2\gamma}{b} - \rho g z = \gamma \left(\frac{1}{R_1} + \frac{1}{R_2}\right) \quad (6\text{-}24)$$

ここで，$\rho$は液体の密度，$b$は先端 ($z=0$) における液滴の曲率半径，$R_1, R_2$はそこから$z$だけ上方における液滴面の直交する曲率半径を示しています．(6-24)式に適当な表面張力値$\gamma$を代入して計算された液滴の形状が，測定形状を満すまで繰返し計算をすれば表面張力は得られます．一方，Fordhamは，直径$d_i$を持つ円周部分に働く表面張力とそれより下の滴体積に働く重力釣り合いから表面張力を求める (6-25) 式を提案しています[23]．

$$\gamma = J \cdot g \rho d_e^2 \quad (6\text{-}25)$$

ここで，$J$は液滴の形状にかかわる補正係数で，$d_s/d_e$の比により図6-21のように変化します[23]．この方法の長所は，滴下のためのパイプの材料として，測定液体と濡れの良い材料が使えることで，静滴法では基板の選択が困難な溶融酸化物やフッ化物のような融体にも適用が可能です．棒状の金属を使い，先端を加熱溶融して液滴を作る方法で，他の材料と接触による汚染なしに表面張力を求めることもできます．高温で安定な測定用材料の選択が困難なタングステ

ン (W) やモリブデン (Mo) のような高融点金属の表面張力測定に, この方法は使われます.

一方, 液滴重量法では, 図6-22のように懸滴法のと同じ装置を用い, 吊り下がった液量が増して表面張力が支えきれなくなって分離し落下した後に, 液滴の重量mを測定し (6-26) 式で表面張力を求めます.

$$mg = 2\pi r\gamma \cdot F \qquad (6\text{-}26)$$

実際の液滴の分離過程では, 分離の前に表面張力が支えてきた液体の一部が分離せずに残ります. そこで, HawkinsとBrownにより導入された補正項$F$が, 計算に加わります[24].

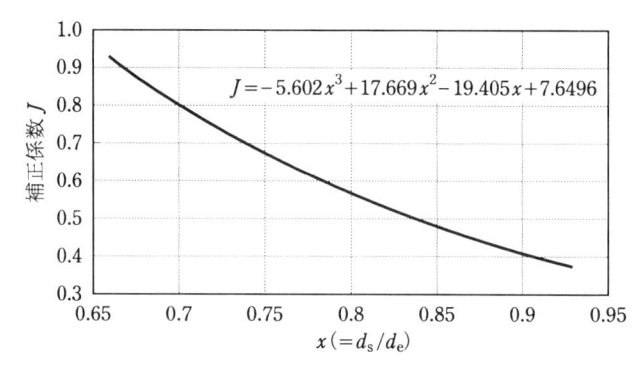

$$J = -5.602x^3 + 17.669x^2 - 19.405x + 7.6496$$

図6-21 懸滴法における液滴形状 $x\,(=d_s/d_e)$ に対する補正係数 $J$

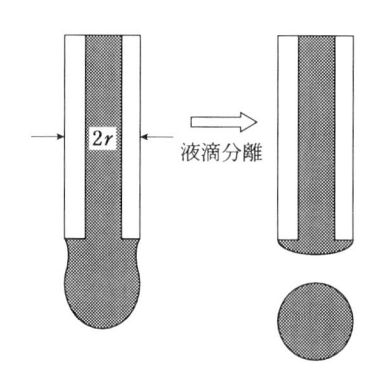

図6-22 液滴重量法の説明図

## (5) 円板，円筒または輪環（リング）引上げ法

よく濡れる材料でできた円板，円筒あるいは輪環を測定液体に浸漬し引き上げると，液体は表面張力に支えられて液面よりある高さに吊り上がります．これらの方法では，吊り上った液体が分離するさいに観察される最大の力から，表面張力 $\gamma$ を求めます．

図6-23は円筒（外径 $r_1$，内径 $r_2$）を液体に浸漬し引き上げて，吊り上がった液体が円筒より分離する直前の様子を示しています．持ち上げられた液体を支えている力は，円筒の内側と外側に働く表面張力です．力の釣り合いから(6-27)式，(6-27′)式が成り立ちます．

$$F = (2\pi r_1 + 2\pi r_2)\cdot \gamma + (\pi r_1^2 - \pi r_2^2)g\rho h \tag{6-27}$$

$$\gamma = \frac{F}{2\pi(r_1+r_2)} - \frac{r_1-r_2}{2}g\rho h \tag{6-27′}$$

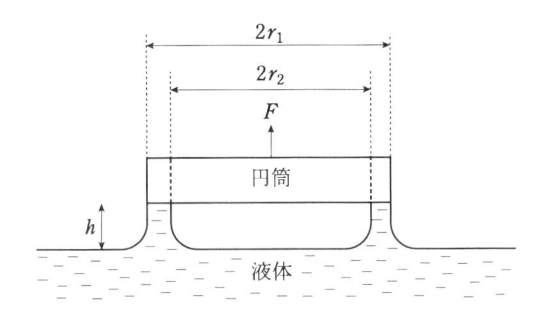

図6-23　円筒引上げ法による表面張力測定

(6-27′)式から求められる表面張力の値は，実際の値より若干異なる傾向があります．これは，円筒と液体の完全濡れ（接触角 $\theta=0°$）を仮定していること，円筒から分離直前で液体の形が円筒ではないことにあります．T. B. Kingは，表面張力既知の液体を用いて補正係数を定め，(6-27′)式に乗じて，溶融ガラスの表面張力を求めています[25]．

円板法では，図6-24のように円筒の代わりに半径 $R$ の円板を液体に浸漬し，吊り上げられた液体が引き離されるときに観察される最大力 $P$ を測定し，(6-28)式を利用して表面張力 $\gamma$ を求めます．

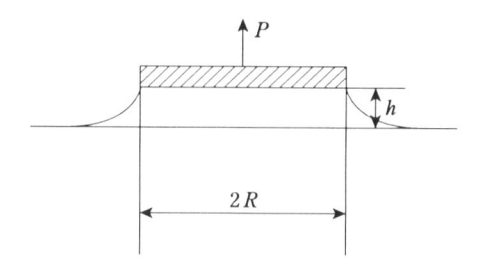

図 6-24 円板引上げ法の説明図

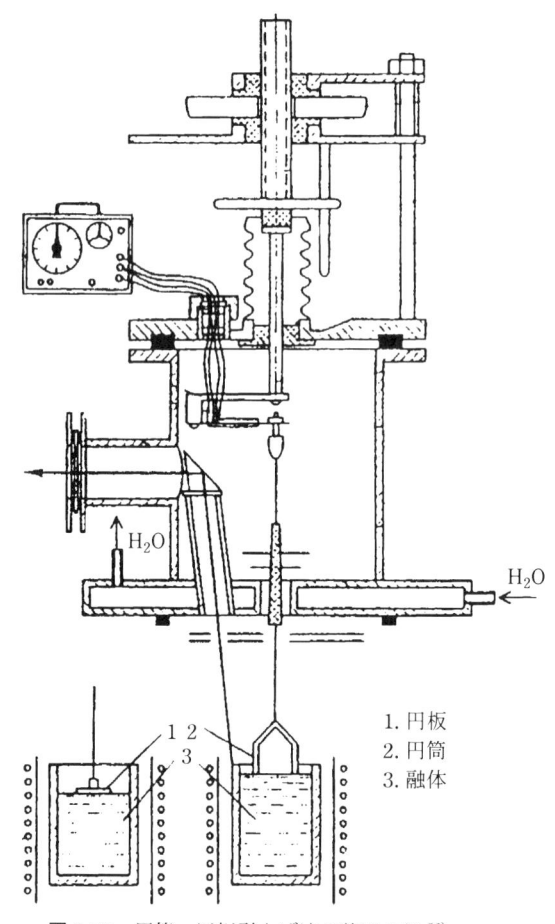

図 6-25 円筒・円板引上げ法の装置の例[26]

1. 円板
2. 円筒
3. 融体

$$\gamma = \frac{P^2}{4\pi^2 R^4 \rho g} \tag{6-28}$$

MaurakhとMitinは，図6-25の2550℃まで昇温可能な装置で，円筒および円板引上げ法による溶融アルミナの表面張力測定を行っています[26]．輪環（リング）引上げ法では，輪環（内径と外径の平均$R$，針金の半径$r$）が液体に浸漬され，持ち上げたときに吊り上った液体の分離するときに働く力$F$を測定します．針金の半径$r$が小さい場合，円筒引上げ法の(6-27′)式で$r_1=r_2=R$と置く(6-29)式が使用されます．実際の液滴の輪環分離過程は複雑であり，補正係数$f$を乗じた(6-29′)式で表面張力$\gamma$は計算されます．係数$f$は，輪環の半径$R$，液滴に体積$v$および針金の半径$r$の関数として式(6-30)の形で，Hawkinsらや Freudらにより与えられています[27)28]．

$$\gamma = \frac{P}{4\pi R} \tag{6-29}$$

$$\gamma = f \frac{P}{4\pi R} \tag{6-29′}$$

$$f = f\left(\frac{R^3}{v}, \frac{R}{r}\right) \tag{6-30}$$

## (6) Paddyのコーン引上げ法

円筒，輪環，円板引上げ法では，液滴分離の際の力を測定しますが，引き上げ速度や引上げの際のわずかな振動により測定値が影響を受けます．この点を改良したのがPaddyによるコーン引上げ法[29]です．コーン引上げ法では，図6-26に示すコーン角度$\phi$を持つコーンを測定液体に浸漬し，コーンに働く力を測定します．コーンに働く力$F$には，コーンとメニスカス界面に働く表面張力，コーンにより引き上げられた液体の重さ，およびコーンに働く浮力よりなっています．図6-27は，コーン角度30°の石英製のコーンを脱イオン水，およびエタノールに8〜10 mm深さに漬けた後，ゆっくり引き上げたときのコーンに働く力の変化[30]を示しています．コーンを沈めていく過程では，表面張力とコーン上に上昇した液体の重さによりコーンに働く力は増加します．だが，円錐型

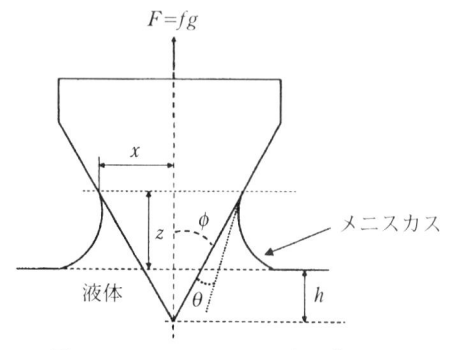

図6-26 Paddy のコーン引上げ法

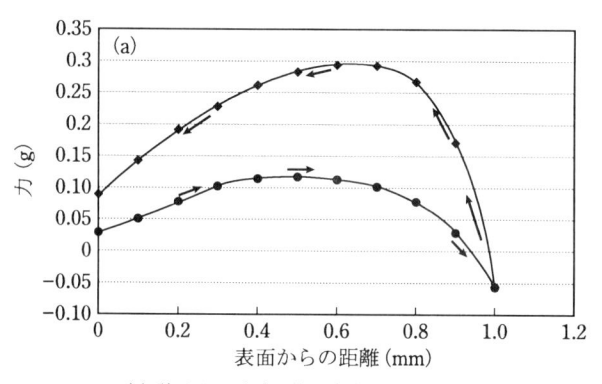

(a) 脱イオン水(石英30°) 表面張力:72.2 mN/m

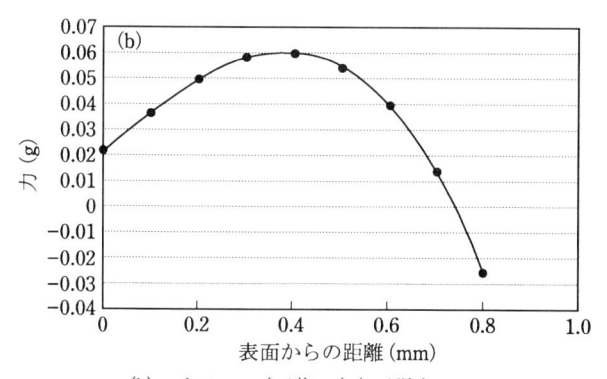

(b) エタノール(石英30°) 表面張力:22.4 mN/m

図6-27 液中に浸漬後降下・上昇したときにコーンに働く力の変化

コーンであるため,ある深さに達すると浮力の効果が増して,コーンに働く力は極大値を通って減少に転じます.コーンの引上げに転じると,同様な経過で極大値を持つ曲線が得られます.脱イオン水とエタノールについて得られる曲線には,コーンを沈める過程と引き上げる過程の曲線の挙動に大きな相違があります.エタノールでは両過程の曲線が完全に一致します.この相違は,コーン材料である石英と測定液体の濡れ性の違いにあります.この結果は,石英-エタノール系では完全濡れ(接触角$\theta=0°$)であり,石英-脱イオン水系では不完全な濡れ(接触角$\theta>0°$)であることを示しています.また,水の場合,前進接触角$\theta_A$>後退接触角$\theta_R$の関係があり,コーンを引上げる際に観察される最大力$F_{max.}$から求められる水の表面張力が$\gamma=72.2$ mN/mの値を取ることから,$\theta_R=0, \theta_A>0$であろうと推察されます.なお,エタノールについての曲線から得られる表面張力は22.4 mN/mです.Paddyのコーン法では,測定液体とコーン間の接触角$\theta=0$の場合,コーンに働く力の最大値$F_{max.}$の値から式(6-31)を使って表面張力$\gamma$を計算します.

$$\gamma = g\rho^{1/3}(F_{max.}/C)^{2/3} \qquad (6\text{-}31)$$

ここで,$C$はコーン角度$\phi$で決まる定数で,Paddyにより次のように与えられています[29].KiddとGaskellはPaddyのコーン法を用いて溶融スラグの表面張力を測定しています[31].

| コーン角度(°) | 5 | 10 | 15 | 20 | 30 | 45 | 60 | 90 |
|---|---|---|---|---|---|---|---|---|
| コーン定数$C$ | 2.270628 | 3.664734 | 3.870544 | 8.216649 | 14.92655 | 35.54834 | 97.57062 | $\infty$ |

### (7) 毛細管法

毛細管現象の項でお話したように,液体中に毛細管を立てると,液体と毛細管材料がよく濡れる場合,液体は毛細管を上昇しますが,濡れない場合(接触角$\theta>90°$),液体は逆に毛細管中を下降します.図6-28は,黒鉛ブロックに大小3個の孔を開け,炭素が溶け込まない銅のような金属の表面張力を測定した例を示します[32].この場合,容器内の金属の形状は,X線透過法で求めています.半径$r_1$の毛細管中で元の液面から降下した距離を$h_1$,半径$r_2$についてのそれを$h_2$とし,黒鉛と液体金属との接触角を$\theta$とすると(6-32)式が成り立ちます.

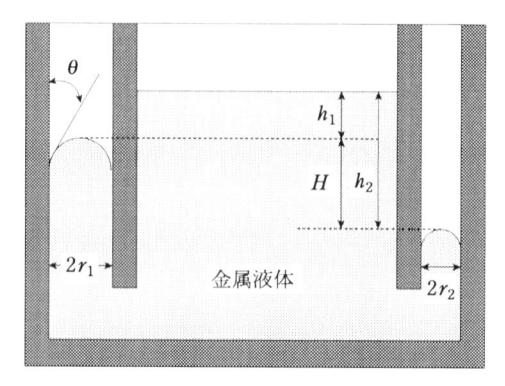

図 6-28　毛細管法による表面張力測定

$$\rho g h_1 + \frac{2\gamma \cos\theta}{r_1} = \rho g h_2 + \frac{2\gamma \cos\theta}{r_2} \tag{6-32}$$

$$\gamma = \frac{\rho g (h_1 - h_2)}{2\cos\theta} \times \frac{r_1 r_2}{r_2 - r_1} = \frac{\rho g H}{2\cos\theta} \times \frac{r_1 r_2}{r_2 - r_1} \tag{6-33}$$

そこで，(6-33) 式から表面張力 $\gamma$ を求めることになります．

## (8) レビテーション法

Rayleighは液滴の自然振動数が表面張力に関わるとして式 (6-34) を与えました[33]．質量 $m$ (g) 液滴試料を自由振動させ，その振動数 $\omega$ (Hz) を測定すると表面張力 $\gamma$ を求めることが可能となります．

$$\gamma = \left(\frac{3}{8}\right)\pi m \omega^2 \tag{6-34}$$

この式の導出には，液滴が球形に近い，液滴の液体の粘性が低く振動減衰効果が無視できる，液体は非圧縮性であるとの仮定があることから，金属液体の表面張力測定にもっぱら使われます．特に，高周波磁場による浮遊溶解技術の発展とともに使用されるようになりました．使われる高周波コイルの例を図6-29に示します[34]．高周波コイルは，液滴の磁気浮揚と共に誘導加熱にも使われるため，測定試料は金属に限られます．浮揚力の確保から投入する電力量が試料加熱にも使われるため，温度制御に限界があり，雰囲気ガスとして熱伝導の

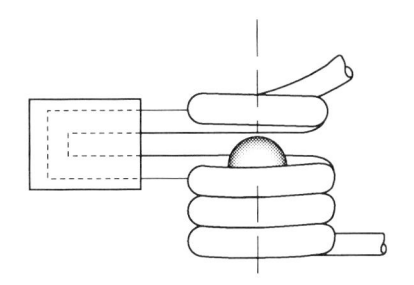

**図6-29** 表面張力測定用レビテーションコイルの例[34]

高いHeや高くないArおよびその混合ガスを使うことと合わせて,温度制御は行われます.

## 6-7 界面張力の測定方法

溶融金属-溶融スラグ(または溶融塩)間の界面張力の測定には,表面張力の測定に用いられた静滴法,毛細管法,懸滴法,滴重量法と共に新たな手法である浮遊レンズ法が利用されています.静滴法,毛細管法,懸滴法では,溶融スラグ中の金属形状を知ることが必要で,透光性の材料であるパイレックスや石英製の容器に入れられた溶融スラグ(または溶融塩)の中で,溶融金属試料の形状を撮影するか,透過X線によるシルエットの撮影が行われます.円筒形容器中にある金属滴の形状の光学的撮影は,その形状測定に問題があるため,毛細管法による高さの測定以外はほとんど行われません.図6-30には,透過X線を用いた静滴法の装置の例を示します[35].液滴の形状からYoung-Laplaceの式(6-13)と(6-14)式の液体の密度$\rho$を二相間の密度差$\Delta\rho$で置き換えた式で界面張力は計算されます.

$$\frac{1}{(\Delta\rho/b)}+\frac{\sin\phi}{(x/b)}=2+\frac{\beta z}{b} \tag{6-35}$$

$$\beta=\frac{g\Delta\rho b^2}{\gamma_{MS}} \tag{6-35′}$$

図6-31は液体金属と溶融塩系の界面張力の測定に毛細管法を適用した例で

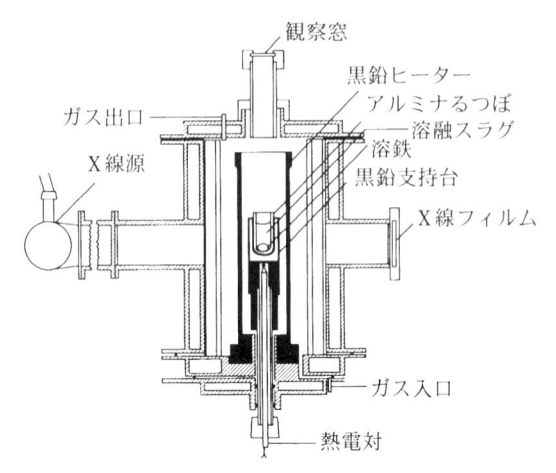

図 6-30　透過 X 線による表面張力測定装置[35]

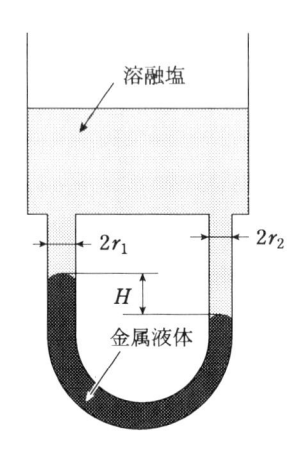

図 6-31　毛細管法による界面張力の測定

す．容器は，パイレックスや石英製で大小の毛細管中の液柱差 $H$ を光学的に測定します．毛細管法の表面張力についての (6-33) 式の密度 $\rho$ の代わりに，二相間の密度差 $\Delta\rho$ を入れた (6-36) 式で界面張力 $\gamma_{MS}$ を計算します．

$$\gamma_{MS} = \frac{(\rho_1 - \rho_2)gH}{2\cos\theta} \times \frac{r_1 r_2}{r_2 - r_1} = \frac{\Delta\rho gH}{2\cos\theta} \times \frac{r_1 r_2}{r_2 - r_1} \qquad (6\text{-}36)$$

## 6章　表面張力・界面張力・接触角

　図6-32のように金属液体の自由表面上に滴下された溶融スラグ小滴の形状から界面張力を測定する方法もよく使われています[36]．この場合，スラグ滴は，金属液体の表面をレンズ状に広がります．横からは接触角$\alpha$のみが観察されますが，スラグの表面張力$\gamma_S$，金属液体の表面張力$\gamma_M$と溶融スラグ－金属液体間の界面張力$\gamma_{MS}$間には，図6-33(a)のように(6-37)式の釣り合いが成立すると，界面張力$\gamma_{MS}$は(6-38)式を使って求めることができます．

$$\gamma_S \sin\alpha = \gamma_{MS} \sin\beta, \quad \gamma_M = \gamma_S \cos\alpha + \gamma_{MS} \cos\beta \tag{6-37}$$

$$\gamma_{MS}^2 = \gamma_M^2 + \gamma_S^2 - 2\gamma_M\gamma_S \cos\alpha \tag{6-38}$$

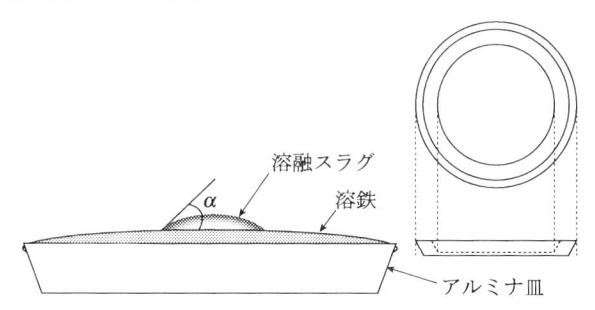

図6-32　浮遊レンズ法による界面張力の測定

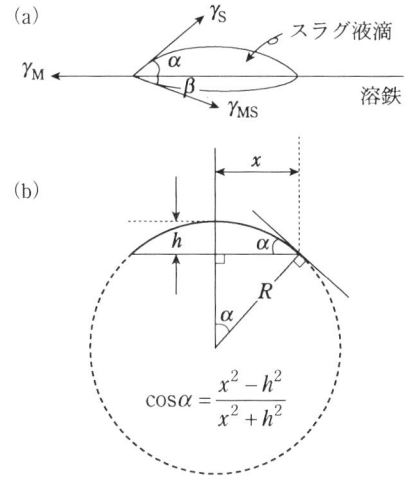

図6-33　浮遊レンズ法による界面張力の計算

液滴が球体の一部である（図6-33（b））と仮定すると，観察されるレンズ状の液滴の接触角 $\alpha$ は，レンズの幅（$2x$）と高さ（h）の値から（6-39）式を用いて容易に求めることができます．

$$\cos\alpha = \frac{x^2 - h^2}{x^2 + h^2} \tag{6-39}$$

この方法では，スラグの表面張力と金属液体の表面張力をあらかじめ知る必要があります．スラグの表面張力は測定条件（特に測定雰囲気）の影響は少ないので文献値の利用も可能です．測定雰囲気のわずかな違いにも敏感に影響を受ける液体金属の表面張力については，同じ雰囲気中において静滴法などで同時に決定することが望ましいのです．

## 6-8　界面張力測定の面白さ

二つの相A, Bの表面張力 $\gamma_A$, $\gamma_B$ から，A, B相間に働く界面張力 $\gamma_{AB}$ を予測することは，非常に困難ですが，各相内における結合様式が類似している組合せほど，界面張力は小さくなります．GirifalcoとGoodは $\gamma_{AB}$ と $\gamma_A$, $\gamma_B$ との間に（6-40）式の関係を導入しています[37]．

$$\gamma_{AB} = \gamma_A + \gamma_B - 2\Phi\sqrt{\gamma_A \gamma_B} \tag{6-40}$$

ここで $\Phi$ は0〜1間の値を取る二相間の相互作用に関する定数で，二相間の相互作用の大きい場合 $\Phi$ は1に近づき，相互作用の弱い組み合わせほど小さな値となります．

Fowkesは，「二相が接して界面を作る場合，二相の表面は同じ量の表面エネルギー（$\Delta\gamma$）を減少させる．その減少量は，それぞれの相で表面張力を構成する成分の中で，共通する結合エネルギー項の幾何平均である」と考えて（6-41）式を与えました[38]．

$$\gamma_{AB} = (\gamma_A - \Delta\gamma) + (\gamma_B - \Delta\gamma) = \gamma_A + \gamma_B - 2\Delta\gamma = \gamma_A + \gamma_B - 2\sqrt{\gamma_A \gamma_B} \tag{6-41}$$

このことは，結合エネルギーを構成する成分（分散力，分極性結合，水素結合など）が共通する場合にのみ，界面張力は元の表面張力の和より減少すること

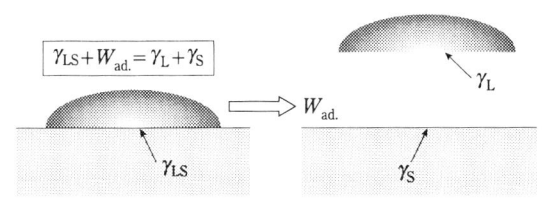

図6-34 付着の仕事

を意味しています．元の二相の表面張力の和（$\gamma_A+\gamma_B$）から生成された界面張力$\gamma_{AB}$を引いた値は，付着の仕事$W_{ad.}$と言い，図6-34に示すように二相が接する界面を元の二相に分離するのに必要な仕事（(6-42)式）と考えられています．

$$W_{ad.}=\gamma_L+\gamma_S-\gamma_{LS} \qquad (6\text{-}42)$$

この(6-42)式にYoungの式，$\gamma_S=\gamma_{SL}+\gamma_L\cos\theta$を代入すると(6-43)式が得られます．この式によって付着の仕事$W_{ad.}$は，表面張力既知の液滴を固体上に滴下して接触角$\theta$を測定すれば，求めることが可能な量となります．

$$W_{ad.}=(\gamma_A+\gamma_B)-\gamma_{AB}=\gamma_L(1+\cos\theta) \qquad (6\text{-}43)$$

接する二相の結合様式が同じ場合，界面張力$\gamma_{AB}=\left(\sqrt{\gamma_A}-\sqrt{\gamma_B}\right)^2$はGirifalcoとGood (6-40)式と一致し，最小の界面張力値を与えます．

　(6-41)式の成立を仮定して，高温の溶融金属－溶融スラグ系界面について考えて見ましょう．スラグ相の結合の100％イオン性を仮定し，その相と接する金属側界面がスラグ相の影響を受けてイオン性をどれだけ獲得したかを計算し，表6-3に示します．典型的な溶融スラグと接するAg, Cu, Ni, Feの金属側の界面は，純粋な金属結合より約25％イオン性を帯びていることを示しています．溶融酸化鉄と接する溶鉄との界面ではその程度は67％にまで達しています．これは，界面においてスラグ内の鉄イオンの存在（溶鉄中の酸素濃度）の影響が大きいことを示唆しています[39]．酸化鉄の溶解度の低いことで知られる$CaF_2$（フッ化カルシウム）と溶鉄界面では，酸化物との界面とは異なりその寄与が小さいことが分かります．このような挙動は，金属が酸化して酸化物を形成する界面やイオン溶液より金属が電析する界面のように金属結合とイオン結合との境界における電子分布と大きく関わっています．電気伝導度の項で

表6-3 溶融スラグと接する金属融体表面相のイオン性の割合

| 金属 | 金属の表面張力 $\gamma_m$(mN/m) | スラグの表面張力 $\gamma_s$(mN/m) | スラグ組成 (mass%) | 界面張力 $\gamma_{ms}$(mN/m) | 金属の表面張力へのイオン性の寄与 (mN/m) | イオン性の割合 (%) | 温度 (℃) |
|---|---|---|---|---|---|---|---|
| Ag | 680 | 580 | 45%CaO-50%Al$_2$O$_3$-5%MgO | 650 | 160 | 24 | 1550 |
| Cu | 1135 | 580 | 45%CaO-50%Al$_2$O$_3$-5%MgO | 900 | 286 | 25 | 1550 |
| Ni | 1500 | 580 | 45%CaO-50%Al$_2$O$_3$-5%MgO | 1105 | 410 | 27 | 1550 |
| Fe | 1600 | 490 | 40%CaO-40%SiO$_2$-20%Al$_2$O$_3$ | 1200 | 404 | 25 | 1550 |
| Fe | 900 | 600 | FeO | 300 | 600 | 67 | 1600 |
| Fe | 1690 | 290 | CaF$_2$ | 1515 | 187 | 11 | 1600 |

も触れますが，溶融アルカリ金属やアルカリ土類金属とそのハロゲン化物融体では，共通元素を含む組み合わせでは相互に完全溶解し合うことが知られています．Ca-CaF$_2$系やNa-NaF系融体はその例です．ここでは深くは触れませんが，金属－酸化物系においても界面という限定された空間では，金属結合とイオン結合とが共存する中間状態が存在できる可能性は充分です．

## 6-9 濡れ，付着の仕事の制御とその実用プロセスへの展開

液体の表面張力$\gamma_L$,固体の表面張力$\gamma_S$,および固体－液体間の界面張力$\gamma_{LS}$から付着の仕事$W_{ad.}$が求められることはすでに述べました．付着の仕事は，図6-34に示すように界面に仕事$W_{ad.}$を加えてもとの固体面と液体の表面に戻すために必要な仕事であり，界面の接着強さに関わると考えられています．また，Youngの式と組み合わせると液体の表面張力$\gamma_L$と接触角$\theta$から求めることができる値でもあります．

ここで，問題になるのは，接触角$\theta$の値です．図6-35には，Fe-Cu合金の黒鉛基板上の前進および後退接触角の測定手順とその時に撮影された接触角の変化の様子を示しています[40]．Step (1)では，ロート内で溶かした合金を黒鉛基板上に滴下した直後，Step (2), (3)では上部にある黒鉛板で液滴を抑えた前進接触角，Step (4)では上部黒鉛板を上昇させた時の後退接触角を示していま

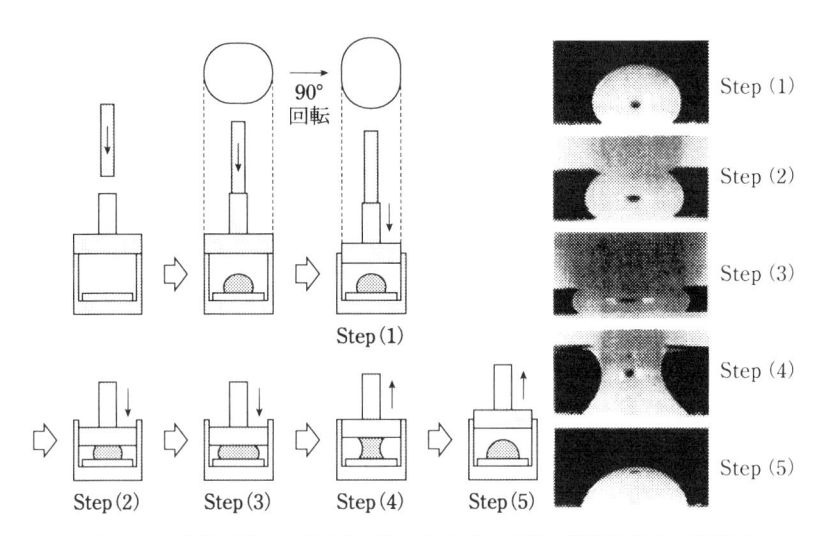

6章 表面張力・界面張力・接触角 　*157*

図6-35　黒鉛基板上の炭素飽和鉄-銅合金の前進・後退接触角の測定法

す．上部黒鉛板を更に上昇させると液体は上下に分離し，液体試料と黒鉛基板間の平衡状態の接触角（平衡接触角）が求められます．この値を用いて(6-43)式で求められた付着の仕事$W_{ad,}$のCu濃度による変化を図6-36は示しています．Cu濃度が増すと合金中の炭素飽和溶解度が減少し，純Cuに対する炭素の溶解度は著しく小さくなります．付着の仕事の減少は合金液体中の炭素溶解度と関

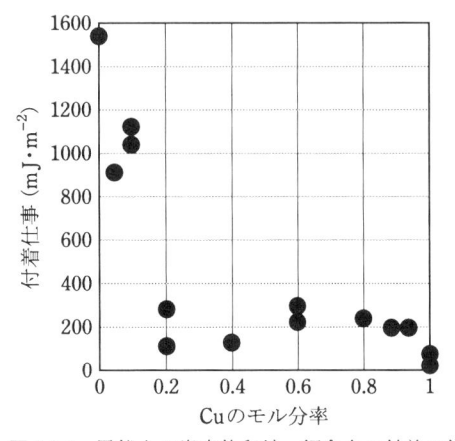

図6-36　黒鉛上の炭素飽和鉄-銅合金の付着の仕事

わることが分かります．このような研究から，相互に固溶度を持たない接合が困難な材料でも，両相に溶ける第3元素を添加することで付着の強さが増し，接合が可能になることが分かります．

固体基板上の液体の示す接触角 $\theta$ は，固体基板の持つ表面自由エネルギー（表面張力）$\gamma_S$，液体の表面張力 $\gamma_L$ および固体・液体間の界面張力 $\gamma_{SL}$ の釣合いを示すYoung式 (6-9)，$\gamma_S = \gamma_{SL} + \gamma_L \cos\theta$ が成り立つことは以前にお話しました．この式を利用して，固体基板の表面に起こる変化を追跡した例[41]を示します．

図6-37は，ダイヤモンド (110) 面上に置かれた液体錫 (Sn) の接触角 $\theta$ の変化を水素雰囲気中で加熱昇温過程で観察した結果です[41]．ダイヤモンドは，高い表面自由エネルギー（表面張力）をもっていますので，外界にある原子や分子を表面にある結合手（ダングリング・ボンドと言います）に吸着してエネルギーを低下させています．これに対して，黒鉛は2次元シート状に広がった炭素同士の結合は非常に強いのですが，シートとシートの間の結合力が弱く，その面の表面自由エネルギーもダイヤモンドに比べて小さな値です．そこで，水素中に置かれた，水素原子を吸着したダイヤモンドの表面エネルギー $\gamma_S$ は低

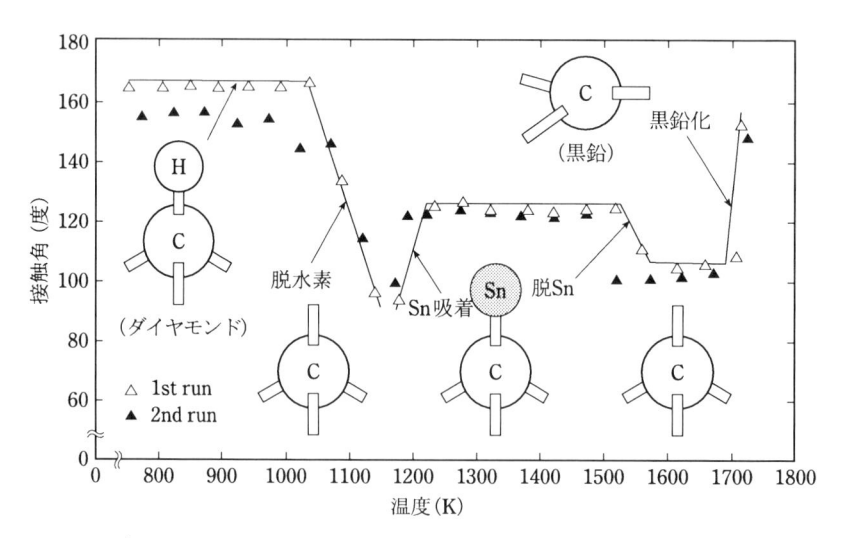

図6-37 ダイヤモンド (110) 面上に置かれた溶融Sn小滴の昇温過程での接触角の変化（雰囲気：$H_2$ ガス，1気圧）

く，液体Snとの接触角$\theta$は約160°と大きな値です．温度が1000 Kに達すると接触角は突然減少し始めますが，1150 Kでは再度僅かに増加します．この変化は，脱水素により自由になったダングリング・ボンドに，温度上昇に伴ってSn液滴より，発生する量を増したSnの蒸気が吸着したことに対応します．1500 Kでは，再度，脱Snが起こり，1700 Kを越すと黒鉛化による表面自由エネルギーの減少が，接触角を増加させます．このように，固体ダイヤモンドの表面状態の変化に伴う表面自由エネルギーの変化を，接触角の変化が教えてくれます．

もう一つの応用例を示しましょう．接着とは接着面を接着剤でよく濡らして後，接着するものを押し付け接着剤が固化すれば完成と話しました．ある種のプラスチック材料は，その表面自由エネルギー（表面張力）が低く，それに対応できる表面張力の低い接着剤が限られています．Youngの式は，固体の表面エネルギー$\gamma_S$が高いものほど，接触角$\theta$が小さくなることを示しています．そこで，プラスチックの表面張力の高める方法を考えれば良いことになります．その方法として，Ar-$O_2$混合ガスを用いた大気圧プラズマ（グロー放電）により表面処理を行います．アクリル板を処理すると，図6-38のように水（表面張力：72 mN/m）やグリセリン（表面張力：64 mN/m）が板を濡らすように成ります．Dan[42]や北崎と畑[43]らは，液体と基板材料との濡れ性の測定から，前節でお話をしたFowkesの考え方を拡張して，基板材料の表面張力と表面張力を構成する成分を推定しています．図6-39には，プラスチック板の表面を大気圧プラ

図6-38　大気圧プラズマ処理によるアクリル板上の液滴の濡れ性変化

ズマ処理し,その方法を適用して,処理前後での表面張力の変化を調べた結果を示します[44]．このように,（アルゴン＋酸素）混合ガスを用いた大気圧プラズマ処理は,プラスチック板の表面張力を構成する成分の中で非分散力（分極性）成分の増加に寄与し,表面張力を増大させたことが分かります．固体基板の表面張力の増加は,付着の仕事（(6-42)式）の増加を期待させます．図6-40には,アクリル板をエポキシ系接着剤を用いて接着した場合の接着強度を引張せん断試験で調べた結果です．未処理の接着強度1 MPaから,大気圧プラズマ処理によって5.2〜5.5 MPaと5倍以上も向上することを示しています[45]．

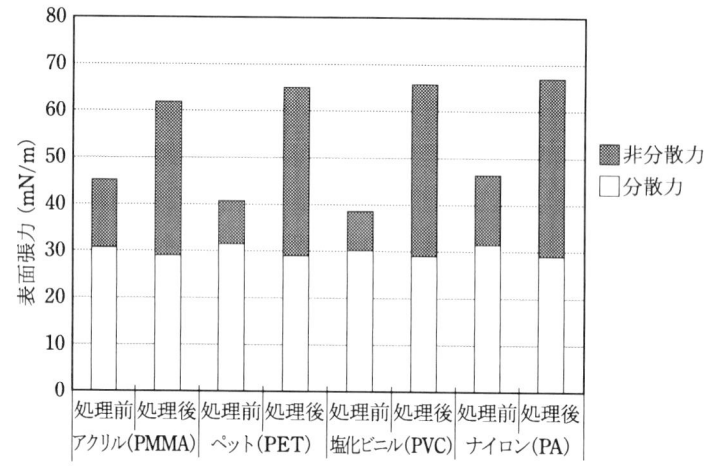

図6-39 大気圧プラズマ処理によるプラスチック板の表面張力の変化

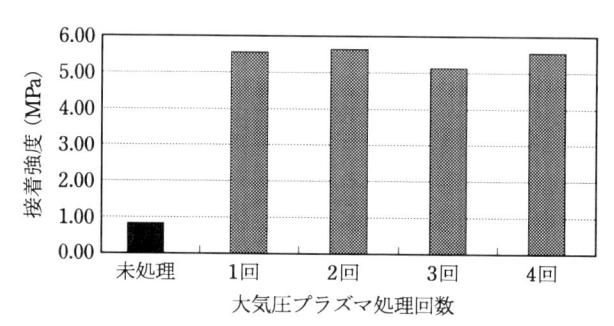

図6-40 大気圧プラズマ処理によるアクリル板の引張せん断試験による接着強度の変化（アクリル母材：引張強度45 MPa, 接着剤：エポキシ系2液混合型）

## 6-10 高温融体の表面張力，界面張力の予測

現在,熱力学データベースを利用して高温融体の持つ様々な性質の予測が行われています．まず取り上げられたのは，融体内部の性質である粘性でしたが，現在では表面性質である表面張力の推算が行われています[46]．問題となるのは,表面層における熱力学関数を内部の熱力学関数とどのように関連付けるかにあります．合金液体の表面張力[47)48]については，配位数の相違を考慮することで予測可能です．また，混合溶融塩のようなイオン性液体[49〜51]については,内部と表面原子の配位数の相違と共に電荷を持つイオン特有の表面緩和の効果を考慮して，成功を収めています．金属に対して表面活性である，酸素(O)，硫黄(S)，セレン(Se)，テルル(Te)などを含む系の表面張力や金属－イオン性液体の界面張力の予測に関しては，界面に対するモデルの構築[52)53]が進行中で，正確な測定データの蓄積と今後の新たな展開が望まれる分野です．

## 6-11 おわりに

本章を記述するにあたり，荻野和己博士の大著「高温界面化学」[54]を再読して，その素晴らしさを再認識することになりました．博士は，この大著で表面・界面に関してその実験方法の詳細から，理論，多くのデータ，更に進んでは実用プロセスへの利用まで,精緻に述べられており,これから高温の界面現象を取り扱いたい人々には最善の指導書です．本章が,屋上屋を架すことになるのではないかと恐れます．そこで，著者は，表面や界面に関わる現象は高温プロセスばかりではなく，身近にたくさんあり，比較的簡単な方法で学問的にも実用的にも価値のある情報が得られる自然界の界面現象についても,具体的に示すことに心がけました．

固体の表面に関する理解は，1990年代の走査型プローブ顕微鏡による研究の展開とともに飛躍的に発展し，現在のナノテクノロジーの基盤となっています．これに対して，液体の表面，特に高温液体の表面に対する理解は，測定手

法が限られていることと,その精度に限界があることなどから未だ発展途上にあります.本章を通じて読者が表面・界面に関心を持つ一助となること期待し,また,液体表面界面の科学の新たな展開を願って本章を閉じたいと思います.

(原 茂太,田中 敏宏)

**参考文献**
1) 小野周:表面張力,共立出版,(1980)
2) 井本稔:表面張力の理解のために,高分子刊行会,(1993)
3) ドゥジェンヌ,プロシャール-ヴィアール,ケレ著(奥村剛訳):表面張力の物理学,吉岡書店(2003)
4) J. R. Sambles: *Proc. Roy. Soc. Lond.* **A324** (1971), 339-351
5) T. Tanaka, S. Hara: *Z. Metalkd.* **92** (2001), 467-472
6) 山本雄一:「シャボン玉膜の強度に及ぼすグリセリンの添加の効果」福井工業大学(機械工学科)卒業論文,(2005)
7) S. Hara, T. Araki and K. Ogino: Proc. 2nd Intern. Symp. on Metallurgical Slags and Fluxes,Met So. AIME (1984), pp.445-451
8) S. Hara, H. Yamamoto, S. Tateishi, D. R. Gaskell and K. Ogino: *Mat. Trans. JIM*, **32** (1991), pp.829-836
9) 田中敏宏,原茂太:【手作り実験室溶融スラグ編-7】(3)表面張力,(4)濡れ性,金属,**69** (1999), pp.629-636, 805-812
10) T. Tanaka, M. Nakamoto, R. Oguni, J. Lee and S. Hara: *Z. Metallkd.*, **95** (2004), pp.818-822
11) F. Bashforth and J. C. Adams: An Attempt to Test the Theory of Capillary Action, Cambridge University Press (1883)
12) 泰松斉:「酸素を含む溶融金属と固体酸化物間のぬれ及び反応性に関する研究」(大阪大学博士論文),(1987)
13) 加藤誠,垣見英信:材料とプロセス **2** (1989), p.143
14) A. S. Krylov, A. V. Vvedensky, A. M. Katsnelson and A. E. Tugovikov: J. Non-Crys. Solid, 156-1158 (1993), pp.845-848
15) 向井楠宏,石川友美:日本金属学会誌,**45** (1981), pp.147-154
16) G. Schrödinger: *Annalen der Physik*, **46** (1915), pp.413
17) Y. S. Toulokian, R. K. Kirby, R. E. Taylor and P. D. Dessai: Thermophysical Properties of Matter, the TPRC data series, vol.**12** (1975) p.208, p.254 (IFI/Plenum) New York-Washington

18) 川合保治, 岸本誠, 鶴博彦：日本金属学会誌, **37** (1973), pp.668-672
19) S. Hara and K. Ogino: *ISIJ Intern.* **29** (1989), pp.477-485
20) N. Ikemiya, J. Umemoto, S. Hara and K. Ogino: *ISIJ Intern.* **33** (1993), pp.156-165
21) 原茂太, 池宮範人, 荻野和己：鉄と鋼, **76** (1990), pp.2144-2151
22) 向井楠宏, 石川友美：日本金属学会誌, **45** (1981), pp.147-154
23) S. Fordham: Proc. Roy. Soc., **194A** (1948), p.1
24) W. D. Hawkins and F. E. Brown: *J. Am. Chem. Soc.* **41** (1919), pp.499-524
25) T. B. King: *J. Soc. Glass Tech.*, **35** (1951), pp.241-259
26) M. A. Maurakh and B. S. Mitin：高融点溶融酸化物（ロシア語），(1979)冶金出版, モスクワ
27) W. D. Hawkins and H. F. Jordan: *J. Amer. Chem. Soc.*, **52** (1930), pp.1751-1771
28) B. B. Freud and H. Z. Freud: *J. Amer. Chem. Soc.*, **52** (1930), pp.17522-1782
29) J. F. Paddy: *J.C.S. Faraday Trans.*, I **75** (1979), pp.2827-2838
30) 深石健吾：「水酸基を含む2元系混合液体のPaddyコーン法による表面張力の測定」福井工業大学（機械工学科）卒業論文, (2009)
31) M. Kidd and D. R. Gaskell: *Metal. Trans.*, **178** (1985), pp.771-776
32) 荻野和己, 西脇醇, 原茂太：大阪冶金会誌, **12** (1978), pp.110-118
33) L. Rayleigh: *Proc. Roy. Soc. London*, **29** (1979), pp.72-97
34) K. Nogi et al.: *Jpn. J. Appl. Phy.* **35** (1996) pp.L1714
35) 荻野和己, 原茂太, 三輪隆, 木本辰二：鉄と鋼, **65** (1979), pp.2012-2021
36) 荻野和己, 原茂太, 足立彰, 桑田寛：鉄と鋼, **59** (1973), pp.28-32
37) L. A. Girifalco and R. J. Good: *J. Phys. Chem.*, **61** (1957), pp.904-909
38) F. M. Fowkes: *Ind. Eng. Chem.*, **56** (1964), pp.40-52
39) 荻野和己, 原茂太, 足立彰, 桑田寛：鉄と鋼, **59** (1973), pp.28-32
40) 田中敏宏, 原茂太, 岡本雅司：鉄と鋼, **84** (1998), pp.25-30
41) K. Nogi, M. Nishikawa, H. Fujii and S. Hara: *Acta mater.* **46** (1998) pp.2305-2311
42) J. R. Dan: *J. Collid. Interface Sci.*, **32** (1970) p.302
43) 北崎寧昭, 畑敏雄：日本接着協会誌, **8** (1972), pp.131-141
44) 原茂太, 茶本政直, 吉田康平：福井工業大学研究紀要, (2008), No.38 pp.107-112
45) 宮澤祐輝：「アクリル板の大気圧プラズマ処理による表面改質と接着性に対する効果」, 福井工業大学（機械工学科）, 卒業論文, (2008)
46) T. Tanaka, K. Hack and S. Hara: *MRS Bulletin* **24** (1999) pp.45-56
47) T. Tanaka, K. Hack, T. Iida and S. Hara: *Z. Metallkd.* **87** (1996) pp.380-389
48) T. Tanaka, K. Hack and S. Hara: *Calphad* **24** (2000) pp.465-474
49) T. Tanaka, S. Hara, M. Ogawa, T. Ueda: *Z. Metallkd.*, **89** (1998), pp368-374
50) T. Tanaka and S. Hara: *Electrochemistry* **57** (1999), pp.573-580

51) T. Ueda, T. Tanaka and S. Hara: *Z. Metallkd.*, **90** (1999) pp.342-347
52) T. Tanaka and S. Hara: *Z. Metallkd.*, **90** (1999) pp.348-354
53) T. Tanaka and S. Hara: *Steel Research* **72** (2001) pp.439-445
54) 荻野和己：高温界面化学 上・下, (2008), アグネ技術センター

# トランスポート・スクエア：
## 拡散は流れの母 – 輸送現象のはなし

　容器に入った水にインクを垂らしてみましょう．始めはインクの落ちた場所だけが染まっていますが，時間が経つにつれてその周りが色づき，やがて全体が一様な色に染まるでしょう．溶質であるインクが水の中を拡散して一様な濃度の溶液となったことを示しています．この様な変化，つまり系の一部分の変化が全体に及んで，やがて全体が平衡な状態に近づくという現象は自然界のあらゆるところで見出されます．ここに挙げた例は濃度の拡散ですが，同様な現象は流れの速度を減少させようとする運動量の拡散（粘性抵抗），温度差を解消しようとする熱の拡散（伝導），電気量を運ぶ電気伝導の現象（電気量の拡散），あるいは電場の中での誘電体の配向など，色々な場面でお目にかかれる現象で，一般に輸送現象と呼ばれています．平衡からのズレが小さいときには平衡状態に戻ろうとする流れの大きさはズレを起こした駆動力に比例すると考えられます．事実，それぞれの現象について経験的な比例法則が知られています．代表的な法則を表TS-1に示しました．この本では粘性流動のNewtonの法則，拡散のFickの法則，熱伝導のFourierの法則，電気伝導のOhmの法則の4つの輸送現象について，その測定法を扱っています．個々の場合はそれぞれの章で扱っておりますが，ここでは共通した事柄，とくに複数の輸送過程が同時に起きた場合，それら個々の過程の間で起こる相互の干渉現象についてOnsagerの取り扱いを纏めて説明しましょう．

　表TS-1にこの本で取り上げた4つの輸送現象の経験法則とその単位を示しました．それぞれの法則については以下の各章でまた詳しく述べられることでしょう．ここではお互いの法則を比較することに重点を置きます．

　粘性流動は運動量の流れと言われます．管の中を流れる層流は管との接触面でその流速はゼロで，運動量もゼロです，管の表面から法線方向（$z$方向）に流れの速度勾配（$dv/dz$）があり，流れの中の位置に対応して速度，つまり運動量を持つことになり，流体内部から管壁へと運動量が流れたことになります．表TS-2の粘性流

表TS-1　輸送現象の線形法則と単位系

| 現象 | 線形法則 | 流れ量 | 定数 | 駆動力 | 法則名 |
|---|---|---|---|---|---|
| 粘性流動 | $f = \eta\,(dv/dz)$ | N | Pa·s | (m/s)/m | Newtonの粘性法則 |
| 拡散 | $J = -D\,(dc/dx)$ | (mol/m$^3$)/m$^2$·s | m$^2$/s | (mol/m$^3$)/m | Fickの第1法則 |
| 熱伝導 | $Q = -\kappa\,(dT/dx)$ | W/m$^2$ | W/m·K | K/m | Fourierの法則 |
| 電気伝導 | $I = \sigma\,(d\phi/dx)$ | Q/m$^2$·s | S/m | V/m | Ohmの法則 |

動の式はこのことを意識して書き換えました．なお$\rho v$は密度と速さの積，質量流れの速さであります．

拡散の場合は物質量の流れで，ある位置での濃度の時間変化はFickの第2法則で与えられます．流れの中で物質の湧き口が無いときには表TS-2の様に書けます．熱伝導は温度差を駆動力として温度差を解消する方向に熱量が流れます．ある位置での温度変化は表TS-2の式で与えられます．

ここで注意したいことは，表TS-2に示されている動粘度係数，拡散定数，熱拡散率はどれも$m^2/s$の次元を持っていることで，これを利用して次の様に無次元数を定義できます．

  *Schmidt*数 $Sc=\nu/D=\eta/\rho \cdot D$ ：運動量と拡散
  *Lewis*数 $Le=\alpha/D=\kappa/c_p \cdot \rho \cdot D$ ：熱流と拡散
  *Prandtl*数 $Pr=\nu/\alpha=c_p \cdot \eta/D$ ：運動量と熱流

これらの比の値は次元解析に使われ，同時に起っている2つの輸送現象，たとえば流れがある所での拡散を特性化する時にはシュミット数で，あるいは流れの場での熱伝達にはプランドル数でという様に用いられます．つまりこの比の値が等しい時には数値の大きさにかかわらず現象は相似であると言え，スケールアップやスケールダウンの時に使えます．

以上の3つの輸送現象は分子間力が関与する現象であって，変化の速度（流れ速度）が遅いという性質，つまりプロセスの時定数が大きいという性質があります．したがって，これらの現象では速い速度で繰り返される駆動力の変化には追いつけません．言い換えれば，現象は直流的であると言えます．それに反し，電気伝導は一般に駆動力の変化に対する追従速度が速く，時定数が短く交流的であります．これは電荷のキャリアーの移動速度が大きいことを意味していません．例えば金属中の電子の移動速度はたかだか数10 mm/s程度でありますが，その数密度が大きいため伝導速度は大きくなります．イオン溶液の場合はイオンの移動速度は電位勾配に比例して大きくなりますが，拡散速度とそう大きく違わないでしょう．一般に，流れを引き起こす粒子の並進の自由度が流れに寄与している時には

表TS-2 輸送定数

| 輸送現象 | 輸送方程式 | 輸送定数 | 備考 |
| --- | --- | --- | --- |
| 粘性流動 | $d(mv)/dt=\nu\{d(\rho v)/dz\}$ | $\nu=[m^2/s]$ | $\nu=\eta/\rho$：動粘性係数，$\rho$：密度 |
| 拡散 | $dc/dt=D(d^2c/dx^2)$ | $D=[m^2/s]$ | Fickの第2法則 |
| 熱伝導 | $dT/dt=(\kappa/c_p \cdot \rho)(d^2T/dx^2)$ | $\alpha=[m^2/s]$ | $\alpha=\kappa/c_p \cdot \rho$：熱拡散率，$C_p$：比熱 |
| 電気伝導 | $dQ/dt=\sigma(d\phi/dx)$ | $\sigma=[S/m]$ | $Q$：電荷，$\sigma$：導電率，$\phi$：電位 |

駆動力の流れに対する応答が遅く，粒子の内部自由度，たとえば回転や振動などが寄与する場合には応答が早くなります．粘性流動や拡散は前者の例であり，誘電体の配向や電磁波の吸収など，いわゆる内部緩和現象は後者の例であります．熱伝導は格子振動を通して伝わりますが，分子の振動を1つずつ活性化して伝わるために遅くなります．これと反対に，電気伝導は電荷キャリアーが直接移動する訳ではなく，一方の電極で電荷が注入されると，他方の電極から電荷が溢れ出て電流が流れます．したがってキャリアーの並進の自由度が直接関与しているわけではなく，時定数の短い原因はそこにあります．このように輸送あるいは緩和の機構が異なるため，電気伝導をさきに挙げた直流的輸送現象と同列に論じることは困難です．なお，時定数の小さい輸送現象では交流的駆動力に対し，現象方程式を複素表示するのが便利であります．流れに対するコンダクタンスは，周期変動に依存しない流れそのものに対する抵抗は実数部分に，駆動力の周期変動に対する抵抗部分は虚数部分に現れます．複素平面上に流れと駆動力，そして変動周期（角速度）の相関をプロットするのが普通です．また，ここでは融体を念頭に置いているので等方性を前提としていますが，固体を含む一般の場合，流れおよび駆動力はベクトル表示となることを注意しておきます（表TS-3）．

　さて，ここで取り挙げた輸送現象－広義の拡散現象では，プロセスに加えられた駆動力を解消する方向に変化が自発的に起きるということが特徴です．言い換えると，駆動力によって系に為された仕事を熱として散逸するプロセスであります．つまり系のエントロピーを増加させるという共通の性質があるわけです．この点に注目するとこれらの現象の統一的記述が可能となります．

　Onsager（1931）は種々の輸送現象の間の関係－相反定理－を熱平衡での揺らぎの可逆性から導きました．例えば拡散と熱伝導が同時に起きる場合，平衡状態の近傍では流れと駆動力の間に線形の関係が（経験法則と同様に）成立するとして，次式を与えました：

$$\mathbf{J}_1 = L_{11}\mathbf{X}_1 + L_{12}\mathbf{X}_2$$
$$\mathbf{J}_2 = L_{21}\mathbf{X}_1 + L_{22}\mathbf{X}_2 \tag{TS-1}$$

ここで，$\mathbf{J}_1, \mathbf{J}_2$ は溶質流れと熱流，$\mathbf{X}_1, \mathbf{X}_2$ は濃度勾配（化学ポテンシャル勾配）と温度勾配，$L_{11}$ は拡散係数，$L_{22}$ は熱伝導率です．$L_{12}$ および $L_{21}$ はプロセスの干渉係数で $L_{12}$ は温度勾配によって引き起こされる物質流れ，$L_{21}$ は濃度勾配によって起きる熱の流れを示します．Onsagerはプロセスの対称性から $L_{12}=L_{21}$ を導き相反関係，reciprocal relationと名付けました．

　一般には，

$$J_i = \sum_k L_{ik} \cdot X_{ik}$$
$$L_{ik} = L_{ki} \tag{TS-2}$$

ところで，現実にこの式を使おうとして，表TS-1に示した関係式を (TS-1) 式に放り込んだだけでは，ディメンション，端的には単位系が揃いません．例えば $L_{11}X_1$ と $L_{12}X_2$ の単位が揃わなければ足し算ができないし，もちろん相反関係も成り立ちません．

個々のプロセスを勝手な尺度で測ったのでは全体の単位系を満足することはできません．そこで，共通の尺度としてエントロピーの生成を使うことになります．それぞれのプロセスが進行するときに生成するエントロピーの単位体積当たり，単位時間当たりの増加量をエントロピー生成速度 $\sigma$ とすると，温度 $T$ K で系に為された仕事は流れと駆動力の積で与えられます．

$$T\sigma = \sum_i J_i X_i \tag{TS-3}$$

従って，(TS-3) 式を満たすように $J_i, X_i$ を選べば共通の尺度で輸送現象を記述する方程式が得られることになります．

詳細な導出は成書[1)2)]に譲り，ここでは結果だけ表TS-3に与えます．なお，我々が融体の電気伝導として取り扱う場合をイオン性溶液に限れば，電気伝導と拡散の混合輸送として取り扱うことになり表TS-3の最後に挙げた4)-c)の式において，電気的中性の束縛条件を除き，拡散と温度の駆動力をゼロとすれば良いことになります．

**表TS-3** エントロピー生成，$T\sigma$ を与える流れ **J** と共役な駆動力 **X**

| | | |
|---|---|---|
| 1) 化学反応 | $J = d\mu\xi/Vdt$ | 体積当たりの反応速度，ξは反応進行度 |
| | $X = A = -\sum_i \nu_i \mu_i$ | 化学親和力 (chemical affinity) |
| 2) 電気伝導 | $J = i$ | 電流密度 |
| | $X = -\mathrm{grad}\,\phi$ | 電位勾配 |
| 3) エネルギー流れ | $J = W$ | 単位面積，単位時間当たりのエネルギー流れ 拡散の無いときは熱量に等しい |
| | $X = T\,\mathrm{grad}(1/T) = -\mathrm{grad}\,T/T$ | |
| 4) 拡散 | | |
| a) | $J_i$ | i種の単位面積，単位時間当たりの流れ量 |
| | $X_i = T\,\mathrm{grad}(\mu_i/T) = -(\mathrm{grad}\,\mu_i - \mu_i\,\mathrm{grad}\,T/T)$ | |
| b) 等条件下で | $X_i = -\mathrm{grad}\,\mu_i$ | |
| c) イオン性溶液で | $X_i = -(\mathrm{grad}\,\mu_i - \mu_i\,\mathrm{grad}\,T/T + e_i\,\mathrm{grad}\,\phi)$ | |
| ただし | $\Sigma M_i J_i = 0$ | $e_i$ はモル当たりの電荷，$\phi$ は電位，$M$ は分子量 |

**参考文献**

1) K. G. Denbigh: The thermodynamics of the steady state, Methuen & Co. LTD. (1958), London.
2) I. Prigogine: Introduction to Thermodynamics of Irreversible Processes, Charles C. Thomas Publisher, (1955), Springfield, Illinois, U.S.A.

(白石 裕)

# 7章への プロムナード

　フレデリック・ショパン（1810〜1849）の生誕200年ということでピアノ作品全曲集のCDを購入しました．お目当ては24の前奏曲です．バッハの平均律クラヴィア曲集以来，平均律は作曲者の注目の的になっていましたが，ショパンの24の前奏曲でほぼ止めを刺した様です．この前奏曲の中で特に有名なのは15番，変ニ長調の「雨だれ」でしょう．ショパンがマジョルカ島での療養中，雨降りの中，作曲したと伝えられております．曲中，オスティナートの音型で8分音符の属音が連叩され，これが「雨だれ」に見立てられるのはご承知の通りです．

　屋根に降った雨はまず屋根に溜まります．そして屋根全面が濡れるだけの量を超えると屋根の傾斜に従って流れ出し，軒で雨滴を作り屋根から落ちます．これが雨だれです．雨が降ってから雨だれとなるまでのプロセスをみて見ると，屋根の雨水に働く重力によって雨水が屋根に沿って流れ，軒の凸部で水滴を作り，それが大きく成長し，遂に重力に抗しきれなくなって，雨だれとなり落下することになります．屋根に沿って流れるときには雨水の粘性が，そして雨だれとなって落下する時には雨水の表面張力と密度が関係するでしょう．もし雨ではなくて油のようなものが降っているとすれば，雨だれではなく，細い糸のようになった雨糸となるでしょう．それは水に較べて，粘度が高く，表面張力が低いためです．ショパンさんでもピアノでの表現は難しいでしょう．さらにペンキのようなものが降ってきたとすると，現象はさらに違ったものになるでしょう．恐らく，屋根の上で小さなボール状にかたまり，そのボールが成長して，どさ…どさっと落ちることでしょう．

　水は通常の液体の中では表面張力がかなり大きい方です．表面張力が大きいと液体の滴を支える力が大きくなります．油の類は粘度が大きく屋根を流れる時の抵抗が大きくなり，屋根の上からの流れの量が少なくなります．さらに，表面張力が小さくなるため，滴を作るよりも細い流れを作ってしまいます．ペンキになると事情はまた異なって来るでしょう．ペンキのような液体はある程度の力が加わらないと流れが起きないビンガム性という性質があります．そのため，屋根にある程度の量が溜まって初めて流れ始めます．立てた板にペンキを塗ると，薄く塗っているときは綺麗に仕上がりますが，ある程度の厚みになると「だま・だま」

ができますが，それと同じです．屋根の上でも同じように「だま・だま」ができ，それが軒に流れると，軒にペンキの滴ができるというより，「だま・だま」が転げ落ちるという方が当たっているでしょう．

　このように，雨だれの前奏曲で表現できるのは，雨降りに限ります．以下の実験室で取り扱う液体の流れ方は水とは大きく異なるところがあり，こんな液体を相手にしたらショパンさんも前奏曲を書くのに苦労なさるでしょう．

# 7章 粘度

## 7-1 まえがき（粘性－運動量の流れ）

　液体中に図7-1のように流れ速度の勾配があるとき，流れに平行な面の単位面積に働く剪断応力（$f$）はその面の法線方向（$z$方向）の速度勾配に比例する（ニュートンの粘性法則）．この法則は流れの流線が剪断面に平行に揃っている層流であるときに成り立つ．
　流れの速さを$v$とすれば，

$$f = \eta (dv/dz) \tag{7-1}$$

ここで比例定数$\eta$を粘度（viscosity）あるいは粘性係数（viscosity coefficient）と呼ぶ．剪断応力$f$は運動量$m$と$f = d(mv)/dt$の関係にある．だから

$$d(mv)/dt = \eta (dv/dz) \tag{7-2}$$
$$= (\eta/\rho)(d\rho v)/dz \tag{7-2′}$$

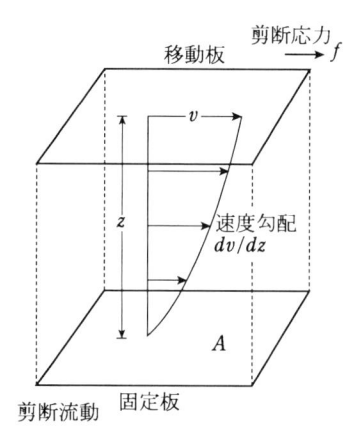

図7-1　ズリ流動の模型

(7-2)式はある位置における運動量の時間変化がその位置の速度勾配に比例することを示し，(7-2′)式は$\rho v$，つまり質量流れ（mass flow）の勾配に比例することを示している．ここで粘度を密度で割った$\eta/\rho$は動粘度（kinematic viscosity）と呼ばれる．

上記の式から解るように$\eta$の次元は$[ML^{-1}T^{-1}]$でSI単位ではPa・s($=$N・s・m$^{-2}$)，cgs単位系ではdyn・s・cm$^{-2}=$poise$=0.1$ Pa・sである．ちなみにpoiseは流体力学に功績のあったPoiseuille（1797～1869）を記念している．また動粘度$\eta/\rho$の次元は$[L^2T^{-1}]$でSI単位系ではm$^2$・s$^{-1}$である．この単位は拡散係数，熱拡散率などと同じで，輸送現象[*]と呼ばれる一連の現象に属することを暗示している．(7-2)式は拡散方程式と類似の形であり，運動量が速度勾配によって運ばれることを示している．粘度が運動量の輸送と言われる所以である．

(7-1)式の粘度は流体中の物体に作用する粘性抵抗を表しており，(7-2′)式の動粘度は流体そのものの抵抗に関連している．それで流体の外部に対する抵抗は粘度，流体の内部の抵抗は動粘度がそれぞれ主役となる．

液体の代表として水を，気体の典型として空気をとり，粘度と動粘度を温度の関数として表7-1に示した．

水と空気の粘度は大きく異なるが，動粘度で比較すると似たような値となることに注意したい．

ところで，ニュートンの粘性法則は流れが層流のとき，すなわち定常的でかつ安定しているときに成り立つ．そのときに為される仕事は粘性抵抗に打ち勝つ仕事のみで，熱として散逸する．もし，流れが速く，流線に乱れが生ずると（乱流）渦ができる．その時には，流れの粘性抵抗の他に渦の運動エネルギー

表7-1 水と空気の粘度，mPa・s，動粘度，$10^{-6}$m$^2$・s$^{-1}$

|  | 水 |  | 空気 （1 atm） |  |
| --- | --- | --- | --- | --- |
| 温度 | 粘度 | 動粘度 | 粘度 | 動粘度 |
| 0℃ | 1.792 | 1.792 | 0.0000173 | 0.133 |
| 50 | 0.548 | 0.544 | 0.0000194 | 0.178 |
| 100 | 0.282 | 0.295 | 0.0000214 | 0.230 |

［*］輸送現象についてはトランスポート・スクエア参照

が必要になり,流れは層流の時より余分な仕事をすることになる.層流と乱流の境界にはある幅があるが,その目安となる流速$v$は無次元のレノルズ数(Reynolds' number) $Re$によって与えられる.

$$Re = \rho v L / \eta \tag{7-3}$$

ここで$L$は容器の代表長さ,例えば管径である.層流と乱流の境は$Re=1000\sim 2000$といわれ,この値以下では層流,この値を超えると乱流になるといわれている.以下に述べる粘度を求める測定においては,この臨界レノルズ数の流速以下で行われなければならない.

注意しなければならないことは層流領域においてもニュートンの粘性法則に従わない液体が存在することである.一般に見られる剪断速度と剪断応力,見かけ粘度の関係を図7-2に示す.本書で扱う高温融体では多くがニュートン性流動を示すが,高分子の液体では分子が絡み合ったり,あるいは流動方向に配向したりして非ニュートン性の流動を示すことがよくある.高温融体においても会合性の液体があり,とくにシリケートに代表されるガラスやスラグには発達した網目構造を持つものがあり,一概にニュートン性と決めてかかる訳にはゆかない.とくに融点近傍の測定においては,剪断速度を変化させて剪断応力の応答を確かめる必要がある.

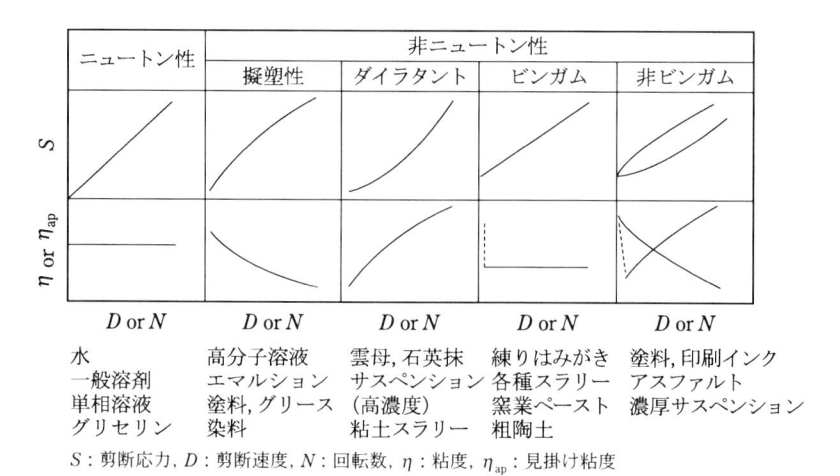

| | ニュートン性 | 非ニュートン性 ||||
|---|---|---|---|---|---|
| | | 擬塑性 | ダイラタント | ビンガム | 非ビンガム |
| $S$ | / | / | / | / | / |
| $\eta$ or $\eta_{ap}$ | — | \ | / | — | × |
| | $D$ or $N$ | $D$ or $N$ | $D$ or $N$ | $D$ or $N$ | $D$ or $N$ |
| | 水<br>一般溶剤<br>単相溶液<br>グリセリン | 高分子溶液<br>エマルション<br>塗料,グリース<br>染料 | 雲母,石英抹<br>サスペンション<br>(高濃度)<br>粘土スラリー | 練りはみがき<br>各種スラリー<br>窯業ペースト<br>粗陶土 | 塗料,印刷インク<br>アスファルト<br>濃厚サスペンション |

$S$:剪断応力, $D$:剪断速度, $N$:回転数, $\eta$:粘度, $\eta_{ap}$:見掛け粘度

**図7-2** 剪断速度と剪断応力 [*]

---

[*] 図7-2, 図7-3は小野木重治:レオロジー要論,槙書店(1968)による

## 7-2 粘度測定法−溶融塩，ガラス（スラグ），溶融メタルの測定例

実際の測定をする上で剪断速度を測定目的のそれと揃えることは重要である．剪断速度の実例を図7-3に示す．高温の融体に適用される測定法の一例を表7-2に示した．

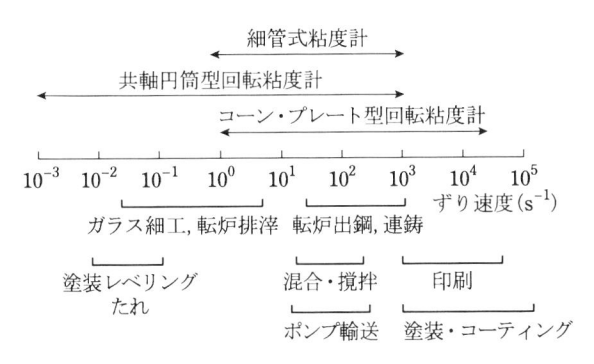

図 7-3 剪断速度の実例と対応する粘度計

表 7-2 粘度測定法

| 方法 | 測定範囲 | 測定量 | 適用 |
|---|---|---|---|
| 毛細管法 | 低粘度 | 流出速度 | 水溶液，溶融塩 |
| 回転円筒法 | 中〜高粘度 | 回転トルク | スラグなど汎用 |
| 落下球／球引上げ法 | 落下速度〜高粘度 | 引上げ速度 | スラグ，溶融ガラス |
| 回転振動法 | 低粘度 | 振動減衰 | メタル，溶融塩 |
| 振動片法 | 低〜中粘度 | 駆動力 | スラグ |
| コーン・プレート法 | 非ニュートン流体 | 回転トルク | 塑性流体 |
| 並行平板・回転法 | ガラス〜中粘度 | 変形速度・回転トルク | ガラス〜スラグ |

以下に筆者らの経験に基づく測定例について概略を記述するが，粘度測定の全般に関しては川田の本[1a]やWitternberg, Ofteの解説[1b]などが参考になる．

（白石 裕）

## 細管法－溶融塩の測定

細管法は歴史があり，簡便で高精度なことから，低～中粘度範囲の常温液体では最も多く用いられている．高粘度用の短管法も，精度は別として細管法の一種と考えれば，適用粘度範囲はかなり広い．垂直に立てた内半径$a$，長さ$L$の細管中を密度$\rho$の液体が体積$V$だけ，時間$t$で，重力加速度$g$の下で通過する時，粘度$\eta$はHagen-Poiseuilleの式と呼ばれる(7-4)式で表される．

$$\eta = \frac{\pi a^4 \rho g h}{8(L+na)V} t - \frac{m\rho V}{8\pi(L+na)} \frac{1}{t} \tag{7-4}$$

ここで，$m$および$n$は細管の端部の形状に関する定数である．同一の粘度計であれば$\eta$，$\rho$および$t$以外は不変なので(7-4)式は(7-5)式に書き換えられる．

$$v = \frac{\eta}{\rho} = C_1 t - C_2 \frac{1}{t} \tag{7-5}$$

$v$は動粘度，$C_1$および$C_2$は粘度計固有の定数である．即ち，この方法は動粘度を直接求めるものである．

$C_1$および$C_2$の決定は，種々の動粘度の液体について，流出時間を測定して$v/t$を$1/t^2$に対してプロットし，その切片と傾きから求める．筆者は封入型の細管粘度計について，純水を用い1～75℃の範囲で検定した．この場合，水の動粘度はこの温度範囲で約$(1.7～0.38)\,\mu m^2 \cdot s^{-1}$程度と比較的大きな変化を示し，低粘度用細管粘度計の検定には好都合である．

細管法は精密測定を企図した場合，細管にガラス，石英以外の材料を用いることは難しく，また液面検出は目視に頼ることが多いので，加熱炉を用いる高温の測定は困難である．また，溶融金属の場合は固体試料の段階で残存する微量の酸化皮膜が石英壁にへばり付いて流れを妨げたり，流れの目視を困難にしたりする他，アルミニウムやマグネシウム等の活性金属は石英と直接反応するので，従来は低温の水銀やアルカリ金属等にしか適用されていない(活性なアルカリ金属でも温度が低ければガラスや石英と殆ど反応しない)．

しかし，透明で石英を侵食し難い溶融塩には適用可能である．筆者は図7-4に示す石英製の細管粘度計を開発し，図7-5に示す透明電気炉との組み合わせで約950℃までの各種溶融塩の粘度を測定した[2]．実験は測時球の上下に刻ん

だ標線をメニスカスが通過する時間を目視により，ストップウォッチで測定するものであり，見易くするために透明電気炉の裏側に照明を付けてある．この方法を自動化することはかなり困難であり，無理をすると密封型が維持出来ない可能性や，精度の低下に繋がりかねない．

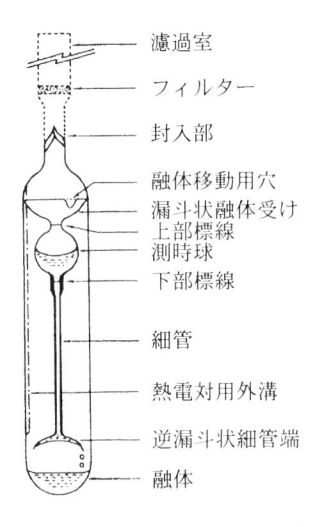

図7-4 石英製密封型細管粘度計[2)]

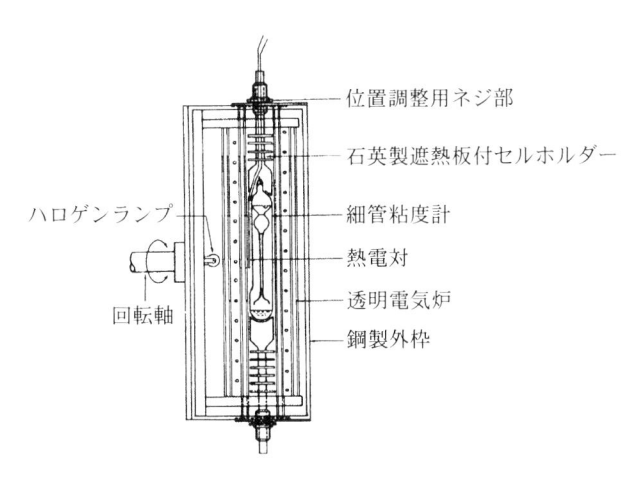

図7-5 細管法粘度計全体図[2)]

この粘度計の設計・製作の基本方針は，レノルズ数が100以下，動粘度1 $\mu m^2 \cdot s^{-1}$の液体に対する流出時間が200 s程度，密封型にして蒸気圧の高い液体にも適用可能にする，液体の量を一定にする必要をなくす，液体に触れずに繰り返し測定を可能にする，等である．

　液体の量について，通常のオストワルド型粘度計のように液面上端の低下に伴って液面下端が上昇するタイプは液体量を常に一定にすることが条件になるので採用できない．このためには，流下した液体は細管通過後に分離され，下端の位置を一定にする必要がある．そこで細管下端は切り落とし形状となるが，下端で形成される下に凸の液滴にはその表面張力によって液体を押し上げる力が働く．一方，測時球の中のメニスカスも下に凸なので表面張力によって同様に液体を引き揚げる力が働く．これらの表面張力効果は同一方向の力なので，検定に用いる標準液体と試料液体の表面張力が異なれば系統誤差の要因となる．そこで，細管下端に逆ロート状の「傘」を付け，ここでの液面を上に凸にすることにより測時球内の液面に働く力と相殺し，表面張力による誤差を最小化するようにした．

　全体が密封型なので，落下した試料液体は粘度計を逆さにすることにより測時球上部に戻り，測定は何度でも繰り返せる．このために，図7-5に示す透明電気炉「Gold Furnace」を回転出来るようにした．尚，この炉のヒーター間隔を調節することで，粘度計全体にわたって±0.5℃の均熱帯を実現した．このような検討の結果として，図7-4の様な粘度計となった．

　この粘度計の特徴は完全密封型なので，LiIのように吸湿性が強く，酸素とも反応しやすい雰囲気に敏感な溶融塩や，高い蒸気圧を有する溶融塩にも適用できる．例えば，常圧下では溶融せずに昇華する$AlCl_3$の溶融状態での粘度も測定された[3]．細管の内半径は0.2 mm以下程度であり，20℃の水（約1 $\mu m^2 \cdot s^{-1}$）で流出時間は50〜300 s位であった．検定には上記のように純水を封入して用い定数を決定した．検定および測定時の再現性は極めて良好であり，目視のため，流出時間は測定者によって幾分かの違いはあるが，慣れた同一測定者では誤差はほぼ0.2 s以内である．

　筆者は，この粘度計を利用して，フッ化物を除く全アルカリハライド，一部

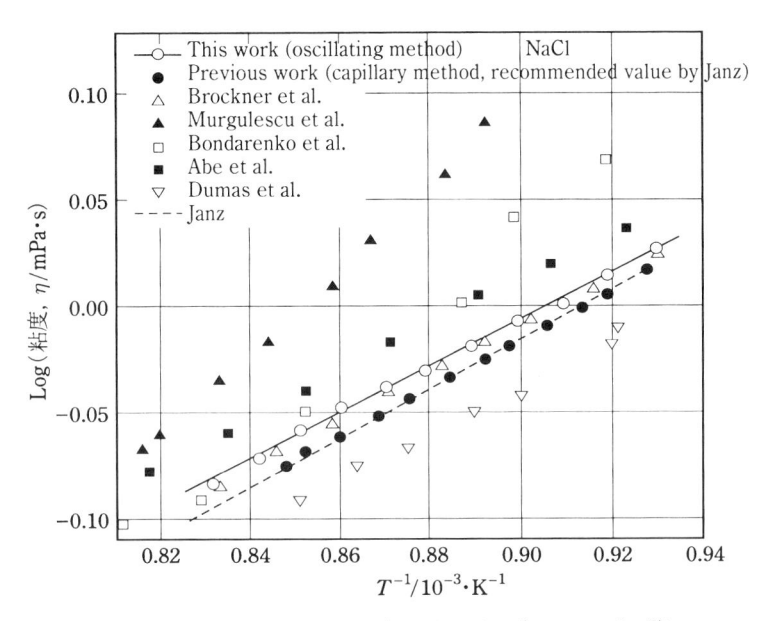

図 7-6　溶融 NaCl の粘度（細管法[2]，回転振動法[4]，その他[5〜10]）

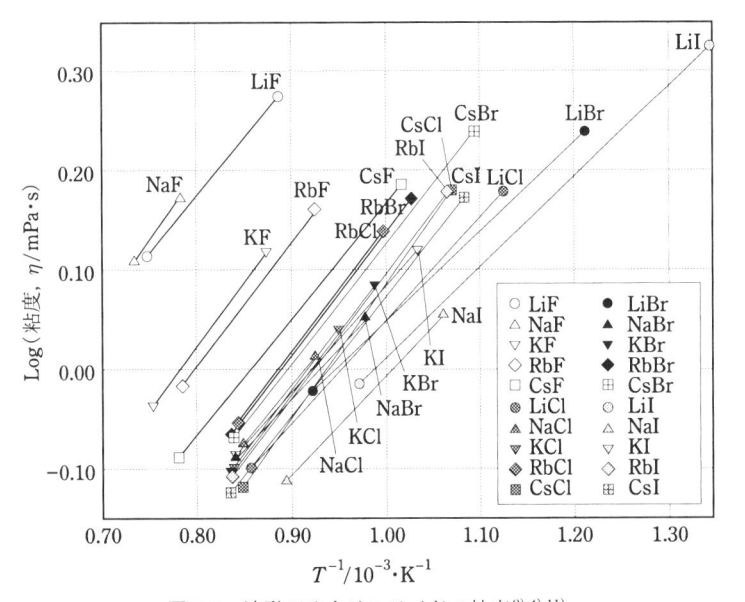

図 7-7　溶融アルカリハライドの粘度[2) 4) 11)]

の希土類塩化物，LaCl$_3$-MCl二成分系等の粘度を測定し，優れた再現性（およそ0.3%以内）と高い信頼性（総合推定誤差0.7%以内）を確認した．低粘度の高温融体の粘度測定法には，他に回転振動法があり，高い精度と信頼性を示すが，両者の方法が共に可能であれば，細管法の方がより信頼性が高いと筆者は考える．図7-6に溶融NaClの測定結果を文献値[4)~10)]と共に示す．なお，Janzの推奨値は著者らの細管法の値を基にしている．また，測定した総てのアルカリハライドの粘度を図7-7に示す．フッ化物は後述の回転振動法で測定したものである．

図7-7を見ると，質量や寸法の大きな粒子からなる液体は粘度が高い，との直感的な通説は必ずしも当てはまらないことが分かる．小さく軽いLi$^+$とF$^-$からなるLiFの方が，最も大きく重いCsIよりもずっと高い粘度を示す．これは粘度が液体の結合様式にも依存しているためと考えられる．溶融塩はクーロン力で凝集している液体であり，価数が同一なら寸法の小さなイオンが大きなクーロン力を有し，結合が強くなるはずである．図の結果は，この結合力の大小の方が，より直接的に粘度に影響することを示している．但し，クーロン力は強くなりすぎると緩和現象としての分極や錯イオン生成が起こり，全体の結合力は逆に弱くなることがある．溶融AlCl$_3$が非常に低い粘度（194℃で約0.36 mPa・s）を示す[3)]のはこのためと考えられる．

（佐藤 讓）

## 毛細管流出法－メタルの測定

前節にある通り，毛細管を利用する粘度測定法は原理の確立した方法である．常温の液体については標準的な測定法として種々なタイプの毛細管粘度計が市販されている．しかし，高温での測定に適用するには材質面での制約が厳しく，溶融メタルにおける測定例は石英製毛細管を使用した飯田らの報告[12)]など僅かである．ここでは，精度を犠牲にしても実用上の便利さを優先させた石英製の毛細短管を用いた測定例[13)]を挙げる．

使用した短管粘度計の寸法を図7-8に示す．材質は溶融石英で，毛細管の寸法は内径約1 mm，長さ20 mmである．試料の容量は約30 cm$^3$．この容積の

試料の流出速度を下に置いた試料受けの重量変化として測定する.なお,粘度1〜10 mPs・sの試料に対して用いられる標準的毛細管では内径0.5 mm,長さ100 mm程度である.

溶融Snの流出量を測定した結果の1例を図7-9(a)に示した.5 s間隔でロードセルの出力（流出重量に比例）をプロットしている.

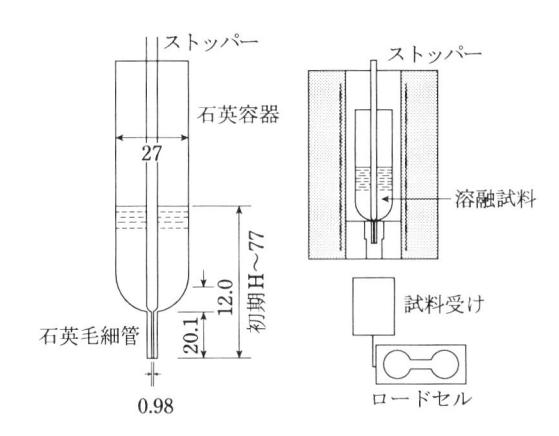

図7-8 測定装置と短管粘度計の形状

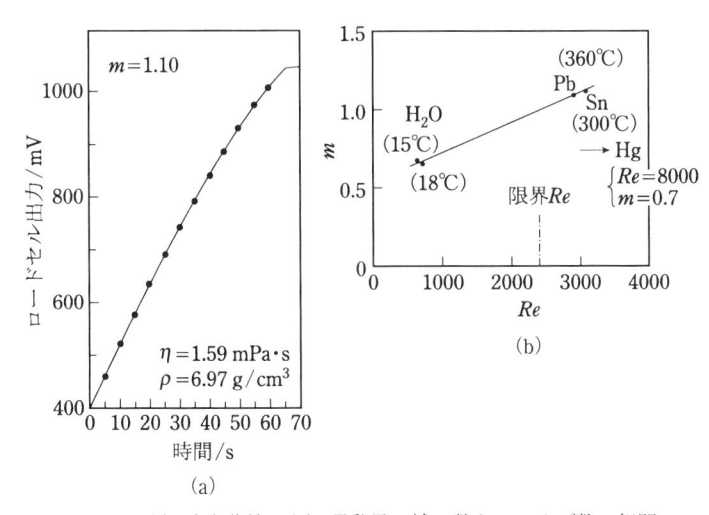

図7-9 (a) 流出曲線,(b) 運動量の補正数とレノルズ数の相関

細管中の流れに対し,粘度$\eta$と流出量$q(=V/t)$の間の関係は(7-4)式で与えられるが,管端の補正$na$を除くと次の(7-4')式になる.

$$\eta = \pi r^4 P/8lq - m\rho q/8\pi l \tag{7-4'}$$

ここで$r$は細管の半径, $l$は長さ, $P$は細管両端の圧力差, $m$は運動量の補正と呼ばれ,粘性抵抗によって完全に散逸できなかった流体のもつ運動エネルギーに対する補正である.図7-8の場合,(7-4')式で$P$は試料の容積と密度から毛細管の流入孔と流出孔の静水圧の差として推定できる.従って$m$と$\eta$をパラメータとして$q$(単位時間当たりの流出量)の実測値を再現できるように(7-4')式から計算することができる.図7-9(a)の実線が計算値である.ここでは測定試料の$\eta$を与えてフィットする$m$を求めた.幾つかの標準物質について同様に$m$を求めた結果を図7-9(b)に示した.

今の場合,測定物質の密度に大きな幅があり,$m$が装置定数として一定値にならないが,(7-3)式で与えられるレノルズ数,$Re$(ここでは流出初期での値)と$m$の間には良い直線の相関がある.なお$Re$中の代表長さには短管の直径をとった.

粘度未知の試料に対して,適当に見積もった粘度の値と初期流出速度とから図7-9(b)の関係を用いて$m$を求め,実測の流出曲線を再現できる粘度$\eta$値を求める.この値を用いて$Re$を再計算して$m$を求め,流出曲線を再現する$\eta$を求める.この操作を繰り返して$m$と$\eta$を収束させる.なお,逆に$m$を与えて$\eta$を決める手順で収束させても計算精度は同じであり,パラメータの10％の変化は図7-9(a)の流出曲線,図7-9(b)の$\eta$-$m$相関に明らかな差をもたらすので,この方法によって2桁程度の精度は確保できるものと考えられる.

この短管粘度計は工業的には油脂類などの品質管理に用いられているが,ここでの測定対象である低粘度の試料を取り扱う場合,厳密な意味で毛細管法とは言えない.ここで用いた毛細管の寸法ではハーゲン・ポアズイユの流れを作っているとはいえず,短管は単なる流出抵抗として働き,流れを層流へと導く手助けとなっていると考えるのが妥当であろう.自作するときには短管の形状に更なる検討を要する.なお,水銀のように密度が大きい物質では流体の$Re$数が容易に大きくなり,図7-9(b)の直線関係の適用外となる.この場合,短

管の径を絞る必要がある．また，流出末期では滴下流となり(7-4')式の適用外となる．短管の流出口を試料に浸し，流出口での新しい表面の生成を防げば滴下流の問題を避けられる．

## 回転円筒法－スラグの測定

　密度が大きく粘度が低いメタルの時とは異なり，スラグの場合密度は低く，粘度は比較的高い．回転円筒法はこのような測定に向いている．一番大きな特徴は回転速度(剪断速度)の変更が容易なことである．したがって剪断応力が剪断速度に依存する非ニュートン流体の測定にはことのほか適している．

　回転円筒法には内筒を回転する方法と，外筒を回転する方法がある．原理はいずれも同じである．一般に，内筒回転式では内筒によってトルク測定と回転を同時に行い，外筒回転式ではトルクの測定を内筒で行い，回転とトルク測定を別機構とすることが多い．測定法としては前者が簡便であるが，測定精度の向上を図るには後者の方が工夫の余地が多い．

　回転円筒法の原理を図7-10に示す．充分に長い同心円筒の間隙に流体を満たし，その一方の円筒，例えば外筒を回転したとき，流体の粘性によって他方(内筒)に働くズリ応力(トルク$T$)は層流の場合，(7-6)式で表される．

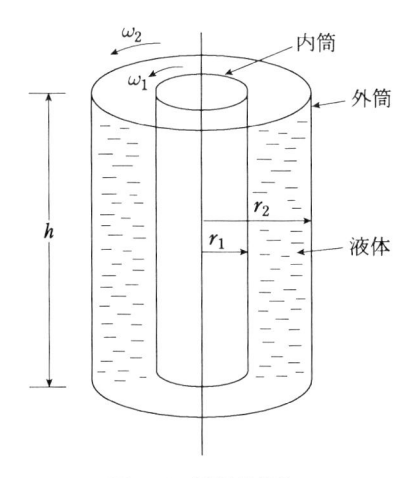

図7-10　回転円筒法

$$T = (2\pi rh)\eta D_r r = [4\pi h \eta r_1^2 r_2^2 (\omega_2 - \omega_1)]/(r_2^2 - r_1^2)$$
$$= \text{const} \cdot \eta \cdot \omega \tag{7-6}$$

ここで$D_r = r(d\omega/dr)$はズリ速度,$h$は流体に浸っている内筒の長さ,$\omega$は円筒の回転角速度,$r$は円筒の半径である.添え字1,2はそれぞれ内筒,外筒を示す.したがって,回転速度に対応したトルクを測定すれば粘度が求められる.

現実の測定では,内筒には端面があり,また完全に同心円的に両円筒の中心軸を一致させることも困難である.したがって,容器寸法や回転速度などの測定条件を用いて,(7-6)式から直接計算することは困難であり,普通は標準試料を用いて実験的に装置定数を決める.そこで,Rotovisco粘度計(内筒回転)を用い,測定条件を図7-11(A)のように理想条件より外した実験を室温で行い,どのような幾何条件がトルクにどの程度影響するかを確かめた.その結果を図7-11(B)に示す.図に見られるように,内筒の傾きによる味噌擂り運動(c)が最も大きな影響を及ぼし,ついで回転軸の偏り(a)が影響する.回転体のトルクに及ぼす底面の影響(b)は底面との距離が小さくなると急激に大きくなる.試料量(液面高さ)はそれほど影響しない.この結果から,内筒回転式では中心軸合わせが最重要因子である.

回転粘度計を高温で使用する場合,トルクの検知部を高温から保護するため,炉内にある内筒と可成り長いシャフトで連結する必要が生ずる.高温で変形しない直線性の良いシャフトの選択は容易でない.まして両円筒の回転軸合わせは室温ではともかく,高温の測定時において,同軸の条件が保たれている保証は困難である.高温の測定温度で使用できる標準物質があれば,オーバーオールで精度の検定が可能であるが,現在推奨に足る標準値は得難い.広い温度範囲をカバーするには無水ホウ酸,安定性という点からはソーダガラスなどが挙げられる[*].

面倒な軸合わせを気にしなくて済む方法は丸底回転円筒法[15]である.図7-12(a)のように丸底の円筒を丸底の容器(外筒)に挿入し,その間隙に試料を満たして外筒を回転させ,内筒に発生するトルクを測定する[**].一見,両円筒の接

---

[*] Handbook of Glass Data
[**] 内筒を回転させても良いがトルクの検出と回転を別の円筒で行う方が機構上有利である,

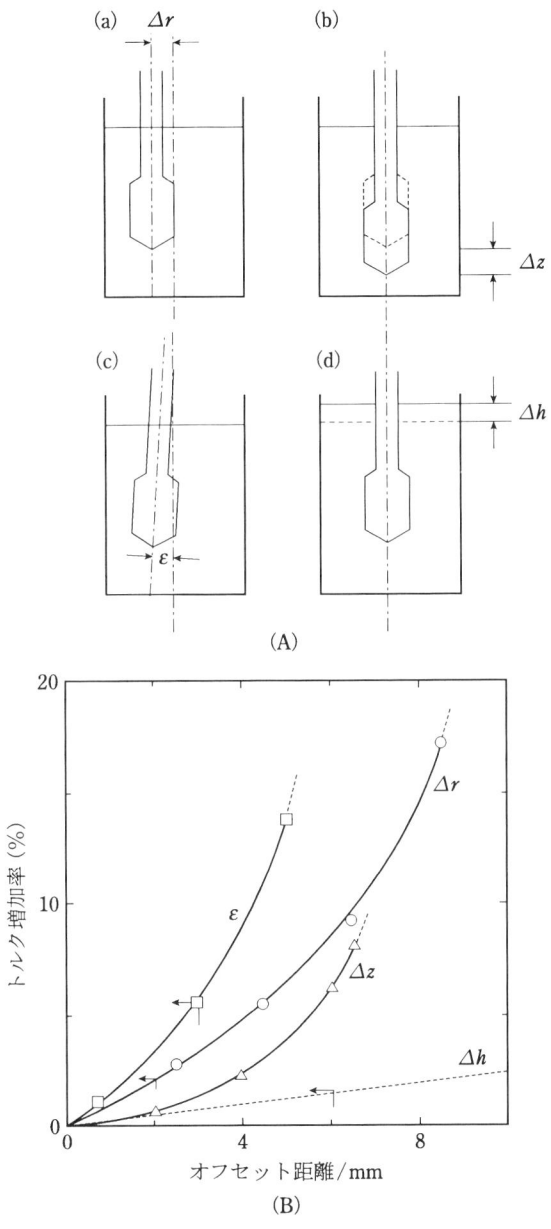

図 7-11 回転円筒法の誤差要因 (A), トルクと内筒位置の相関 (B)[14]

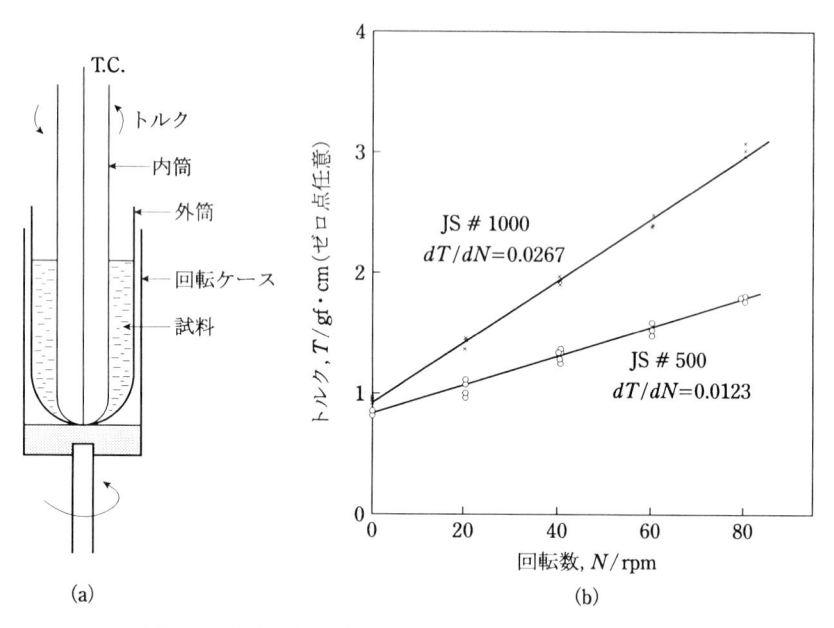

図7-12 丸底回転円筒法 (a), トルクと回転数の相関 (b)

触する底部で大きなトルクを発生するように思えるが,接触点が回転軸上にあること,接触面積が小さいことなどによって円筒の接触による抵抗は意外に小さい．タンマン管を重ねて測定した結果，1Pa・s以上の試料に対しては充分使い物になることがわかった．なお，この接触抵抗は回転速度の変化に対して鈍感である．そこで回転速度を3水準以上変化させ，測定されたトルクの値を回転速度に対して回帰すると，ニュートン流体に対しては回帰直線の勾配($T/N$)から粘度を求めることができる．この方法の良い点は両円筒が丸底のため,回転させると自動的に底が重なることである．両筒の中心軸は,当然垂直に保たれなければならない．粘度標準液を用いて測定した結果を図7-12 (b) に示した．なお，円筒の幾何的形状から(7-6)式を直接利用して粘度を求めることも可能であった．

ここでは殆ど触れなかったが,精度を重視した場合,外筒回転法は捨てがたい魅力がある．中島ら[16]は外筒を回転し,内筒に働くトルクを懸垂線の捩れ

角度として角度検知型の差動トランスを用いて測定している．なかなか巧妙な装置であり，円筒回転法に興味のある読者にとって一読に値する．

## 円筒引上げ法－溶融塩の測定

粘度が比較的高い場合，球引上げ法が用いられる．流体中を速度$v$で運動する直径$d$の球体に働く力$f$はストークスによって

$$f = 3\pi \eta d v \tag{7-7}$$

と与えられている．この式は無限体積のニュートン流体中を，充分遅い速度で球体が移動するときに成立する．勿論流体は非圧縮性で，球面上で流体の滑りがないこと，つまり球面上の流速がゼロであることを前提としている．

現実の測定では液体中に球体を自重で沈め，その落下速度$v$を測るか（落下球法），球を一定速度で引き上げてその時に要する力$f$を測定する（球引上げ法）．落下球の場合，球体には必然的に浮力が働くからその分は補正する必要があり，液体と球の密度をそれぞれ$\rho, \rho_0$とすると

$$\eta = d^2(\rho_0 - \rho)g/18v \tag{7-8}$$

ここで$g$は重力加速度である．

(7-8)式を基礎とした落下球法，球引上げ法などは高温融体についても適用されている．とくに高圧下のように閉じた測定系では固体試料の上部に小球を置き，容器を密封，溶融後所定時間保持してから冷却，凝固試料について溶融時間内に落下した距離を測る落下球法が有力である．これらの方法でしばしば問題となるのは器壁の影響である．

(7-8)式の右辺に掛ける補正因子$f_w$については色々な提案があり代表的なものを表7-3に示した．落下球法，球引上げ法ではなるべく器壁の影響を少なくするように容器径を選ぶ．比較的容易な方法であり手作りの測定例も良く知られているが，低い粘度域には適用し難い．そこで，容器壁の影響を利用して見掛けの抵抗を増やし，低粘度域への適用を試みた例を図7-13(a)に挙げる[17]．

容器の形状を図7-13(b)に示す．浮子をロードセルに接続し，容器を上下に移動させて浮子に働く力を測定する．浮子に働く力$F$はストークス抵抗$F_S$，容器間隙を流れる流体の粘性抵抗$F_c$の和で表せる．流体中を運動するディスク

表 7-3 （7-8）式の器壁の補正因子[1a]

| 補正因子 | 適用範囲 |
| --- | --- |
| $1/(1+2.4\,\alpha)$ | $\alpha = 1/10$ |
| $1-2.104\,\alpha+2.09\,\alpha^3-0.95\,\alpha^5$ | $\alpha = 1/3$ |
| $(1-\alpha)^{2.25}$ | $\eta \sim 72\,\mathrm{Pa\cdot s}$ |
| $(1-\alpha)/(1-0.475\alpha)^4$ | $\eta \sim 0.4\,\mathrm{Pa\cdot s}$ |

ここで $\alpha = d/D$, $d$：球直径, $D$：容器直径

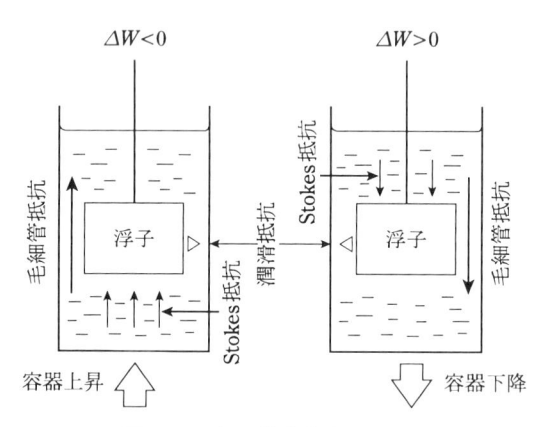

図 7-13（a）円筒移動法の原理図

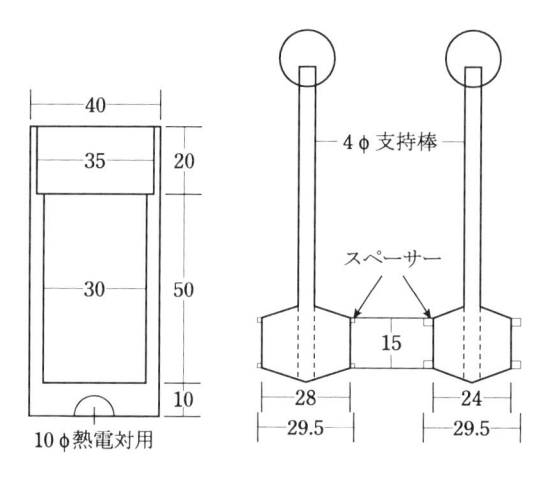

図 7-13（b）円筒移動法容器（左）と浮子（右）（単位 mm）

表7-4 粘度と移動速度の対数相関

| 直径(mm)比 | A | B | r | 粘度範囲 Pa·s |
|---|---|---|---|---|
| 20 / 30 | 1.0077 | −0.0148 | 0.9989 | 1～10 |
| 24 / 30 | 0.9479 | −0.5583 | 0.9943 | 0.62～10 |
| 27 / 30 | 1.1835 | −1.6308 | 0.9941 | 0.02～6.7 |
| 28 / 30 | 1.2489 | −2.315 | 0.9972 | 0.005～0.86 |

の端面に働く力$F_S$, また同心円筒中の流れの抵抗$F_c$およびスペーサーの容器に対する潤滑抵抗$F_l$は以下のように与えられている.

$$F_S = 16a\eta v \qquad (7\text{-}9\text{-}1)$$

$$F_c = 8\eta vL\,(b^2-a^2)/[(b^4-a^4)-(b^2-a^2)^2/\ln(b/a)] \qquad (7\text{-}9\text{-}2)$$

$$F_l = A\eta v/d \qquad (7\text{-}9\text{-}3)$$

ここで$a, b$は浮子と容器の半径, $L$は浮子の長さ, $A$はスペーサーの全面積, $d$はスペーサーと容器の間隙, $v$は容器の移動速度である.

したがって浮子に働く力と移動速度を測定すれば幾何的条件から粘度を計算できる筈であるが, $F_S$式はストークス条件からかけ離れていて, そのままでは成立しない. しかし, $dF/dv$は3式に共通して$\eta$に比例するので, 一定の幾何的条件下で, 移動速度を変えて力の変化を測定すれば粘度を求めることができる.

表7-4は浮子の径を変えて0.005～10 Pa·sの粘度範囲を計測した結果を$\log\eta = A\log(dF/dv)+B$ の形で回帰したときの結果である. 表の$r$は相関係数である.

測定に使用した浮子と容器の寸法を図7-13(b)に示す. 材質はSUS304ステンレス鋼である. 実際の測定では浮子を動かさず, 容器を上下させて浮子に働く力をロードセルで測定した. 容器に働く力を測定しても同等である. 融体への適用は$NaNO_3$および$ZnCl_2$について行い, 前者は600～650 Kで2.4～1.1 mPa·s, 後者は540～585 Kで3.52～0.33 Pa·sがそれぞれ与えられた. 対応する文献値; $NaNO_3$の2.4～1.8 mPa·sおよび$ZnCl_2$の3.72～0.26 mPa·sと比較される. 測定終了後の観察では浮子および容器の酸化が見られ, 測定雰囲気(この測定は大気中)と浮子, 容器の材質に注意する必要がある. 浮子に付けたスペーサーの抵抗も気になるが, スペーサーの形状を工夫すればその抵抗を軽減することもできよう. 雰囲気, 測定機材の材質を適当に選択すれば, 絶対測定は無

理であっても，10 Pa·s～1 mPa·s領域の粘度の簡易測定に適用できる可能性はある．

## 貫入/平板変形・回転法－ガラス状態から融体状態までの連続測定[18]

　ガラス状態から温度を上げて溶融するまでの粘度変化を連続して測定するために，貫入法－平行平板法－平板回転法をカスケードに実施する方法を図7-14に示した．

　(a) 円柱状 (10～15 mm$\phi$×～10 mm$h$) に成形したガラス試料の上あるいは下に1～2 mm$\phi$の小球を置き，平行平板で挟む．適当な加重を掛けて温度を上げるとガラス粘度の低下と共に小球は試料中に貫入し，(b)のように試料は平行板で挟まれる．試料の粘度の低下と共に試料円柱は押し潰されてその高さを減じ，(c)ついには試料は溶融して小球をスペーサーとする平行板の間隙を満たす．

　(a), (b)では平行板の下降速度，(c)では平行板の片方を回転して他方の板に働くトルクを測定する．(a)～(c)それぞれのプロセスに対応して，粘度が次の (7-10) ～ (7-12) 式で与えられる．

(a) $\eta = (3/16)(Mg/(2rh)^{1/2})(dh/dt)$　　　　(7-10)

(b) $\eta = 2\pi Mg (H/H_0) H^5/3V (2\pi H^3+V)(dh/dt)$　　(7-11)

(c) $\eta = 2\pi d^3 T/\omega V^2$　　　　　　　　(7-12)

ここで$M$はプレートに掛けた加重，$g$は重力加速度，$h$はプレートの変形速

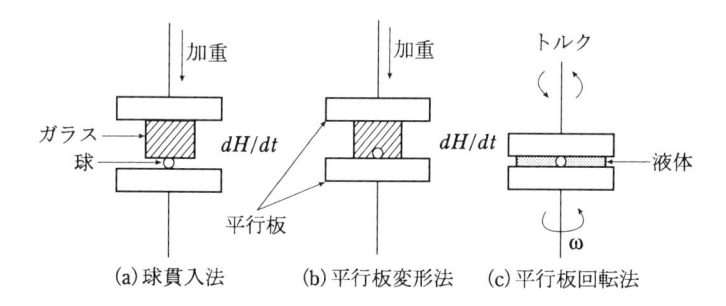

図7-14　球貫入/平行板変形/回転粘度計の動作図

度で(a)では貫入深さ，(b)では試料高さの減少に等しい．$H$は試料高さ，$H_0$はその初期値，$V$は試料体積で非圧縮性を仮定，$d$は試料溶融時の平行板間隔，$T$は回転によって生じるトルク，$\omega$は回転角速度rad・s$^{-1}$である．(7-11)式はもともとFontana[19]によって与えられた式であるが，原形では$(H/H_0)$の項が落ちている．

ここでの測定では，ある時間間隔で試料の変形量を測定し，変形速度と試料高さを(7-10)式，あるいは(7-11)式に代入して粘度を計算している．球体の貫入では問題ないが，平行板の測定では試料高さの減少は試料断面積の増大を意味し，単位面積当たりの圧力の減少をもたらす．そこで(7-11)式に圧力減少，つまり見掛け加重の減少を補正する意味で$(H/H_0)$を掛けた．測定中試料体積は一定であるから，円柱形状を保って変形すると仮定すれば，圧力減少は$(H/H_0)$を掛ければ補正できる．平行板測定が進行するにつれて実質の加重が減少して変形速度が減少するが，Fontanaの原式では，それが見掛け粘度にしわ寄せされ，粘度が真値より高く計算される．

低融点ガラスの粘度をガラス状態から溶融状態に至るまで，貫入，平行板変形・回転法によって測定した例を以下に示す．使用した粘度計の模式図を図7-15に，測定結果を図7-16に示した．

図7-16中の実線はガラス粘度を広い温度範囲で良く再現できるFulcherの実験式$\log\eta = A + B/(T-T_0)$によって回帰したものである．回帰するために選んだ測定点は，なるべく温度範囲を広くとるため，貫入から2点△，平行板変形から初期の1点□*)，溶融状態の平行板回転から3点⊙の計6点である．実測点は良く回帰曲線に載っており，Fulcherの実験式が有効である限りこの測定の温度依存性は正しいものと思われる．なお，加重補正を行わないと，500℃以降の平行板変形の測定値が■印のプロットで示すように，この曲線より上方にズレ，回転法の結果と大きな喰い違いを示す．

測定上の注意として，平行板と試料の濡れの問題がある．貫入のプロセスでは問題ないが，平行板の場合，試料の広がり変形が濡れ性の影響によって阻害されると，試料高さの中央部が先に変形して，樽型になることが観察される．

\*) 高さ補正の当否を調べるため，平行板変形後期の測定点は回帰より外してある．

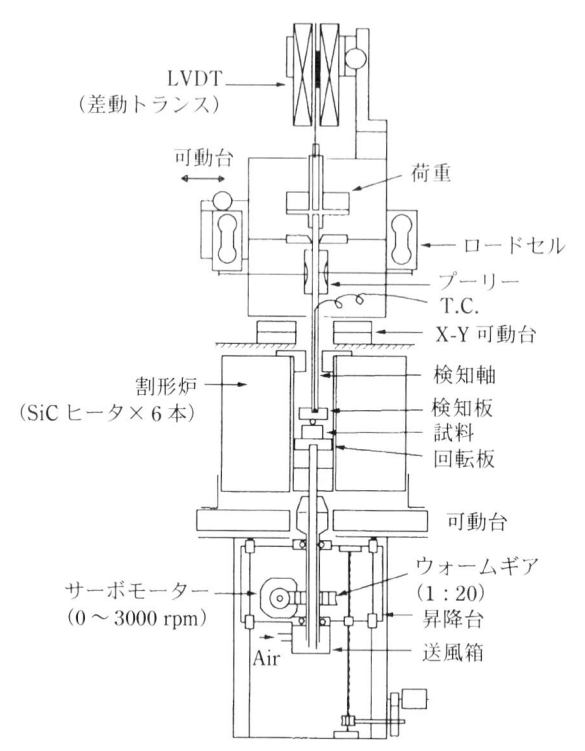

図 7-15　球貫入/平行板変形/回転粘度計の模式図

$\log \eta = -3.421 + 1484/(T-627.8)$

$\log \eta = -5.050 + 1888/(T-587.7)$

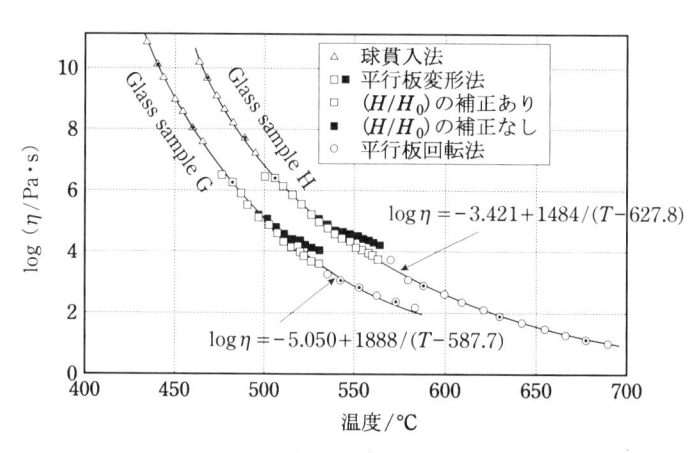

図 7-16　低融点ガラスの粘度

このような変形が起こると (7-11) 式の前提条件が成立しなくなり，誤差の要因となる．また，溶融状態も楕円ないし卵形の試料形状をとることがあり，これも (7-12) 式からの外れを与える．勿論理想的な円柱形状を保って変形，溶融することは現実には難しいが，どの程度の外れがあるかは測定を中断して形状を観察し，確かめておく必要がある．もし異常な変形が著しい場合，平行板を石英板や白金箔など，試料との濡れを改善する材質でカバーする必要がある．またこの方法は本質的に昇温過程のダイナミックな測定法であって，静的な平衡条件下の測定ではないことを指摘しておく．その点を心得ている限り，この方法は数時間の測定により，ガラス状態から溶融状態までの$10^{11} \sim 10^{0}$ Pa・sの測定領域をカバーできる便利な方法である．

### 丸底円筒貫入 / 回転法[20]

　球貫入法を取り上げたついでに丸棒の貫入と先に述べた丸底回転円筒法の組み合わせについて述べる．円柱状ガラス試料の製作が難しい場合，丸底るつぼに予備溶融した試料をそのまま測定できるという利点がある．前節の小球貫入のときは球の直径に比較して試料の径は充分大きく試料径の影響は問題にならないが，丸底の円筒を貫入する時には容器径の影響を無視できず，また貫入距離が長いため容器と貫入円筒間の流れの抵抗を考慮しなければならない．

　全体のプロセスを図7-17のように模式的に考える．(a)は円筒の貫入で，貫入時の底面の抵抗と貫入に伴うカウンターフローの抵抗を考える．(b)は容器内の試料メニスカスを丸底円筒が貫通する時の試料面の上昇で，貫入とそれに伴う試料面の上昇の和として貫入距離を算出する．メニスカスが半球状あるいは放物面状であるといった仮定を置くことで貫入距離を補正できる．(c)は貫入が終わったあとの回転法は先に述べた丸底回転円筒法に該当する．

　(a) のプロセスについて貫入とカウンターフローに対し既に述べた (7-9-1) 式，(7-9-2) 式がそれぞれ成立する．

　いま，貫入円筒に加えられる圧力が貫入と試料のカウンターフローによって散逸されると仮定すると，貫入体積をフローの体積と等置して，次の (7-13) 式が得られる．

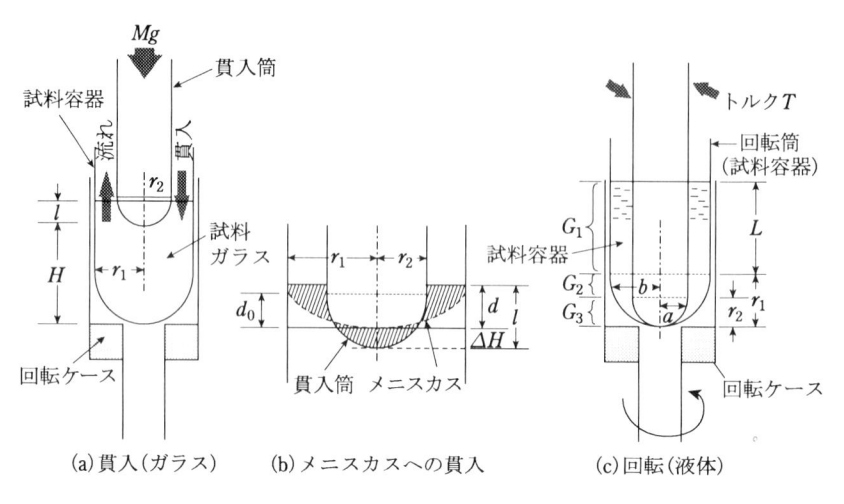

図7-17 丸底円筒貫入/回転法

$$\eta = \frac{M}{(dH/dt)} \Big/ \left\{ 7.54275(al)^{1/2} \frac{H_0}{H} + \frac{8b^2 l}{C} \right\}$$

なお, $C = b^4 - a^4 - [(b^2 - a^2)^2 / \ln(b/a)]$ (7-13)

ここで, $dH/dt$ は貫入速度, $(H_0/H)$ は試料の変形量を変形初期値で規格化するために付加したもので, 測定初期に充分な試料長さがあることを前提としている.

(b)の円筒貫入初期の状態で, 実際の貫入距離と観測される貫入深さが一致せず, 試料の凝固収縮による凹面形状に依存する. 半球面あるいは放物面などの幾何形状を仮定して補正することになる. 予め試料の表面形状, たとえば引けの深さ, るつぼ径, それと貫入円筒の丸底形状から幾何形状の対称性を仮定して円筒の貫入深さと試料面上昇の関係を計算しておいて適当な補正を施すことになる. 試料のメニスカス部が埋めつくされれば補正の必要はなくなる. 我々の経験によれば補正は3次式の数値解で求まり, 貫入初期にかなり大きな補正を粘度値に与えるが, それでもなおかつ他の方法と比較して, 端面が貫入するまでの間の補正は充分であるとは言えない. 今後の問題である.

$B_2O_3$ 試料を球貫入・平行板変形/回転法と丸底円筒貫入/回転法で測定した

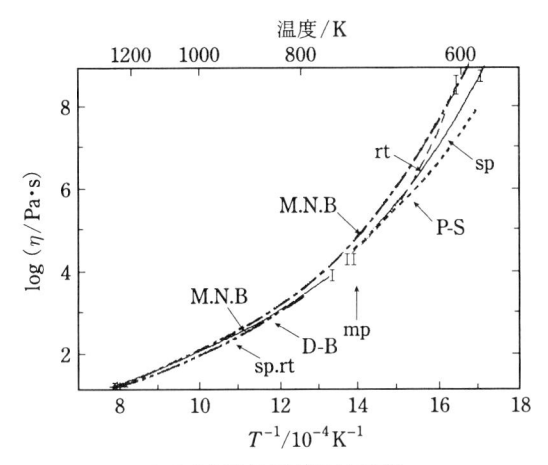

sp：スパイク平行板変形/回転法
rt：丸底円筒貫入/回転法
M.N.B：Mackenzie, Napolitano et al, Boow
P-S：Parks, Spaght
D-B：Dietzel, Brückner

図 7-18　$B_2O_3$ の粘度 [21]

結果を文献値と比較して図7-18に示した．測定の初期に可成り高めの値を与える．恐らく補正が充分でないことと，測定感度の低さが影響しているものと思われる．粘度が $10^7$ Pa・s 程度まで低下すると平行板変形の測定結果と一致してくる．回転法では有意な差は認められない．ここでは(7-6)式を用いて粘度を幾何形状より計算しているが，粘度の標準物質を用いて相対測定法を適用することも可能である．あるいはその方がむしろ実用的であるかもしれない．

### 振動法

Maxwellが吊り下げた円板の捩れ振動の減衰を観測し，その結果から空気の粘度を求めたのは1866年であった．これが振動法による粘度測定の元祖であるが，その後，振動法による粘度測定はあまり進展を見なかった．一つには粘度の測定要求が振動法に適する範囲から外れていたこと，それと毛細管法や回転円筒法などより簡単な測定方法が開発されたことによる．その後，粘弾性の測定に有効なことから再評価されている．振動法には3つのタイプがある．

1) Maxwellの行ったように試料中に懸垂体を置き,その回転振動の減衰を観測する方法（回転振動体法）, 2) 試料を容器にいれ,その回転振動の減衰を観測する方法（るつぼ回転振動法）,そして, 3) 試料中に振動片を入れ,それを一定振幅で駆動する時の駆動力を測定する方法（振動片法）である.

　溶融メタルの粘度測定に適しているのは, 2) のるつぼ回転振動法である.溶融メタルは粘度が低くかつ密度が大きい.そのため液中に粘度を検出する物体を沈めることが困難である.メタルからの浮力に打ち勝つ密度の大きい材料の選択という制約のため,検出体を用いる方法はうまくいかないことが多い.試料容器のみを必要とするるつぼ回転振動法（以下回転振動法）は溶融メタルの粘度測定法としてほぼ唯一の測定法である.振動片法は連続測定ができるという特長があり,工業用のモニターとして用いられることが多い.

　次節にるつぼ回転振動法の例を挙げる.以下の記述にもあるように,精度のよい測定をするためには装置はもとより,実験条件,測定操作に慎重さを要求される.実験者全般に要求される心構えを学べる良い例である.

（白石　裕）

## 回転振動法

　回転振動法は,雰囲気ガスの種類によっても減衰率が明確に異なる等,かなりの低粘度まで適用できる方法である.溶融金属に多く用いられる,るつぼ回転振動法も低粘度にはよく対応するが高粘度には不向きであり,溶融珪酸塩等には殆ど適用できない.適用上限は装置や条件にもよるが高々50 mPa・s程度と考えられる.しかし多くの溶融金属はこれよりずっと低粘度なので殆ど問題にならない.図7-19[22)]は筆者らの粘度計内部の回転振動部を示したものである.円筒形るつぼはタングステン棒によってアルミニウム製の慣性円板に接続され,その上部に取り付けられたミラーブロックと共に白金合金線で吊り下げられている.慣性円板には上下に設置した電流・電圧コイルによって電磁的に回転力が与えられ,これによって初期振動を開始させる.

　振動の様子はレーザー光源からの光をミラーブロックで反射させ, 1 m離れたセンサー部に投影する.ここにフィルムを置けば軌跡を記録でき,振幅の変

7章 粘度　　197

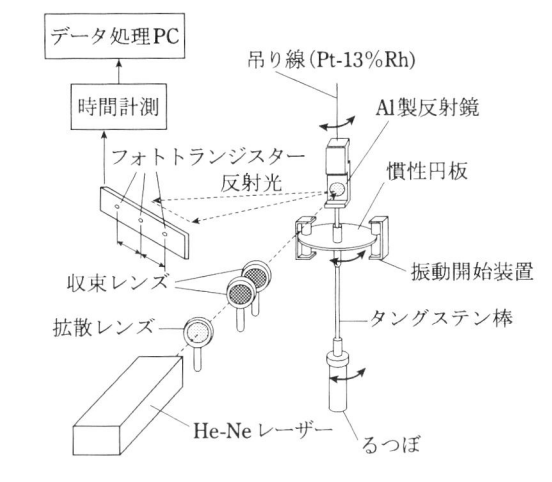

図 7-19　回転振動系と光学的検出系

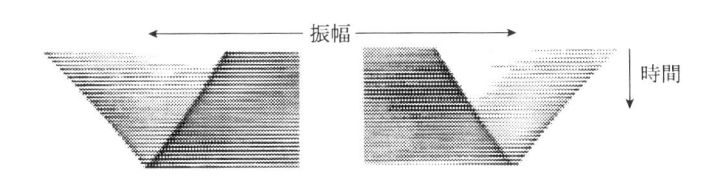

図 7-20　フィルム上に記録した減衰振動波形

化より対数減衰率を得ることが出来る．フィルムに記録した軌跡の例を図7-20に示す．

　図の時間軸の方向にフィルムを移動して記録し，フィルム下端ではフィルムの記録方向を変えて折り返しで記録しているが，対数的に減衰している様子がよく判る．この場合は，振動周期は別途測定する必要がある．

　フィルムによる記録は1970年代までであり，現在は総てコンピュータ計測である．この場合，振幅を直接計測するよりも時間計測の方が容易であり精度も高い．その嚆矢は1975年のØyeらの論文[23)]であり，当時の邦貨で数千万円と推定されるミニコン（メーンフレーム＝大型機に対する当時の呼び名）システムを用いて測定を行った．時間計測による測定が原理的に可能であることを

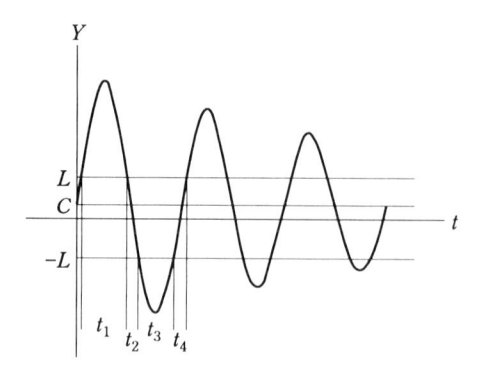

図7-21 減衰曲線および1周期内での時間間隔

確信した筆者は，1984年に当時発売された国産の16ビットパソコンを用いて測定法を別途開発した．

そこで，時間計測における振動周期および対数減衰率の測定法について述べる．図7-21に回転振動によって得られる波形の軌跡を示す．時間計測においては反射光が通過する場所に2個の光センサーを置く．波形は式(7-14)式によって表される．

$$Y = A\exp(-Bt)\sin\omega t + C \tag{7-14}$$

ここで$Y$は時間$t$における軌跡，$A$は初期振幅，$B$は減衰のパラメータ，$\omega$は角振動数であり，$C$は2個のセンサーの中心を基準とした振動の中心の位置を表す．ここで周期$\tau$と対数減衰率$\delta$は(7-15)式および(7-16)式で表される．

$$\tau = 2\pi/\omega \tag{7-15}$$
$$\delta = 2\pi B/\omega = B\tau \tag{7-16}$$

センサー間を反射光が通過する時間を計測すると図のように1周期につき$t_1$，$t_2$，$t_3$および$t_4$の4個の時間間隔が得られる．これらは減衰の進行に伴って変化するので，その変化より$\tau$および$\delta$を求める．$C=0$であれば解析解が得られるが，著者らは$C \neq 0$の条件において近似解を求める方法[4]を開発した．この近似法による振動周期および対数減衰率の誤差は$10^{-5} \sim 10^{-3}$％と十分に小さく無視できる．

図7-22には粘度計全体の図を示す．装置内部はヘリウム雰囲気に保たれ，ガ

7章 粘度

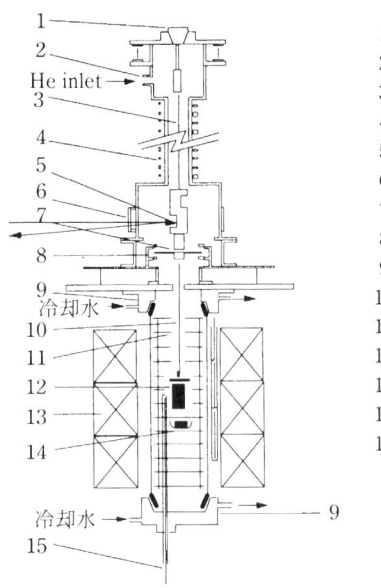

```
1. 回転頂部
2. ガス入口
3. 吊り線
4. 温水循環チューブ
5. 反射鏡
6. ガラス窓
7. 慣性円板
8. 振動開始装置
9. 水冷盤
10. タングステン棒
11. モリブデン遮熱板
12. るつぼ
13. 三段分割炉
14. 脱酸用ジルコニウムスポンジ
15. 熱電対
```

図 7-22 回転振動法粘度計の全体図

ラスの窓を通してレーザー光の入射，検出が行われる．

　実験で得られる物理量は，上記のように振動周期と対数減衰率である．これから粘度を求めるためには，検定法と絶対法がある．前者は粘度および密度が既知の標準液体を数種類用意し，それらを用いて粘度計の装置定数を求めるものであり，代表的にはKnappwostの方法[24]がある．しかし高温での検定は困難かつ誤差が多く，粘度および密度のみならず，融点や表面張力も異なる等，信頼できる標準試料を見出すことは困難である．そこで，今日では流体力学的な関係式を用いて物理的パラメータから直接計算する絶対法が用いられる．これにも多くの方法があり，一般にはかなり煩雑である．著者らは，最も信頼性が高いとされる (7-17) 式に示すRoscoeの計算式[25]を用いた．

$$\eta = \left(\frac{I\delta}{\pi R^3 HZ}\right)^2 \frac{1}{\pi\rho T} \tag{7-17}$$

但し $Z = \left(1 + \frac{1}{4}\frac{R}{H}\right)a_0 - \left(\frac{3}{2} + \frac{4R}{\pi H}\right)\frac{1}{p} + \left(\frac{3}{8} + \frac{9R}{4H}\right)\frac{a_2}{2p^2} +$
$\quad 0 - \left(\frac{63}{128} - \frac{45R}{64H}\right)\frac{a_4}{4p^4} + \cdots$

$$a_0 = (1-\Delta)\left[\frac{\sqrt{1+\Delta^2}+1}{2}\right]^{\frac{1}{2}} - (1+\Delta)\left[\frac{\sqrt{1+\Delta^2}-1}{2}\right]^{\frac{1}{2}}$$

$$a_2 = \left[\frac{\sqrt{1+\Delta^2}+1}{2}\right]^{\frac{1}{2}} + \left[\frac{\sqrt{1+\Delta^2}-1}{2}\right]^{\frac{1}{2}}$$

$$a_4 = \frac{a_2}{\sqrt{1+\Delta^2}}$$

$$p = \left(\frac{\pi\rho}{\eta T}\right)^{\frac{1}{2}} \cdot R$$

$$\Delta = \frac{\delta}{2\pi} \qquad \delta = \ln\left(\frac{A_i}{A_{i+1}}\right)$$

但し，ここで $\delta$ は対数減衰率，$A_i$ は $i$ 番目の振幅，$T$ は振動周期，$H$ は試料液体の高さ，$R$ はるつぼの半径，$I$ は懸垂系の慣性モーメント，$\rho$ および $\eta$ はそれぞれ融体の密度および粘度である．但し，$\delta$ は実測値から空容器の対数減衰率を差し引いた値である．しかしながら，この式は $\eta$ を再帰的に含み，このことが計算を複雑にしている．ここで (7-17) 式を用いて粘度を求める計算法としては，周期 $T$ と対数減衰率 $\delta$ を実験的に求め，ある $\eta$ を仮定して $p$ の値を，この $p$ より $Z$ を求めることとした．つまり $\eta \to p \to Z \to \eta$ の繰り返し計算を行い，仮定した $\eta$ とこれを用いて算出した $\eta$ の値が一致したときの値を，真の値と定めるという方法である．ここで $H = M/\pi R^2 \rho$（$M$ は融体の質量）で与えられるため，実際の計算では $H$ ではなく $M$ が必要となる．

　Roscoe の式を用いた計算に当たり，内径の異なるるつぼを用いたり，吊り線の材質や太さを変えたりしても，得られる粘度は殆ど変わらないことが筆者によって確認されている．このような条件を変えると振動周期や対数減衰率は共に大きく変化し，とても同様な粘度が算出されるようには見えないが，現実

7章　粘度

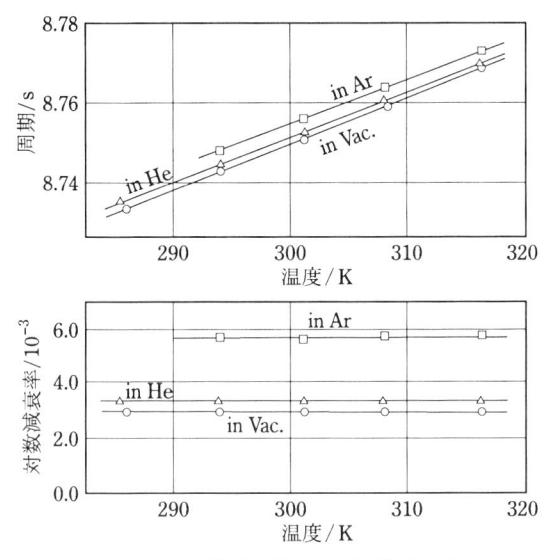

図 7-23　吊り線温度が振動周期および対数減衰率に及ぼす影響

に計算してみると，殆ど変わらない妥当な値が得られる．これは絶対法の大きな利点であり，装置定数を定める検定法ではあり得ないことである．

　図7-22に示すように吊り線部は銅パイプを巻いているが，これは吊り線温度を一定に保つためである．図7-23には，空るつぼを用いて吊り線部の温度を変化させた時の各種雰囲気での振動周期と対数減衰率を示す．振動周期は吊り線の剛性と振動系の慣性モーメントで決まり，吊り線の温度変化により変化するが雰囲気による違いは微小である．そこで，銅パイプに温水を流して吊り線部の温度を一定に保った．一方，対数減衰率は吊り線温度には殆ど依存しないが雰囲気によって大きな違いを示す．このことは回転振動法では極めて低い粘度でも検出できることを示し，工夫次第で気体の粘度さえ十分な精度で測定出来る．

　ところで，このように回転振動法は低粘度に適しているが，前述のように粘度の高い範囲では上限が存在する．円筒形のるつぼを用いて回転振動をさせると，るつぼ壁では常に角速度が変化する．また，るつぼ壁に接した液体はるつぼと一緒に動くが，中心部の液体は静止したままである．そこで，るつぼ壁に

近い部分には中心に向かう角速度の勾配が生じ,仮想的液層の間に摩擦が生じることになる.この摩擦によって回転振動の運動量が失われ,回転振動の減衰として観察される.粘度が高くなると,この角速度勾配が緩やかになり減衰は大きくなるが,静止しているはずの中心部にまで及ぶと逆に減衰が小さくなって,見かけ上,粘度が低下したかの様な挙動を示す.これは全体の角速度が等しい固体試料(空るつぼを含む)においては減衰が起こらないことを想起すればよい.この上限を高くするためには,るつぼ径を大きくするか,吊り線の剛性を高めて振動周期を短くする方法がある.

加熱用の炉に関しては,$MoSi_2$製の発熱体をスパイラル状にしたヒーターを三段積層し,それぞれ独立に温度制御している.これはるつぼの付近でフラットな温度分布を得るためであるが,これだけでは均一な温度分布は得られない.そこで,るつぼの上下にれぞれ20枚程度のタングステン製やモリブデン製の遮熱板を設置した.その結果,図7-24に示すような良好な温度分布を得た.本装置では,温度分布の制御は常に確認しながら細かく行っており,るつ

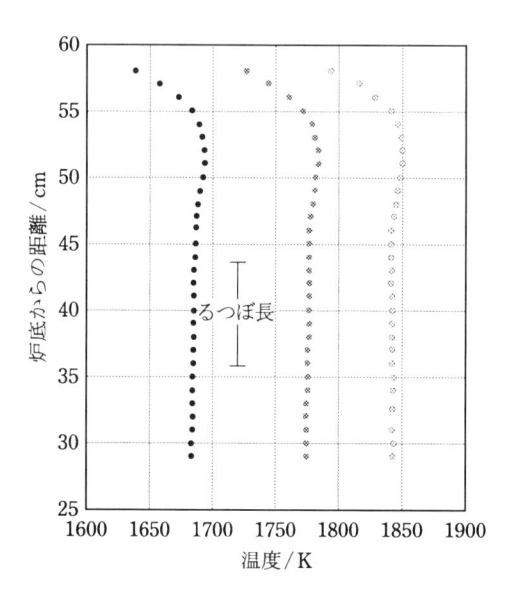

図7-24 本装置の炉の温度分布

ぼの全長にわたって±0.5 K以内で，かつ対流防止のため，上部の温度が下部より低くならないように設定している．本装置の最高温度は1873 Kであり，従来の同種の装置において温度分布に言及した文献はほぼ皆無である．これは従来の研究においては，温度分布は検討対象にならなかったことを示唆している．しかし筆者の経験によれば，1873 Kクラスの装置で何の対策も取らない場合，るつぼの温度は場所によって10～30 Kも異なり，これでは精密な測定など望むべくもない．従来の多くの研究の不確かさの大きな原因かも知れない．

ところで，粘度算出に用いるRoscoeの式は液体表面やるつぼ底部の影響まで考慮してはいない．そこで，これらの影響を検討するために，試料深さを変える実験を試みた．試料は溶融すずであり，同一の黒鉛るつぼに装入量を種々変えて温度573 Kで測定を行い，Roscoeの式によって計算される見かけの粘度を試料液体の深さ/半径の比$h/r$に対してプロットし，図7-25に示す．

これより，$h/r$が小さい場合には表面や底面の影響と思われる見掛け粘度の上昇が起こる．筆者は，この図を根拠にして，$h/r$がなるべく大きい条件，具体的には$h/r$が6以上，出来れば8以上となるようにして実験を行った．この比率は文献に見るものよりも多分に細長いるつぼを意味する．文献値における$h/r$は明らかではないが，殆どが2～4程度らしく，これも誤差要因と考えられる．

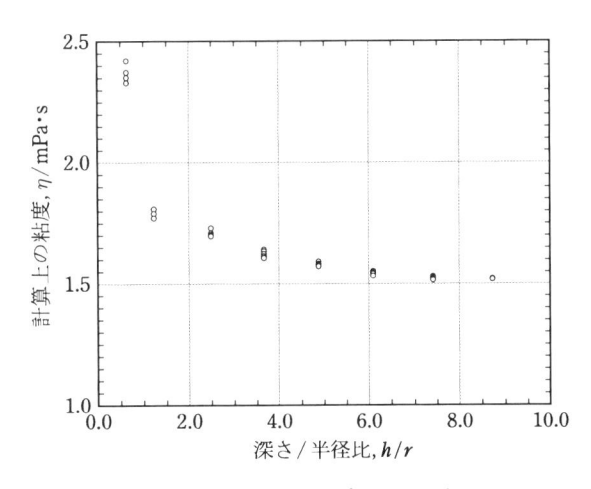

図7-25　$h/r$比が見掛け粘度に及ぼす影響，溶融Sn，573 K

表7-5 入力パラメータの誤差の粘度計算値への伝播

| パラメータ | +0.1% | +0.3% | +1.0% |
|---|---|---|---|
| 対数減衰率 | +0.28% | +0.82% | +2.64% |
| 振動周期 | −0.10% | −0.30% | −0.99% |
| るつぼ半径 | −0.37% | −0.75% | −2.93% |
| 慣性モーメント | +0.24% | +0.73% | +2.45% |
| 試料質量 | −0.24% | −0.71% | −2.34% |
| 試料密度 | +0.09% | +0.29% | +0.96% |

このように回転振動法における粘度測定には,他の実験同様,多くの誤差が含まれる.炉の温度分布や$h/r$が及ぼす誤差を定量的に評価することは容易でないが,Roscoeの式による粘度計算の誤差は半定量的に評価できる.そこでは,各種の入力パラメータがそれぞれ誤差を含んでおり,それらの誤差は最終的に計算された粘度の誤差として現れる.そこで,各種パラメータを0.1%,0.3%および1.0%増加させ,最終的な粘度がどう変化するかを見たのが表7-5である.用いたデータは溶融鉄の実測値である.それぞれが正負の効果を持ち,与える程度も異なっているが全体的には誤差は増幅されるようである.しかし,それらのパラメータ自身の含む誤差はそれぞれ異なる.例えば,振動周期や試料質量の測定誤差は0.01%以下であり粘度に与える影響は問題にならない.一方,るつぼの半径測定はノギス精度であって,誤差0.3%以下は期待出来ない.もっと問題なのは密度である.他のパラメータとは異なり,密度は別個の測定に頼らざるを得ず,場合によっては1%以上の不確かさを含む.幸い,密度の誤差は増幅されないようであるが,文献値を用いる場合,測定法や試料の調製等を確認し,最も確からしい値を用いることが重要であり,場合によっては自分で実験・測定することも考えられる.

ところで,るつぼを用いる回転振動法の大きな長所は,るつぼが単純な形状であるために,様々な材質が使えることにある.そこで筆者の用いた典型的なるつぼを図7-26に示す.形状は蒸気圧によって分類している.(a)は鉄やシリコン等の低蒸気圧用であり,材質は典型的には高純度アルミナであるが,黒鉛,窒化硼素,窒化珪素,炭化珪素,マグネシア,イットリア,石英等も用いられ[26],試料融体との反応性等に応じて使い分ける.(b)は蒸気圧の高い試料

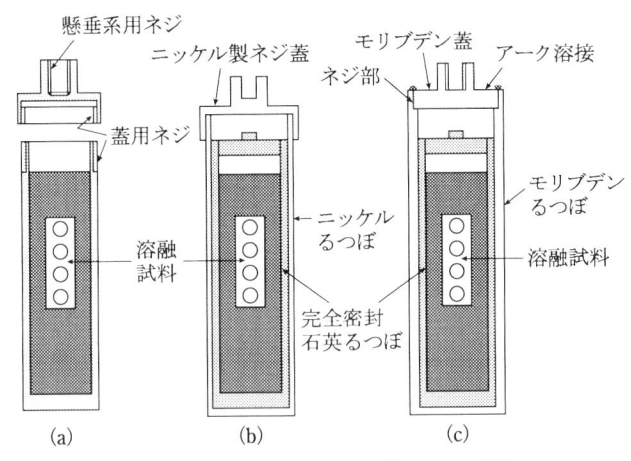

図7-26 蒸気圧の違いによる種々のるつぼ

を石英管に真空封入し,それをニッケルるつぼに収容して吊り下げるもので,石英と反応しないものであることが条件となる.これにより,InSb等のマイルドな化合物半導体や高蒸気圧のCd-Te合金系等の粘度を測定した.(c)はGaAs等の高温かつ非常に蒸気圧の高い化合物半導体に用いたヘビーデューティーのるつぼである.試料を真空封入した石英管をモリブデンるつぼに収め,蓋を溶接して二重に封入した.化合物半導体は凝固時に膨張するために石英るつぼは割れる.それでも毒性の砒素等を漏らさないためのものである.

このようにして,種々の金属の粘度を測定し,図7-27に示す.ほぼ総ての金属についてアーレニウス型の良好な温度依存性を示す.この中で,亜鉛およびカドミウムは図7-26(b)のるつぼを用いることによって沸点まで測定された.全体として見ると,半導体のシリコンおよびゲルマニウムを除いて,融点の低い金属ほど粘度が小さく,活性化エネルギーも低い傾向がある.半導体が当てはまらない理由として,固体構造の違いが考えられる.通常の金属は固体ではfccやbccあるいはhcp等の稠密あるいはそれに近い単純な構造であるが,半導体はダイヤモンド構造である.この構造は原子間の隙間が多く,溶融状態よりも大きなモル体積を有する.溶融すれば,通常の金属に近い状態になると言われている.また,固体の結合様式は共有結合であり結合力が強い.このため

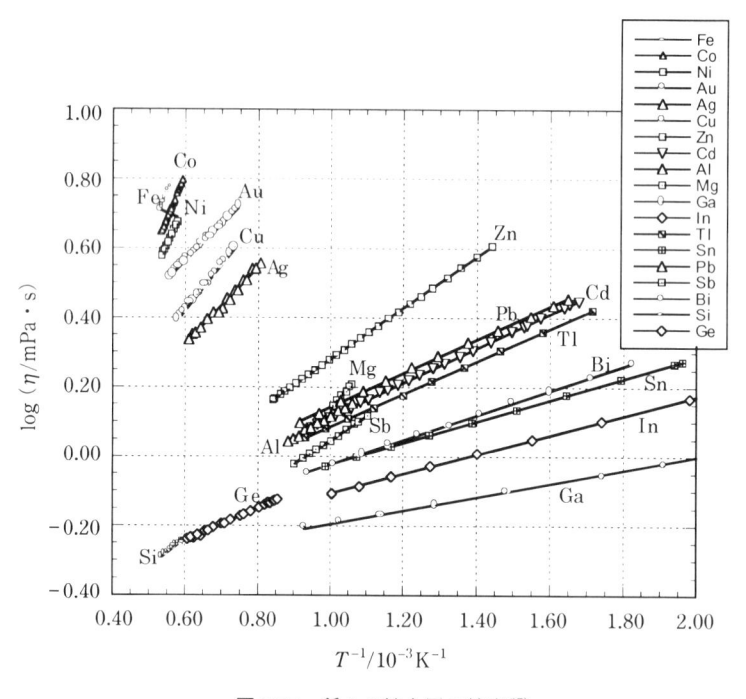

図7-27 種々の純金属の粘度[27]

に，類似の金属よりも融点がかなり高くなり，溶融時には既にかなり過熱された状態と言えるかも知れない．このために融点は高いものの，溶融状態では低融点金属と同様な挙動を示すために，高融点にも拘わらず低い粘度を示すものと考えられる．

（佐藤 讓）

**参考文献**

1a) 川田裕郎：粘度，コロナ社，(1958).
1b) R.A.Rapp ed.: Physicochemical Measurements in Materials Research, Part 2, Chapter 7A; Viscometry and Densitometry, Interscience Publishers, (1970).
2) 江島辰彦，嶋影和宜，佐藤 讓，奥田治志，熊田伸弘，石垣昭夫：日本化学会誌, No.6 (1982), 961.

3) Y. Sato, Y. Matsuzaki, M. Uda, A. Nagatani and T. Yamamura: *Electrochemistry*, **67** (1999), 568.
4) 江島辰彦,佐藤 讓,八重樫誠司,木島 隆,竹内英治,玉井京子:日本金属学会誌, **51** (1987), 328.
5) W. Brockner, K. Grjotheim, T. Ohta and H. A. Øye: *Ber. Bunsenges, Phys. Chem.*, **79** (1975), 344.
6) I. G. Murgulescu and S. Zuca: *Z. Phys. Chem.* (Leipzig), **222** (1963), 300.
7) N. V. Bondarenko and KH. L. Strelets: *J. Appl. Chem.*, *USSR*, **38** (1965), 254.
8) 阿部宜之,小杉山乙矢,長島 昭:日本機械学会論文集(B編), **47** (1981), 1612.
9) D. Dumas, B. Fjeld, K. Grjotheim and H. A. Øye: *Acta. Chem. Scand.*, **27** (1973), 319.
10) G. J. Janz: Molten Salt Standard Program Project Final Report, (1979).
11) Y. Sato, M. Fukasawa and T. Yamamura: *Int. J. Thermophys.*, **18** (1997), 1123.
12) 飯田孝道,森田善一郎,竹内 栄:日本金属学会誌, **39** (1975), 1169；飯田孝道:金属, **67** (1997), 901.
13) 白石 裕,櫻井 裕:金属, **67** (1997), 925.
14) 白石 裕,小川 浩:東北大学選鉱製錬研究所彙報, **44** (1988), 8.
15) 白石 裕:金属, **71** (2001), 77.
16) 中島邦彦:ふぇらむ, **15** (2010), 194.
17) Y. Shiraishi, Y. Sakrai: VII Intern. Conf. on Molten Slags, Fluxes, Salts, South African Inst. Min. and Met., (2004), p.215.
18) 白石 裕,長崎誠三,山城道康:日本金属学会誌, **60** (1996), 184; Y. Shiraishi, S. Nagasaki, M. Yamashiro: *ISIJ, Intern.*, **37** (1997), 383
19) E. H. Fontana: *Am. Ceram. Soc. Bull.* **49** (1970), 594.
20) Y. Shiraishi, S. Nagasaki, M. Yamashiro: *J Non-Crystall. Solids.*, **282** (2001), 86.
21) Y. Shiraishi, Y. Sakrai: Yazawa Intern. Symp. Metallurgy and Mater. Proc. Vol. 1, Mater. Proc. Fundamentals and New Technol., TMS., (2003), p.463.
22) Y. Sato et.al.: *J. Cryst. Growth,* **249** (2003), 404.
23) T. Ohta, H. A. Øye *et.al.*: *Ber. Bunseges. Phys. Chem.,* **79** (1975), 335.
24) A. Knappwost: *Z. Phys. Chem.,* **200** (1952), 81.
25) R. Roscoe: *Proc. Phys. Soc.,* **72** (1958), 576.
26) Y. Sato, Y. Kameda, T. Nagasawa, T. Sakamoto, S. Moriguchi, T. Yamamura and Y.Waseda: *J. Cryst. Growth,* **249** (2003), 404-415.
27) 佐藤 讓:ふぇらむ, **15** (2010), 65.

# 8章への プロムナード

　"語り継ぐ人もなく　吹きすさぶ風の中へ
　　　まぎれ散らばる星の名は　忘れられても
　ヘッドライト・テイルライト
　　　　旅はまだ　終わらない"（中島みゆき：作詞・作曲）
　これは私の所属する男声コーラスの持ち歌の一つで，発表会のアンコールで良く歌われるものです．歌詞の中で「まぎれ散らばる」は纏まっていたものがバラバラになり離ればなれになってゆく，つまり「拡散」する情景を示しております．正確には，風の中ですから「渦拡散」というところですが．

　始めにある特定の場所にあったもの（物理量）が時間と共に空間的に広がり薄まってゆく現象（局所的密度の減少）を拡散と言います．まき散らす（diffusus）というラテン語に由来します．詳しいことは次章で述べられますが，ここで少し拡散の過程を見てみましょう．カップにコーヒーを注ぎ，砂糖を静かに加えます．そのまま静かに置いておくと砂糖は徐々に溶け，やがてコーヒーは甘くなって飲み頃になります．砂糖を早く溶かして飲むためにはスプーンでかき混ぜます．トルコ・コーヒーはかき混ぜないで未溶解の砂糖を底に残すのが普通の飲み方だそうですが，それはさておき，このプロセスは，砂糖がコーヒーに溶けて，徐々にカップの中を拡散し，やがて全体が一様な甘さになることで，かき混ぜるとこの拡散のプロセスが促進されて，均一な砂糖溶液が早く出来ます．一旦均一になった砂糖の溶液は，どうやっても，もとのコーヒーと砂糖に分けることは出来ません．コーヒーを蒸発させて砂糖を残すというのは違ったプロセスで，今の場合反則行為です．このように，完成した状態をもとの状態に戻せない変化を不可逆変化といいます．これと反対に，もとに戻せるプロセスも考えられます．

　いま，時間に依存するプロセスで，そのプロセスを表す方程式を考えます．もし時間変数の符号を変えても方程式が変化しないならば，そのプロセスを可逆プロセスと言い，そうでないプロセスを不可逆プロセスと呼びます．例えば吸収のない媒体中の速度 $u$ の波の伝搬；$(1/c^2)(\partial^2 u/\partial t^2) = \partial^2 u/\partial x^2$ を考えましょう．この式は明らかに時間 $t$ を $-t$ に置き換えても不変です．つまり，可逆プロセス（可逆変化）です．反対に，熱伝導の式；$(1/\alpha)(\partial T/\partial t) = \partial^2 T/\partial x^2$ は $t \to -t$ の置き換えで変化し

ます．この式は熱拡散率$\alpha$の媒体中で，温度$T$の時間変化という不可逆プロセスを示し，熱は温度の高いところから低いところに移動し，ついには均一温度の熱平衡に達して安定します．

多くの力学的プロセスは理想的には可逆変化に属します．理想的と言いましたのは，そのプロセスに損失のないことを意味しております．でも，損失のないプロセスというのは現実にはありません．人工衛星でも僅かな大気抵抗のため長い年月のうちには高度を下げ，ついには宇宙ゴミになってしまいます．光学的プロセスはロスの少ないプロセスの典型でしょう．でも，光ファイバーにも長距離通信では途中に増幅器が必要です．ですから，我々の身の回りのプロセス，あるいは現象は凡て不可逆現象と考えられます．拡散現象はその典型です．

不可逆変化の特長はエントロピーの増加にあります．エントロピーそのものの話は致しませんがエントロピーは秩序性を示す熱力学量です．秩序性が保たれている時に小さく，秩序性が失われると大きくなる性質を持っています．そして，「エントロピー最大の状態が安定な状態」というのが熱力学の教えるところです．ですから，「自然に起る変化の方向はエントロピーの増加する方向」，つまり秩序性の喪失方向と一致します．外部から何等かの仕事（エネルギー）が与えられない限りエントロピーが減少することはありません．ですから，ある系の中で拡散が起るとその系のエントロピーは増加して安定な状態になり，自然には元にもどれないのです．

オバマさんが「核兵器の廃絶」，そして当面の「核拡散防止」を謳って2010年のノーベル平和賞を受けました．アメリカ大統領が理想主義を掲げるという大変感動的な場面でした．現在，核兵器を保有する国は$(7+\alpha)$ヶ国ですが，拡散現象の視点からすると，核兵器は世界各国に散らばって核兵器保有国が増加するというシナリオが自然に起る変化です．この核兵器の拡散を阻止することは，エネルギーを必要とする中々大変なことと言わざるをえません．勿論，核兵器が地球上から消え失せる事が望みですが，それには全人類の合意と覚悟が必要で，見通しは困難です．核兵器の発明を恨みたくもなりますが，原子力の恩恵を嫌でも受けている我々．そのポジティブな面を選択的に利用するためには，我々の生き方や考え方そのものを根本的に考え直す必要があります．間違っても，我々の地球を「まぎれ散らばる星」にしないために．

(白石　裕)

# 8章 液体金属および溶融塩中の拡散係数の測定

## 8-1 はじめに

　金属製錬や精製においては固体・液体,液体・気体など液体を含む異相間の化学反応を含むことが多い.反応は異相界面に反応物が移動し,次いで化学反応を生じ,さらに反応生成物が界面から沖合に移動する,というプロセスで進行する.この3つの要素のなかで,高温においては化学反応速度は比較的早く進行し,反応物や反応生成物の物質輸送が比較的遅く,反応速度を支配することが多い.したがって,金属融体やスラグ・溶融塩などのイオン性融体中の拡散係数は高温反応の速度を理解するうえで欠かせない物性値である.また,融体溶媒中に添加された反応物が溶解し,溶解物質相互の反応で固体生成物を生ずる場合には,拡散過程が固体生成物の析出形態や寸法を支配することもあり,精度のよい高温融体中の拡散係数の値は工業プロセス反応の解析と制御にとって重要である.

## 8-2 相互拡散,固有拡散,自己拡散

### Fickの第1および第2法則

　原子,イオンが,それらの濃度勾配がある液体中を拡散する場合,流束密度 $J$ (mol・m$^{-2}$・s$^{-1}$) は濃度 $C$ (mol・m$^{-3}$) の勾配に比例するというFickの第1法則 (8-1) に従う.

$$J = -D(\partial C/\partial x) \tag{8-1}$$

ここで拡散係数 $D$ (m$^2$・s$^{-1}$) は狭い濃度範囲では濃度に依存しない比例係数で

ある．位置 $x$ における単位体積中の拡散物質の濃度の時間依存性は流束密度 $J$ で (8-2) 式で表される．

$$\partial C(x,T)/\partial t = \partial J(x,t)/\partial x = \partial(D(\partial C(x,t)/\partial x))/\partial x \quad (8\text{-}2)$$

式 (8-2) の導出にあたって，質量は保存するという連続性を仮定した．拡散係数の濃度依存性が無視できる場合には式 (8-2) はFickの第2法則 (8-3) となる．

$$\partial C/\partial t = \partial J/\partial x = (D(\partial^2 C/\partial x^2)) \quad (8\text{-}3)$$

式 (8-3) を特定の初期条件，境界条件で解くことにより，位置 $x$ における濃度 $C$ の時間 $t$ における値 $C(x,t)$ を求めることができる．たとえば，いま X 軸に沿って，時刻 0 において，ある有限量の溶質が原点にあり，正及び負の方向に拡散する場合を考える．時間 $t$，位置 $x$ における濃度は，式 (8-3) を与えられた境界および初期条件のもとで解くことにより得られる．原点にあった溶質は時間経過とともに滲み拡がる．

$$C(x,t) = (1/(4\pi Dt)^{-1/2}\exp(-x^2/4Dt) \quad (8\text{-}4)$$

拡散係数を実験的に求める場合は，与えられた境界条件のもとで溶質を一定時間拡散させ，濃度分布（浸透曲線ともいう）を測定する．高温融体の場合は固体と異なり濃度分布を測定するのに工夫を要する．液体状態を保持したまま，浸透曲線を測定できれば最も確度・精度のよい測定となるが，実際はいったん冷却凝固して浸透曲線を得る場合が多い．融体から凝固すると金属では4〜5％の，またイオン性化合物では15〜25％程度の体積収縮があり，液体状態の濃度分布は凝固により融体内に流動を生じ，浸透曲線は攪乱を受ける．種々の工夫が浸透曲線を得るためになされている．詳細は後節でのべる．

## 相互拡散係数（化学拡散係数）

いま成分Aおよび Bからなる2成分系を考える．ある組成では2成分系の体積 $V$ は各成分の部分モル体積 $\bar{V}_A$ および $\bar{V}_B$ などで次式で表される．

$$V = N_A \bar{V}_A + N_B \bar{V}_B \quad (8\text{-}5)$$

ここで $N_A$ および $N_B$ はそれぞれ成分AおよびBのモル数である．両辺を $V$ で割ることにより，成分AおよびBの密度（単位体積当たりのモル数），$n_A$ および $n_B$ で溶液の体積を (8-6) のように表せる．

$$1 = n_A \overline{V}_A + n_B \overline{V}_B \qquad (8\text{-}6)$$

いま組成の異なるA-B 2成分融体を接触させた場合,接触点で濃度不均一を生じ,原子拡散が始まる.いまX軸方向のみに濃度差を生ずる場合を考える(1次元拡散).すると,式(8-6)の両辺を $x$ で微分してAおよびBの濃度勾配と部分モル体積の関係(8-7)が得られる.

$$\frac{\partial n_A}{\partial x}\overline{V}_A + \frac{\partial n_A}{\partial x}\overline{V}_B = 0 \qquad (8\text{-}7)$$

また,軸に垂直な断面を通じて成分AおよびBの拡散による流束 $J^{int}_A$ および $J^{int}_B$ を生ずる.流束は式(8-1)のFickの第1法則により(8-8)および(8-9)のように表される.

$$J^{int}_A = -D^{int}_A \frac{\partial n_A}{\partial x} \qquad (8\text{-}8)$$

$$J^{int}_B = -D^{int}_B \frac{\partial n_B}{\partial x} \qquad (8\text{-}9)$$

成分AおよびBが互いに拡散しても体積には変化がない,と仮定できる場合には(この条件がない場合については後に考える)次式を得る.

$$J^{int}_A \overline{V}_A + J^{int}_B \overline{V}_B = 0 \qquad (8\text{-}10)$$

したがって

$$-D^{int}_A \frac{\partial n_A}{\partial x}\overline{V}_A + \left(-D^{int}_B \frac{\partial n_B}{\partial x}\overline{V}_B\right) = 0 \qquad (8\text{-}11)$$

式(8-11)に式(8-7)を代入すると

$$D^{int}_A = D^{int}_B \qquad (8\text{-}12)$$

すなわち式(8-12)で表されるものが相互拡散係数あるいは化学拡散係数であり,組成に不均質がある2成分系の混合の速さの程度,相互拡散を定量的に表す物性値である.

## 固有拡散係数(Intrinsic diffusion coefficient)

さて,AおよびB成分の異なる2液体を接触させて拡散を開始すると,AとBの固有拡散係数に差異があるのが通常である.例えばAのほうがBよりも固

有拡散係数が大きい場合には，Aをより多く含む側からAが流出し，体積の移動を生ずる．すなわち原子の移動は，拡散に加えて，マクロな体積移動に起因するものも加わる．この体積移動はAおよびB原子の両方に一様に作用する．体積移動と同じ速度で2液の界面を移動させ，界面を基準に $x$ 座標を定めれば，原子の移動のうち拡散によるものだけを次式で表すことができる．式(8-13)中の上付きのiは固有拡散を示し，$D^i_k$ は原子kの固有拡散係数を表す．

$$J^i_A = -D^i_A \frac{\partial n_A}{\partial x} \tag{8-13}$$

$$J^i_B = -D^i_B \frac{\partial n_B}{\partial x} \tag{8-14}$$

移動する界面が単位時間に掃引する体積が移動する体積 $\phi$ であり，次式で表される．

$$\phi = J^i_A \overline{V}_A + J^i_B \overline{V}_B \tag{8-15}$$

式(8-13)および(8-14)を式(8-15)に代入して

$$\phi = -D^i_A \frac{\partial n_A}{\partial x} \overline{V}_A - D^i_B \frac{\partial n_B}{\partial x} \overline{V}_B \tag{8-16}$$

さて，相互拡散係数の議論では拡散実験の開始時の界面を $x$ 座標の基準として固定した．その場合の流束 $J^{int}_A$ は固有拡散における流束 $J^i_A$ にマクロな体積移動に含まれるAのモル数を加えたものである．

$$J^{int}_A = J^i_A - \phi n_A \tag{8-17}$$

これに式(8-8)，(8-16)を代入して

$$-D^{int}_A \frac{\partial n_A}{\partial x} = -D^i_A \frac{\partial n_A}{\partial x} - \phi n_A \tag{8-18}$$

$$= -D^i_A \frac{\partial n_A}{\partial x}(1 - \overline{V}_A n_A) - D^i_B \frac{\partial n_B}{\partial x}(1 - \overline{V}_B n_A) \tag{8-19}$$

すなわち

$$D^{int}_A = D^i_A + \overline{V}_A n_A (D^i_B - D^i_A) \tag{8-20}$$

同様の関係はBについての流れの考察からも得られ，

$$D^{int}_B = D^i_B + \overline{V}_B n_B (D^i_A - D^i_B) \tag{8-21}$$

しかも式 (8-6) を考慮すると，式 (8-20) および (8-21) は互いに等しいことが分かり，A, B の混合の速さの指標である相互拡散係数は一つであることが分かる．

### 自己拡散係数

一成分からなる融体中でも原子(あるいはイオン)は他の原子と協力運動しながら移動する．この場合，注目する原子から見て，化学的雰囲気はいずれの方向も均質であり，原子移動の駆動力は密度のゆらぎに起因する濃度勾配のみである．このような条件下で定義される拡散係数を自己拡散係数という．測定方法としては同位体を追跡子として，以下に述べる一般的な拡散係数測定法を適用する．厳密には同位体原子間には質量差だけでなく化学的性質にも差があるので軽元素への適用には注意が必要である．そのほかに中性子非弾性散乱法も自己拡散係数の決定に適用される．自己拡散係数からは液体構造や拡散機構等の動的性質についての知見が得られる．

## 8-3　液体金属中の拡散係数測定法

液体金属の静的および動的構造を研究するうえで原子の拡散係数は重要な基礎的知見を提供する．このために高温で行われるという困難さにも拘らず，1950年代後半から液体金属の拡散係数の測定が開始されている．測定は高温で行われるために材料の選択や操作性に制約をうける．このために，確度や精度を向上するために測定原理の選択，誤差要因の検討，操作法などについて工夫が加えられてきた．特に近年微小重力下での測定が実施され，良質の拡散係数の測定がおこなわれ始めた．このような拡散実験に対する工夫の現状を概説する．

### 毛細管浸漬法

拡散実験は当初毛細管浸漬法によっておこなわれた．黒鉛などの耐火物製の一端が封止された毛細管中に追跡子を含まない試料液体を入れ，これを，追跡

子を濃度$C_s$で含むリザーバー浴中に一定時間$t$だけ浸漬し,浴中から拡散により毛細管へと移行した追跡子の総量$Q$を計測し,拡散係数を決定する.位置$x=0$の追跡子の濃度は常に一定という境界条件で一次元拡散方程式を解くことにより次式を得る.

$$D = \frac{\pi}{4t}\left(\frac{C_s}{C_a}l\right)^2 \tag{8-22}$$

ここで$C_s$はリザーバー浴中の追跡子濃度,$C_a$は拡散実験後の平均追跡子濃度,$l$は毛細管の長さである.この方法は操作が単純であり,また毛細管を拡散経路として採用することにより対流の影響を抑制するという利点を有している.しかし,得られる情報は拡散総量のみであることから,得られる拡散係数の精度および確度を高くし難い,という短所があった.

### 長毛細管法(拡散浸透曲線法)

長い毛細管からなる拡散セルを用いて,拡散物質の濃度の分布を測定し,拡散係数測定の高精度化を実現する試みがなされた[1].さらに高温融体の測定では温度の不均一を避けられず,また密度の不均一も伴うためにそれがわずかでも試料液体内部で自然対流を生じ,拡散係数の誤差要因となることが懸念された.1980〜90年代にFrohbergら[2]は長毛細管を用いて,スペースシャトルを用いた微小重力環境で拡散実験を行い,得られらた試料について浸透曲線を測定して,拡散係数を決定した.微小重力環境下を用いた理由は,自然対流を抑制するためである.錫の自己拡散係数については従来Swallinら[1)3]による丁寧な測定がおこなわれていたが,Frohbergらの結果は特に高温部で従来の測定値よりも小さいという結果が得られた.すなわち,自然対流の効果は微小重力下の実験で抑制できることを明示した報告であった.さらに拡散係数の温度依存性についても重要な結果が得られた.拡散係数は温度の$n$乗に比例し,さらに$n$は2前後の値である,と報告した.拡散係数の温度依存性は拡散の機構を議論するうえで重要な数値[3]であり,液体金属分野の研究者の強い関心を呼んだ.さらに微小重力環境で得られた拡散係数の測定精度(データのばらつき)が極めて高いことも注目された.

## シアセル法（微小重力環境利用拡散実験）

その後，拡散セルをX軸方向に薄いセルに分割し，実験修了時に液体状態で分割して，拡散試料の追跡子の濃度分布をより正確に行う，というシアセル法が提案された．このシアセル法を用いてYodaら[4)5)]はスペースシャトルを用いた微小重力環境実験（MSL-1ミッション）で半導体融体および液体錫の拡散実験を実施した．実験では部分セルを駆動するときの試料融体中に生ずる流れについてもシミュレーションを行い，その影響を検討している．Itamiら[5)]は同じMSL-1において長毛細管浸透曲線法で液体錫の自己拡散係数を900 Kから1622 Kまでの広い温度範囲で測定した．微小重力環境では密度の不均一に起因する自然対流は抑制される．しかし，合金成分の濃度の不均一や温度の不均一が生ずると，自由表面が存在する場合には，表面張力の不均一に起因するマランゴニ流れを生ずる．そこで液体金属試料に自由表面を生じないようなセルデザインが工夫された．伊丹らの測定結果を図8-1に示す．伊丹らの長毛細管拡散浸透曲線法による錫の結果は依田らのMSL-1でのシアセル法の結果とよく一致している．

また1070 KまでのFrohbergら[2)]の結果ともよく一致している．他方，地上環境（1 G）で測定されたMaおよびSwallin[3)]の結果と比較すると，700 K以上

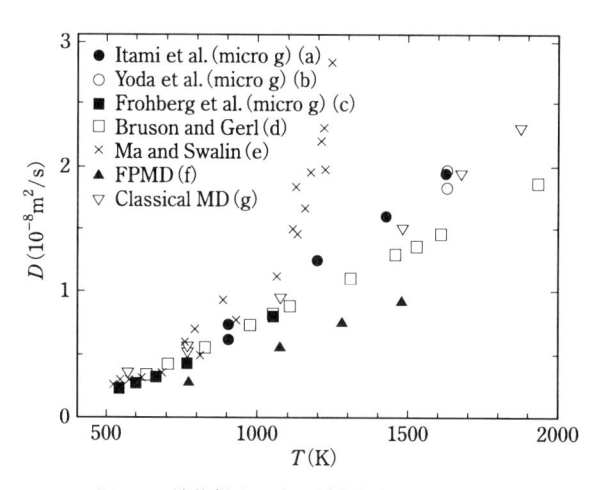

図8-1　液体錫中の自己拡散係数（Itamiら[5)]）

の温度ではより小さい値である．MaおよびSwallin[3]の結果は自然対流の影響を受けており，高温になるほどその程度が強いことを示唆した．金属液体の拡散係数の測定についての微小重力環境の利用について最近の進展は鈴木[6]が解説している．

## 分子動力学法による相互拡散係数の推算

剛体球系に対する分子動力学法が液体金属相互拡散係数の予測に適用されている．

粒子間に働く相互作用として，直接的には反発相互作用のみを考慮して希薄気体に対して拡散係数などを予測するEnskog理論を，2成分凝縮系に対して適用する試みがなされている[7]．相互拡散係数$D_{is}$は次式で表される[7]．

$$D_{is}=D_{is,g}/g_i(\sigma_{is}) \tag{8-23}$$

ここで$D_{is,g}$は希薄気体の相互拡散係数であり，$\sigma_{is}$は溶質および溶媒原子が接触するときの原子間距離であり，$g_i(\sigma_{is})$は接触時の動径分布関数である．式(8-23)は拡散運動における相関運動(隣接位置に移動した原子が次の移動で元の位置に戻る確率が大きいこと)を考慮していない．2成分剛体球系に対してAlderら[8]は分子動力学計算を行い，原子拡散運動における相関運動の効果を見積もっている．すなわち分子動力学法によって算出された拡散係数を$D_A$とし，Enskog剛体球モデルで算出された拡散係数$D_E$との比$D_A/D_E$を求めた．$D_A/D_E$は溶質・溶媒原子の質量比，半径比，密度などによって変化することを示した．この$D_A/D_E$を原子拡散運動の相関係数として用いて溶銅および溶融アルミニウム中の不純物拡散係数を算出し，実測値と比較して不純物拡散係数を支配する因子として溶媒の自由体積と拡散原子の半径が重要であることを江島ら[9]は指摘している．

Itamiら[10]は液体錫を対象として，原子間相互作用について分子動力学法を適用した．自己拡散係数を温度に対してプロットした図8-1に明らかなように，1900 Kまでの広い温度範囲にわたって分子動力学法により算出された拡散係数（▽）は文献値と符合することを示した．同時にポテンシャルの形を仮定することなく，逐次相互作用を量子力学計算するという第一原理分子動力学法を

も適用した．その計算結果（▲）は実測値よりも小さかったが，計算の対象としたシステムを大きくすることにより計算された拡散係数は大きくなったと報告している．

## 8-4　溶融塩中のイオン拡散，イオン移動度，その応用

　溶融塩はイオン性化合物が融解した状態であり，無機化合物に対して溶解度が大きく，またアルカリハロゲン化物のように分解電圧が大きいことから，アルミニウム，マグネシウム，レアアースなどの活性な金属の電解採取のための溶媒として用いられている．使用済み核燃料の再処理操作媒体として期待されている理由も，アクチニド塩化物よりも分解電圧が大きいアルカリ塩化物を溶媒として使用できるという事情によるものである．

　典型的なイオン性融体である溶融アルカリ金属塩化物では凝固に伴う体積変化（塩化セシウムで10％，最大は塩化リチウムで25％である．他方，金属は銅で4.2％程度である）が大きい．また，液体金属と比較して粘性率が1〜3 mPa·sと小さく，また表面張力も比較的小さく耐火物との濡れ性に富む，という物性の特徴を有する．従って，液体金属で適用されたシアセル法などを適用すると，セル間の隙間から溶融塩の漏れ出しを生ずる．そのために拡散総量を計測する毛細管浸漬法が多く採用されている．高精度で拡散係数を決定できる拡散浸透曲線を得る試みも耐火物製のろ紙を用いてForcheriおよびMonfrini[11]によってなされている．さらに溶融塩がイオン性液体であることを利用して電気化学非定常法による拡散係数測定も広く行われている．以下にこれらの測定法の概要を述べる．

**毛細管浸漬法（拡散総量測定法）**

　一端が開口で，他端が封止されている毛細管中に試料液体を入れる．追跡子を添加したリザーバー浴中に，この一端を封じた毛細管を浸漬し，開口を通じて追跡子を毛細管中に拡散させて，一定時間 $t$ 後にリザーバー浴から取り出す．毛細管内に拡散して入った追跡子の総量 $Q$ は次式で表される．

$$Q = 2C_s A \left(\frac{D \cdot t}{\pi}\right)^{1/2} \tag{8-24}$$

ここで，$C_s$ はリザーバー浴中の追跡子の濃度，$t$ は拡散時間，Aは毛細管の断面積である．測定実験では毛細管の開口端の追跡子濃度を一定に保つために毛細管をゆっくりと移動させるが，この操作に付随して開口端を通じてリザーバー浴が毛細管中に流体力学的に流入する．これは端効果と呼ばれ，補正が必要である．

## クロノポテンショメトリー法による不純物拡散係数の測定法

電気化学非定常法のひとつであるクロノポテンショメトリー法では，追跡子を微量添加した試料融体中に挿入してある作用極WEと対極CEとの間に，ある時刻から一定電流 $I_0$ を流し，参照極REを基準として，作用極の電位の時間変化を計測する．作用極の電位は次式のNernstの式により電極と接する溶液中の電気化学活性イオン種の濃度 $C_i^*$ に対応するので，電位を測定することにより活性イオン種の濃度をモニターすることができる．

$$E = E_0 + RT(nF)^{-1} \ln C_i^* \tag{8-25}$$

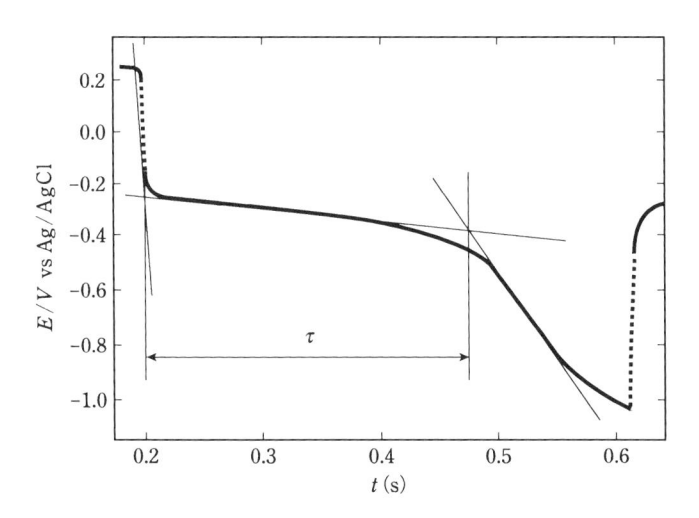

図8-2　LiCl-KCl中のAg$^+$のクロノポテンショグラム（550℃）

測定系は昇温装置，電気化学セル，非定常電気化学測定系からなる．電位の時間変化の典型例を図8-2に示す．時刻$t=0$から一定電流が流れ，追跡子（この場合Agイオン）は電解されてカソードに析出し始める．電位は(8-25)式に従って追跡子の平衡電位付近の値を示す．その後，電極付近のAgイオンが希薄になるに従って析出電位は緩やかにマイナス側に増加する．さらに析出が進行するとカソード電極表面と接する電解浴中の追跡子$Ag^+$の濃度がゼロとなり，拡散層を通じて供給される追跡子の電解電流（拡散限界電流）だけでは定電流$I_0$を満足できなくなり，新たなイオン種の電解が始まり，作用極の電位がマイナス側に急激に変化する．電位がほぼ一定電位に終始する遷移時間$\tau$を測定する．電気化学活性種について，Fickの第2法則に基礎をおく拡散方程式を上記に述べた初期，および境界条件で解くことにより，追跡子の拡散係数$D_i$はSandの式[12]といわれる次式を用いて遷移時間$\tau$と関係づけられる．

$$\frac{I\tau^{1/2}}{C_0^*} = \frac{AnFD_0^{1/2}\pi^{1/2}}{2} \tag{8-26}$$

ここで$C_0^*$は追跡子の濃度，$A$は作用極の面積，$F$はファラデー定数，$I$は印加電流である．

電極反応が拡散律速であることを確認するためには，(8-26)式の右辺が電流$I$に依存しないことに注目し，左辺の分子$I\tau^{1/2}$が電流，濃度に依存しないことを調べる．ただし，電極付近の拡散層の厚さは自然対流の影響を受けるので，自然対流に変動がある場合は決定される拡散係数の精度・確度を下げることになる．

## 微小重力環境下でのクロノポテンショメトリー

前節で述べたように，毛細管浸漬法はもちろんのこと，拡散層が比較的に薄い電気化学非定常法においても自然対流の影響は測定される拡散係数の確度および精度に影響を与えている可能性がある．そこで微小重力環境を利用して，自然対流を生じない環境下でクロノポテンショメトリー法により溶融塩中のイオン拡散係数を決定する実験が実施された．実験は1993年にスペースシャトルコロンビアの実験室を用いてNASDAとNASAの共同作業（MSL-1）で行われ

た(テーマ提案者：山村)[13]．スペースラボで電気化学実験を行うために電気化学制御・記録機能を持つコンパクトなB-BOX(Black Boxの略)が作製された．電気化学セルは安全性を保証するために三重の密閉，地上出発時の振動に耐えることなど輸送上の配慮が必要であった．研究者は地上に居ながら，電気化学実験の推移に関する情報をリアルタイムで提供され(実際はスペースシャトル，NASA，つくばセンターの順に情報が流れるので少々の時間を要するが)，データを解析した研究者が電気化学セルの交換，実験停止などの指示を，逆の経路を通じてスペースシャトルに送り届けることになる．このために事前に複数のセルの準備，データ解析を迅速に行う，などの準備が必要であった．

　微小重力環境での使用を考慮して作製された非定常電気化学セルの概略図を図8-3に示す．試料液体であるLiCl-KCl共晶組成溶融塩と3本の電極(銀製作用極，Pt-Rh製対極，銀製参照極)は窒化ホウ素製の容器に収容され，この容器は石英ガラス製の容器に収容されている．さらに電極リードを含めてタンタル製のカートリッジに収容され，安全のための三重の密閉が実現されている．もっとも内側の容器を窒化ホウ素製にした理由は，切削加工性に優れ，はめ込み構造を作製しやすいこと，また溶融塩に対して濡れ性が低く，試料液体を封じ込むのに適しているからである．また，液体に自由表面があると温度差がわずかでも表面張力に起因する液体の流動(マランゴニ流)が発生する．そのための工夫が試料セル中央部右側にあるスプリングである．固体のLiCl-KCl試料

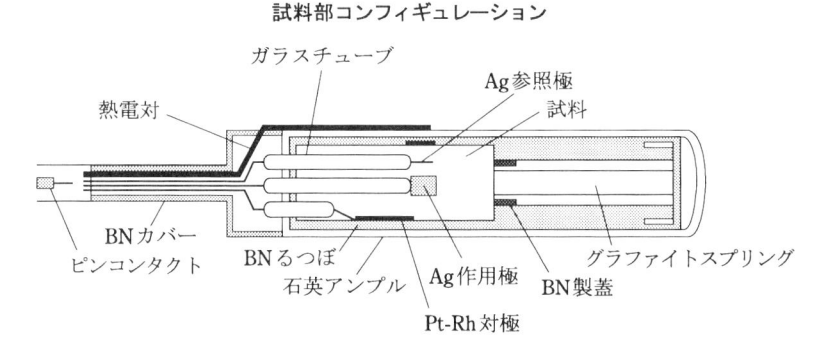

図8-3　重力環境下で溶融塩を対象として設計された電気化学セル

が融解すると窒化ホウ素製のふたがこのスプリングによって溶融塩試料に押しつけられて自由表面を無くすようになっている.

　高温で化学的に安定なスプリングは三菱鉛筆社製の黒鉛製のものを使用した.この材料は高温ほど強度を増す,という優れものであった.さらに固体試料の融解に際して気泡が発生する可能性があった.セル中央部で発生した気泡を壁まで輸送するのにも表面張力の効果を利用した.すなわち実験初期の昇温においてセル壁付近の温度をセル中央部よりも高くし,気泡に温度勾配を与え,発生した表面張力差により気泡をセル壁に駆動した.濡れ性が低い壁では

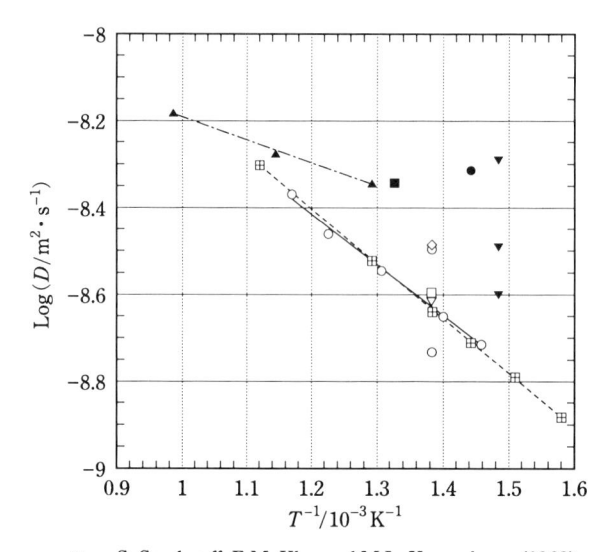

○　S. Senderoff, E.M. Klop and M.L. Krorenberg, (1962)
□　H.A. Laitinnen and W.S. Ferguson, (1957)
◇　E. Schmidt, (1963)
▽　W.K. Behl, (1969)
●　I.D. Panchenko, Russ., (1965)
■　R. Lorenz, (1922)
▼　G.J. Hills, D.J. Schiffrin and Thompson, (1973)
—▲—　R. Lorenz, (1922)
--⊞--　J.C. Poignet and M.J. Barbier, (1972)
—○—　This works

図 8-4　溶融 LiCl-41.5KCl 中の $Ag^+$ の不純物拡散係数:文献値との比較(Yamamura ら[13])

気泡が付着しやすい，という目論見であった．

MSL-1微小重力実験室でクロノポテンショメトリー法で得られた拡散係数の温度依存性を他の研究者の値と比較し，図8-4に示す．その結果は地上で同じ方法で得られたものとほぼ一致した．クロノポテンショメトリーでは1秒以下の時間で計測を完了する早い測定である．このためゆっくりした自然対流の影響を受け難い，という事情によるものである．クロノポテンショメトリー法を適用できる拡散係数は微量の，電気化学的に貴な溶質の拡散に限定されるが，適用できる場合には地上実験でも確度の高い測定が期待できる．

## 8.5 まとめ

高温融体のうち液体金属および溶融塩を対象として拡散係数の定義，拡散係数測定方法，その開発の進展を述べた．諸高温融体物性のなかでも粘性，表面張力と並んで，特に拡散係数の測定値は精度・確度に課題があった．本稿ではその解決が始まっている現状を述べた．拡散係数は高温融体物性の基礎的理解に欠かせないが，溶融塩を操作媒体とする応用分野も広がっている．なかでも溶融塩は高温で化学的に安定であり，諸反応の速度が大きく，無機化合物に対する溶解度が大きく，しかも溶質イオンは水溶液中のように溶媒和することなく個性的に振る舞う．これらの特性を利用して原子炉使用済み核燃料の再処理，同位体分離[14]などの操作媒体としての利用が広がっている．

(山村 力)

**参考文献**
1) M.W.Ozelton and R.A.Swallin: *Phil.Mag.*, **153** (1968), 441.
2) G.Frohberg, K.-H.Kraatz, H.Weber, A.Lodding and H. Hodelius: Defect Diffusion Forum, **66** (1989), 295-300.
3) C.H.Ma and R.A.Swallin: *J.Chem. Phys.*, **46** (1962), 3014.
4) S. Yoda, T. Masaki and H. Oda: *J. Jpn. Soc. Microgravity Appl. Suppl.*, **II 15** (1998), 343.
5) T. Itami, H.Aoki, M. Kaneko, M. Uchida, A. Shisa, S. Amano, O. Odawara, T. Masaki, H. Oda, T.Ooida and S. Yoda: *J. Jpn. Soc. Microgravity Appl.*, **15** (1998), 225.
6) 鈴木進補：まてりあ，**47** (2008), 305-311.

7) P.Protopapas and N.A.D.Parlee: *High Temp. Sci*, **8** (1976), 141-164.
8) B.J.Alder, W.E.Alley and J.H.Dymond: *J.Chem.Phys.*, **61** (1974), 1415-1420.
9) 江島辰彦, 山村 力, 槙 彰, 二階堂 勝：日本金属学会誌, **45** (1981), 336-340.
10) T. Itami, S. Munejiri, T. Masaki, H. Aoki, Y. Ishii, T. Kamiyam, Y. Senda, F. Shimojo and K. Hoshino: *Physical Review*, **B67** (2003), 064201 (12pages).
11) S. Forcheri and C. Monfrini: *J. Phys. Chem.*, **67** (1963), 1566.
12) A. J.Bard, L.R. Faulkner: "Electrochemical Methods Fundamentals and Applications", Johon Wiley & Sons (1980).
13) T. Yamamura, T. Matsui, M. Yamasaki, H. Zhu, M. Endo, Y. Sato, S. Yoda, T. Ooida and T. Masaki: *J. Jpn. Soc. Microgravity Appl.*, **16** (2) (1999), 104-110.
14) I. Okada, H. Horinouchi and F. Lantelme: *J. Chem. Eng. Data*, **55** (5), 1847-1854.

# 9章への プロムナード

　高温融体の電気伝導度が注目されたのは，溶融塩電解による金属や塩素，酸素，水素ガスなどの製造プロセスと関わっています．一方，電析した金属が，溶融塩に溶け込む現象は古くから知られていました．英国の著名な化学者デービー卿(Sir Humphry Davy, 1778-1829)は，アルカリ金属水酸化物の電解実験(1807年)で，カソードの周囲に濃い色の液体が出来て金属の電解採取を困難にする現象を認めています．その後，この現象は，溶融塩電解に際して金属の収率を悪くする"金属霧(Metal Fogs)"として，多くの人の関心を引き，調べられ，"金属はコロイド状で溶融塩に分散している"や"サブハロゲン化物として溶解している"など，さまざまな理論が提案されてきました．

　近年，この分野の研究を精力的に行ったBredig*)は，この現象を二つのカテゴリーに分けています．その一つは，金属がその特性を部分的に保持して溶融塩に溶け込んでいる場合で，溶液の性質は，伝導電子の存在を反映して金属液体として振舞います．他のものは，金属と溶融塩の間に化学反応や酸化－還元のような強い相互作用が起こる場合，すなわち，溶融塩に溶け込んだ金属は，ある程度の電荷を保持してサブハロゲン化物溶液を作ると考えられる場合です．

　図1は，Bredigによって報告された(KBr-K)系および(KI-K)系の状態図，図2は比電気伝導度の値を示しています*)．(KBr-K)系では728℃以上，(KI-K)系では717℃以上において，全濃度領域で均一液体を作ることがわかります．この液体の比電気伝導度は，カリウム濃度の変化につれて，通常の溶融塩の値から金属カリウムの値まで1000倍も連続的に増加します．しかし，カリウム濃度が高い領域を除き比電気伝導度の温度依存性は，通常の溶融塩の場合のように正の値で，金属カリウム近傍の組成に達して，初めて金属液体特有の負の温度依存性に変化します．イオン結合から金属結合への移行過程，金属表面での酸化還元の初期過程などに大きな示唆を与えるこのような現象の探求には，電気伝導度の測定はその有力手段の一つです．

　9章では，高温融体の電気伝導度の測定原理とその具体的方法についてお話しますが，最近では，以前は非常に高価であった周波数発信器やデジタル電圧計は，安価な市販のICを利用すると容易に自作可能です．高温融体の電気伝導度の難しさ

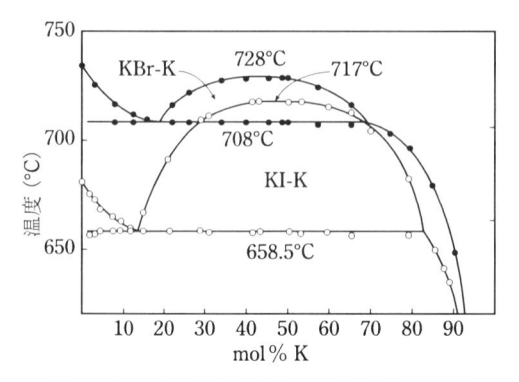

図1 （KI-K）系および（KBr-K）系の状態図

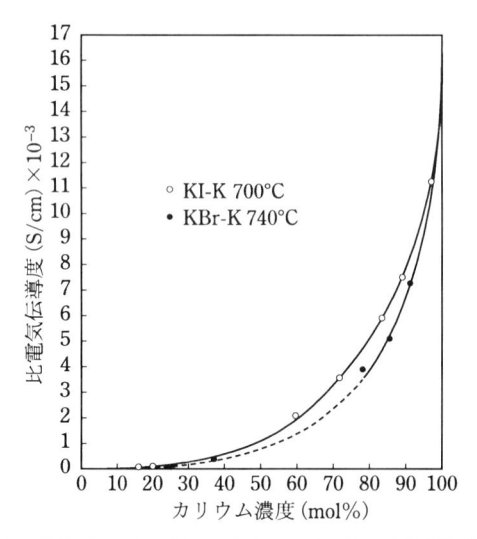

図2 溶融（KI-K）系および（KBr-K）系の比電気伝導度

は，測定装置そのものではなくて，電気伝導度セルを作るための材料選択や新たな観点での電気伝導度セルの設計にあります．この分野の発展には，若くて柔軟な頭脳をもつ若者の参加が不可欠です．本章が，若者がこの分野に対する関心を持つきっかけとなればと願っております．

*) M.A.Bredig: Mixtures Metals with Molten Salts (Molten Salt Chemistry edited by M.Blander), Interscience Publishers, (1964), pp.367-425.

# 9章　電気伝導度・電気抵抗・輸率

## 9-1　はじめに

物質中の電気の流れ易さを示す尺度は，通常，比電気伝導度$\kappa$(単位:S/cm)で表されます．いくつかの物質の溶融状態における比電気伝導度$\kappa$の値を図9-1に

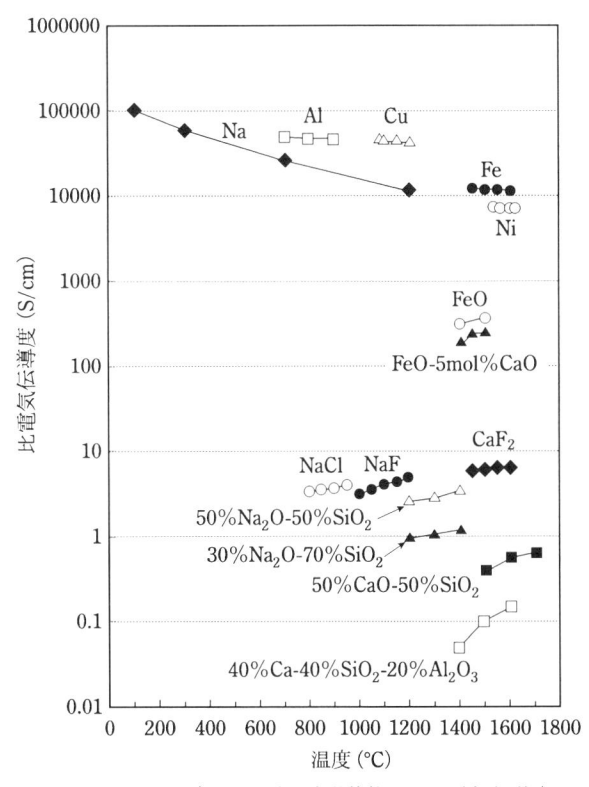

図9-1　さまざまな物質の溶融状態での比電気伝導度

示しますが，物質によって$\kappa$の値に大きな相違があることが分かります[1)～4)]．溶融状態のアルミニウム(Al)，カリウム(K)，銅(Cu)，鉄(Fe)，ニッケル(Ni)などの金属の値は，$10^5 \sim 10^4$ S/cmと非常に大きく，また，高炉スラグの基本組成となっている溶融40％CaO-40％$SiO_2$-20％$Al_2O_3$スラグでは，$\sim 0.1$ S/cmと非常に小さな値を取ります．本章で取り上げる溶融塩，溶融酸化物，溶融スラグの比電気伝導度$\kappa$の値は，溶融 "FeO"，FeO-5 mol％CaOのように約200 S/cmと高いものから，代表的な溶融塩であるNaCl, KCl, $CaCl_2$や$CaF_2$では$1 \sim 6$ S/cm, 溶融スラグの$1 \sim 0.1$ S/cm, また溶融$SiO_2$や$B_2O_3$での$\sim 10^{-3}$ S/cmと広い範囲に分布しています．この相違は，物体中で電気を運ぶものの違いとその移動速度の相違に関わっています．たとえば，金属液体では，電気を運ぶ主役は自由電子で，温度の上昇と共に電気伝導度は低下します．典型的な溶融塩や溶融スラグでは，融体中でイオンが移動することによって電気が運ばれることから，温度が上昇するとイオンの移動速度が増して電気伝導度も増大します．

　この章では，イオンからなる典型的な機能性液体の溶融塩と溶融スラグを中心に，電気伝導度の測定方法について述べて行きましょう．

## 9-2　電気伝導度の定義

　液体金属の電気の流れ易さを示す尺度としては，通常，断面積が1 cm$^2$を持つ物体，長さ1 cm 当たりの抵抗，比電気抵抗（単位；$\Omega$/cm）が用いられ，溶融塩や溶融スラグのようなイオン性液体では,比抵抗の逆数である比電気伝導度（単位；$1/\Omega \cdot$cm, すなわち電気抵抗（$\Omega$）の逆数であるジーメンス(S)を用いるとS/cm）が使われます．

　比電気伝導度$\kappa$は，図9-2のように，1 cm$^2$の面積を持ち1 cm離れて向き合う極板に挟まれた，1 cm$^3$の体積を持つ液体が示す電気抵抗値$R_{sol.}$の逆数と定義されています．液体の密度$\rho$と分子量$W$から（9-1）式で求められる液体1モルの占める体積$V_M$ (cm$^3$/mol) は，モル体積と呼ばれていますが，電極板に挟まれた液体1 cm$^3$中に存在する分子のモル数$n$は，このモル体積$V_M$の逆数となります．

9章 電気伝導度・電気抵抗・輸率　　　　　　　　　　　　　　　　　　　*229*

図9-2中の図解：

- ($1/V_M$)モルの分子（1 cm立方体）
  比電気伝導度
  $\kappa = 1/R_{sol}$
  $= \sum_i (FZ_i n_i u_i)$

- 1 g当量のイオン（1 cm立方体）
  当量電気伝導度
  $\lambda = \kappa(V_M/2xy)$
  $\propto \sum_i U_i$
  $M_x N_y \rightarrow xM^{y+} + yN^{x-}$

- $V_M$モルの分子（1 cm立方体）
  モル電気伝導度
  $\Lambda = \kappa \cdot V_M$

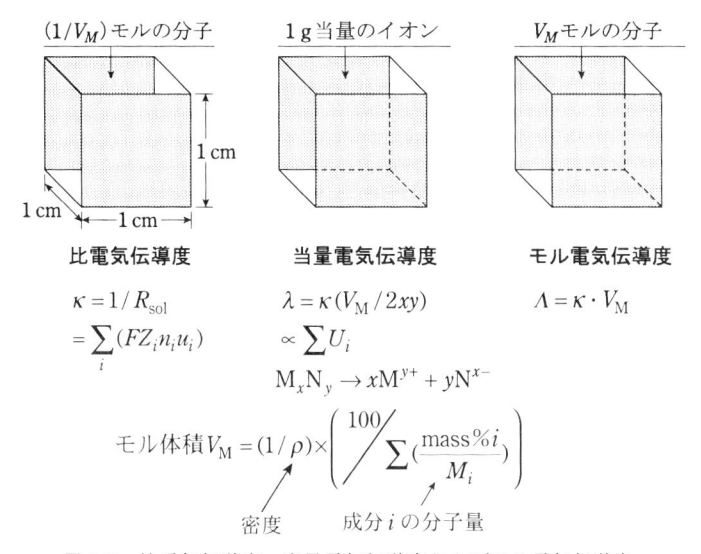

モル体積 $V_M = (1/\rho) \times \left( 100 \middle/ \sum \left(\dfrac{\text{mass}\%i}{M_i}\right) \right)$

↑密度　　　↑成分 $i$ の分子量

**図 9-2** 比電気伝導度，当量電気伝導度およびモル電気伝導度

$$V_M = \frac{W}{\rho} = \frac{1}{n} \quad (\rho:\text{密度},\ W:\text{分子量}) \qquad (9\text{-}1)$$

電気伝導度が，電気を運ぶ分子の数に比例すると考えると，1 cm³ 中に分子1モルが存在する仮想液体の電気伝導度（モル電気伝導度）$\Lambda$ は，(9-2)式のように比電気伝導度 $\kappa$ とモル体積 $V_M$ の積で与えることができます．

$$\Lambda = \kappa \cdot V_M \qquad (9\text{-}2)$$

1モル溶融塩 $M_x N_y$ が，$x$ 個の $M^{y+}$ 陽イオン（cation）と $y$ 個の $N^{x-}$ 陰イオン（anion）に完全解離（$M_x N_y \rightarrow xM^{y+} + yN^{x-}$）している場合，イオン1 g当量の平均体積 $V_e$ は $V_M/2xy$ となります．そこで，1 cm³ に1 g当量のイオンが存在する仮想液体の電気伝導度は，(9-3)式となり，この $\lambda$ は当量電気伝導度と呼ばれます．

$$\lambda = \kappa \cdot V_e = \kappa \cdot V_M/2xy \qquad (9\text{-}3)$$

体積1 cm³ 中に1種類のイオンのみが存在する場合，そのイオンによる比電気伝導度 $\kappa$ は，そのイオンのモル数 $n$，電荷 $zF$（$F$：Faraday定数）およびその動き易さを示す移動度 $U$ の積で与えられます．融体中に $i$ 種類のイオンが存在する

場合，その融体の比電気伝導度$\kappa$は，イオンのモル数と電荷および移動度の積を，すべてのイオン種について足し合わせた(9-4)式で表すことができます．

$$\kappa = \sum_i n_i \cdot z_i F \cdot U_i \tag{9-4}$$

移動度$U$とは，1 cmあたり1 Vの電位勾配があるときのイオンの移動速度で，イオンの種類，温度，融体の粘性などの値で変化します．

イオン性液体中において，イオンの移動度$U_i$は，Einsteinの式(9-5)によって，そのイオンの液体中での拡散係数$D_i$と関わっています．

$$U_i = \frac{D_i}{kT} \tag{9-5}$$

ここで，$k, T$はBoltzmann定数(=気体定数$R$/アボガドロ数$N$)，絶対温度です．今，電荷$z$を持つ1個の陽イオンと1個の陰イオンよりなる系の電気伝導度$\Lambda^0$は，(9-4)と(9-5)式から次のようになります．

$$\Lambda^0 = \frac{zF}{kT}(D_+ + D_-) \tag{9-6}$$

そこで，$N$個の陽イオンと$N$個の陰イオンよりなる系の電気伝導度(定義よりモル電気伝導度です)$\Lambda$は，(9-7)式となります．この式はNernst-Einsteinの式として知られています．

$$\Lambda = \frac{zF^2}{NkT}(D_+ + D_-) = \frac{zF^2}{RT}(D_+ + D_-) \tag{9-7}$$

液体中でのイオンの拡散速度は，温度上昇と共に増加することから，溶融塩や溶融スラグのようにイオンの移動によって電荷が運ばれる系のモル電気伝導度$\Lambda$は，温度の上昇につれて増加します．

表9-1には溶融塩化物の融点近傍での当量電導度$\lambda$を示しています[4]．この表からは，融体を構成するイオン種の動き易さを推察できます．1価の塩化物では，陽イオン半径が増す($Li^+<Na^+<K^+<Rb^+<Cs^+$)につれて$\lambda$は減少し，イオン半径が大きくなるとイオンの移動度が低下することを示しています．2価の塩化物では，陽イオン半径が大きくなる($Be^{2+}<Mg^{2+}<Ca^{2+}<Sr^{2+}<Ba^{2+}$)につれて$\lambda$は増加する傾向があります．2価の陽イオンの場合，イオン半径の小さなものほど周囲の塩化物イオン($Cl^-$)との相互作用が強いためだと考えられています．

表9-1 溶融塩化物の融点での当量電導度 $\lambda$ (cm$^2$/Ω・eq),電導の活性化エネルギー $Q$ (kJ/mol) および融点 $T_M$ (K)

| HCl $\lambda \approx 10^{-6}$ | | | | | | | | |
|---|---|---|---|---|---|---|---|---|
| LiCl $\lambda=164$ $Q=8.4$ $T=883$ | BeCl$_2$ $\lambda=0.09$ $Q=212$ $T=713$ K | | BCl$_3$ $\lambda=0$ $Q=?$ $T=166$ | CCl$_4$ $\lambda=0$ $Q=?$ $T=250$ | | | | |
| NaCl $\lambda=135$ $Q=12.5$ $T=1073$ | MgCl$_2$ $\lambda=29$ $Q=18.3$ $T=987$ | | AlCl$_3$ $\lambda=5\times10^{-6}$ $Q=?$ $T=465$ | SiCl$_4$ $\lambda=0$ $Q=?$ $T=203$ | | PCl$_5$ $\lambda=0$ $Q=?$ $T=433$ | | |
| KCl $\lambda=115$ $Q=14.3$ $T=1043$ | CuCl $\lambda=86$ $Q=2.7$ $T=695$ | CaCl$_2$ $\lambda=56$ $Q=22.1$ $T=1055$ | ZnCl$_2$ $\lambda=1$ $Q=10.2$ $T=548$ | ScCl$_3$ $\lambda=15$ $Q=?$ $T=1212$ | GaCl$_3$ $\lambda=10^{-7}$ $Q=?$ $T=351$ | TiCl$_4$ $\lambda=0$ $Q=?$ $T=248$ | GeCl$_4$ $\lambda=0$ $Q=?$ $T=223$ | VCl$_5$ $\lambda=0$ $Q=?$ $T=164$ | AsCl$_5$ $\lambda=0$ $Q=?$ | CrCl$_6$ $\lambda=0$ |
| RbCl $\lambda=83$ $Q=18.4$ $T=988$ | AgCl $\lambda=114$ $Q=5.2$ $T=728$ | SrCl$_2$ $\lambda=58$ $Q=23.6$ $T=1148$ | CdCl$_2$ $\lambda=51$ $Q=2.7$ $T=841$ | YCl$_3$ $\lambda=9.5$ $Q=36.9$ $T=973$ | InCl$_3$ $\lambda=14.7$ $Q=9.1$ $T=859$ | ZrCl$_4$ $\lambda=0.85$ $Q=?$ $T=710$ | SnCl$_4$ $\lambda=$ $Q=$ $T=240$ | NbCl$_5$ $\lambda=5\times10^{-6}$ $Q=?$ $T=483$ | SbCl$_5$ | MoCl$_6$ $\lambda=10^{-6}$ $T=567$ |
| CsCl $\lambda=68$ $Q=21.4$ $T=918$ | AuCl $\lambda=65$ $Q=25.1$ $T=1235$ | BaCl$_2$ $\lambda=10^{-3}$ $Q=23.5$ $T=550$ | HgCl$_2$ $\lambda=39$ $Q=23.8$ $T=1143$ | LaCl$_3$ | | HfCl$_4$ $\lambda=$ $Q=?$ $T=705$ | PbCl$_4$ $\lambda=2\times10^{-5}$ $Q=?$ $T=?$ | TaCl$_5$ $\lambda=10^{-6}$ $Q=?$ $T=494$ | BiCl$_5$ $T=507$ | WCl$_5$ $\lambda=10^{-6}$ $T=555$ |
| | | | | CeCl$_3$ $\lambda=28$ $Q=25.4$ $T=1095$ | | ThCl$_4$ $\lambda=16$ $Q=23.6$ $T=1043$ | UCl$_4$ $\lambda=9$ $Q=?$ $T<843$ | | | |

ところで,融体中で電気を運ぶ役割は,陽イオン(cation)と陰イオン(anion)が果しています.融体に電流を流した場合,これらのイオンの電流を分担する割合を輸率といいます.たとえば,2種類の1価のイオン A$^+$ と B$^-$ よりなる融体中で,その移動度が各々 $U_{A^+}$, $U_{B^-}$ とすると,陽イオンと陰イオンの輸率 $t^+$, $t^-$ は,(9-8)式で与えられます.

$$t^+ = \frac{U_{A^+}}{U_{A^+}+U_{B^-}}, \quad t^- = \frac{U_{B^-}}{U_{A^+}+U_{B^-}} \tag{9-8}$$

電気伝導度について,どのようなイオンがどのような割合で電流を運んでいるかを調べるため,輸率の測定が行われます.

溶融スラグを含むケイ酸塩系融体では,陰イオンであるケイ酸塩イオンはイ

オン半径が大きくて移動度が小さいことから,陽イオンの輸率がほぼ1となります[5]. LiCl, NaClのような1価の陽イオンと1価の陰イオンからなる溶融塩では,構成するイオンの半径が小さいイオンほどその輸率が大きくなる傾向があります[6]. $MgCl_2$や$CaCl_2$のような2価の陽イオンと1価の陰イオンよりなる溶融塩では,陽イオンと陰イオンの輸率はともに0.5近傍にあります.このように通常の溶融塩,溶融スラグ,溶融ケイ酸塩では,融体中に存在するイオンが電気を運ぶイオン電導体です.しかし,一部の融体では,イオン電導とともに他の電導機構が加わることがあります.高い比電気伝導度を示す酸化鉄(FeO)や酸化マンガン(MnO)を多量に含むケイ酸塩やスラグ,またK-KCl系やCa-$CaF_2$系のように金属を溶解した溶融塩がその例です.他の電導機構の存在の有無は,融体を電気分解してFaraday則に従うかどうかを調べる電流効率の測定で測られます.イオンを含む溶液に電流を流した場合,各イオンが電荷の移動に関与した割合が輸率です.電流の輸送をイオンのみが担っている場合,すべてのイオンについての輸率の和は1ですが,イオン電導以外の機構を含んでいる場合は,輸率の総和は1より小さく,電流効率は100%以下となります.

## 9-3 輸率および電流効率の測定法

常温のイオン性の溶液中での輸率測定には,(1)ヒットルフ(Hittorf)法,(2)移動境界法,(3)電池電位法などが使われています.溶融塩や溶融スラグでは,ヒットルフ法と移動境界法による輸率測定が報告されています[5].電池電位法では,溶媒中で電解質濃度の異なる溶液を組み合わせた濃淡電池の起電力測定から輸率を求めます.溶融スラグではあまり使われませんが,溶融塩においては使われています.

溶融塩MX($\rightarrow M^+ + X^-$)に1F(Faraday)の電気量を通電すると,陽極ではアノード反応$X^- \rightarrow X + e$,陰極ではカソード反応$M^+ + e \rightarrow M$が起こり1モルのMXが消費されます.いま,$M^+$と$X^-$イオンの輸率をそれぞれ$t_M$, $t_X$とすれば,輸率の定義から$t_X$モルの$X^-$イオンが陰極側より陽極側に移動し,陽極側からは$t_M$モルの$M^+$イオンが陰極側に出てゆきます.そこで,陽極近傍におけるMX

濃度の減少量は，電気分解で消費された1モルから陰極側から移動してきた$t_X$モルを差し引いた値$(1-t_X)$モル，すなわち$t_M$モルとなります．また，陰極近傍でも同様な変化が起こります．ヒットルフ法では，電気分解前後における陽極と陰極近傍でのM$^+$またはX$^-$の濃度変化を調べて輸率を求めます．

図9-3は，Bockrisらにより用いられたヒットルフ法の電解セルの例を示しています[7]．彼らは，一連の$K_2O$-$SiO_2$融体に電流0.2〜0.3アンペアを1時間流して電解し，電解前後の陽極室の分析から(9-9)式を用いて，Kイオンの輸率$n_K$を求めています．

$$n_K = (\frac{m_1 m_2'}{47.09 m_2} - \frac{m_1'}{47.09})/F \qquad (9-9)$$

ここで，$m_1$, $m_1'$は$F$ファラディ通電前後で分析により得られた陽極液中の$K_2O$の濃度，$m_2$, $m_2'$は同じく$SiO_2$の濃度，47.09は$K_2O$の分子量の1/2です．また，同じ装置を用いて一連の溶融ケイ酸塩について通電時に陽極での酸素発生量から電流効率を求めています．

一方，Simnad, Derge, Georgeは，図9-4の装置で$SiO_2$飽和の溶融FeO-$SiO_2$系スラグの電流効率，また図9-5の装置で輸率の測定を行っています[8]．図9-6は，MarkinとSchwartsmanが放射性同位元素$Ca^{45}$を利用してCaO-$P_2O_5$系融体の$Ca^{2+}$イオンの輸率を測ったヒットルフ法による実験装置です[9]．

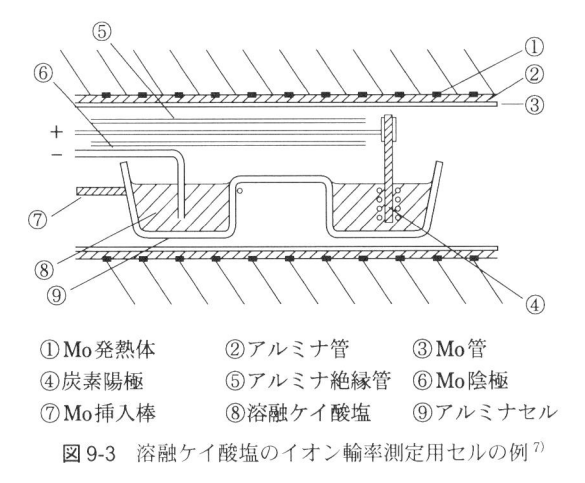

①Mo発熱体　②アルミナ管　③Mo管
④炭素陽極　⑤アルミナ絶縁管　⑥Mo陰極
⑦Mo挿入棒　⑧溶融ケイ酸塩　⑨アルミナセル

**図9-3**　溶融ケイ酸塩のイオン輸率測定用セルの例[7]

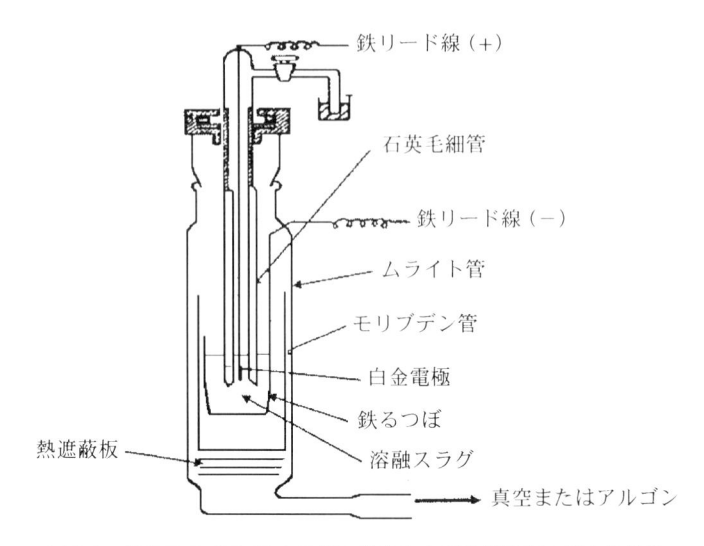

図9-4 溶融 FeO-SiO$_2$ 系スラグの輸率および電流効率の測定装置[8]

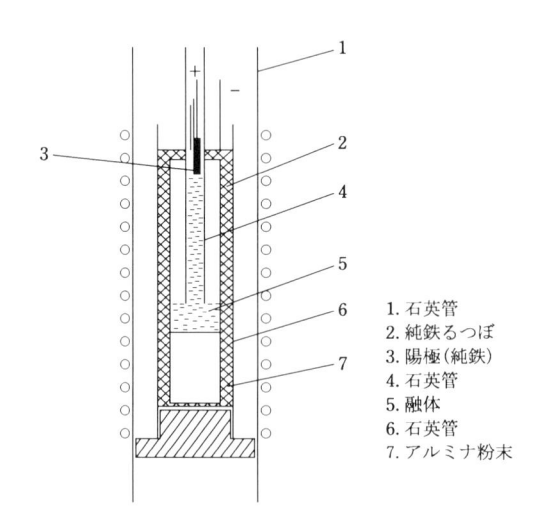

図9-5 SiO$_2$ 飽和 FeO-SiO$_2$ 系融体の輸率測定装置[8]

1. 石英管
2. 純鉄るつぼ
3. 陽極(純鉄)
4. 石英管
5. 融体
6. 石英管
7. アルミナ粉末

　酸化鉄(FeO)を多く含む融体を電気分解すると，Faradayの法則を満たさないことから，多くの研究者によって電流効率と輸率が調べられています．溶融スラグや溶融塩を電気分解すると陽極部と陰極部に濃度変化が起こります．こ

9章 電気伝導度・電気抵抗・輸率

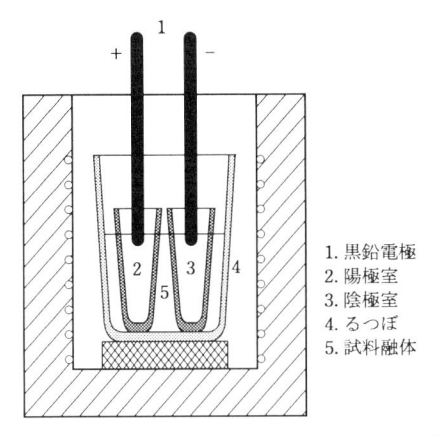

図9-6 CaO-P$_2$O$_5$系融体のCa$^{2+}$イオンの輸率測定装置[9]

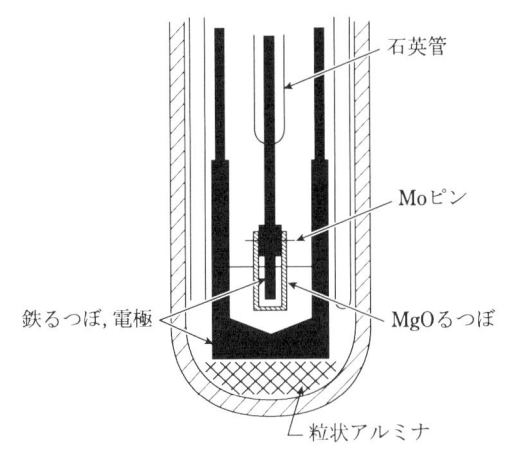

1. 黒鉛電極
2. 陽極室
3. 陰極室
4. るつぼ
5. 試料融体

図9-7 酸化鉄を含む溶融スラグの輸率測定用セルの例[10]

の濃度差による対流防止のための工夫がなされます．図9-7にはDancyとDergeにより使われた陽イオンの輸率測定装置[10]，図9-8はDicksonとDismukesの装置[11]を示しますが，電解後の濃度拡散を防ぐために，陽極室は多孔質のマグネシア（MgO）や小穴をもつアルミナ（Al$_2$O$_3$）で仕切られます．この陽極室を構成する耐火物には，測定融体と反応をしないことが必要ですが，その材料選択は非常に困難で，長時間測定では大きな測定誤差の原因となっています．

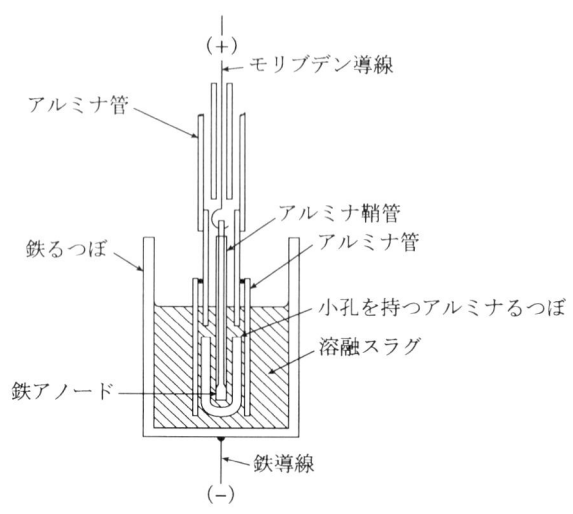

**図9-8** FeO-CaO-SiO$_2$系溶融スラグの輸率測定用セルの例[11]

酸化鉄系融体の電流効率測定には,陽極である鉄のアノード溶解反応(9-10)について,Faradayの法則を適用して行います.

$$Fe \rightarrow Fe^{2+} + 2e \tag{9-10}$$

すなわち,$yF$(1F(ファラディ)=96,500 C(クーロン),1 C=1 A×1 s)を流した際の鉄アノードの溶解減量$\Delta m$ (g)を測定し,(9-11)式によってアノード電流効率$C^+$ (%)を求めています.

$$C^+(\%) = \frac{\Delta m}{27.93 \times y} \times 100 \tag{9-11}$$

ここで,27.93は鉄の原子量(55.845)の半分の値です.

移動境界法では,垂直に置かれた毛細管の上部に測定電解質溶液,下部に補助電解質溶液を入れた二層よりなる電解セルを用います.

陽イオンの輸率の測定に当たっては,下部にある補助電解質は,測定液体と共通の陰イオンを持ち,含まれている陽イオンの移動度が測定液よりも小さく,また密度差による対流を防ぐために測定液体より密度が大きい必要があります.

図9-9には,BaakによりFeOやCoOを含むケイ酸塩融体の輸率測定に用いら

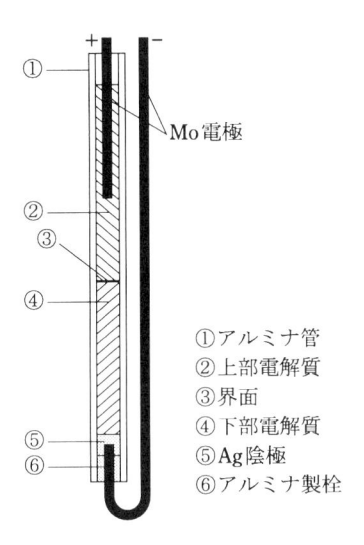

9章 電気伝導度・電気抵抗・輸率    237

図9-9 移動境界法によるイオン輸率測定用セルの例[12]

①アルミナ管
②上部電解質
③界面
④下部電解質
⑤Ag陰極
⑥アルミナ製栓

れた移動境界法の電解セルを示しています[12]. このセルでは, $yF$(=通電量Q/96500)の電気量を通過させたとき, 界面が$x$(cm)移動したとすると, (9-12)式によって陽イオンの輸率$t^+$を求めることができます.

$$y \times t^+ = \pi r^2 x \times \rho / E \tag{9-12}$$

ここで, $\rho, r, E$は, それぞれ下部電解質の密度($g/cm^3$), セルの内径(cm), 移動した陽イオンの当量です. (9-12)式の右辺は, 通電前の二層境界を, 通電することによって通過した陽イオンの当量数となります.

他方, 荻野らは, カソード電解による析出物の再酸化を防ぐため, 図9-10のように液体金属を電極とする電解セルを用いて, いくつかのケイ酸塩融体のカソード電流効率を測定しています[13].

溶融塩については, ヒットルフ法の他に電池の起電力法によっても輸率測定が行われます. 図9-11は, BehlとEganによってKCl-NaCl, KCl-PbCl$_2$, など一連の混合溶融塩の輸率測定に使用されたセルを示しています[14]. このセルを用いて次の電池(I), (II)の起電力を測定し, $M^{n+}$イオンに対するアルカリイオンの内部輸率を求めています.

238    9章 電気伝導度・電気抵抗・輸率

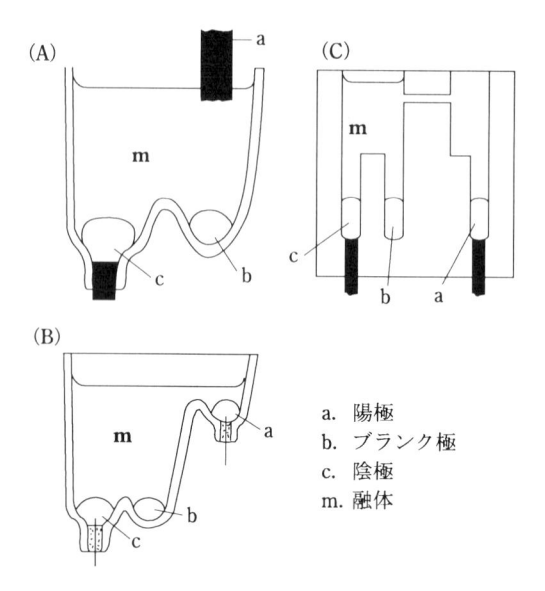

a. 陽極
b. ブランク極
c. 陰極
m. 融体

図 9-10 溶融ケイ酸塩の電流効率測定用電解セル[13]

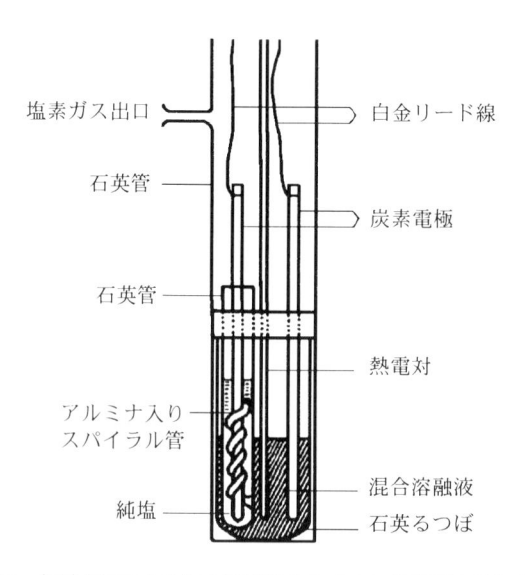

図 9-11 起電力法による混合溶融塩中のイオン輸率測定用セル[14]

$$Cl_2(g) - C | KCl(l) \| KCl - MCl_n(l) | C - Cl_2(g) \quad \text{セル (I)}$$
$$Cl_2(g) - C | KCl - MCl_n(l) \| MCl_n(l) | C - Cl_2(g) \quad \text{セル (II)}$$
$$(M : Na^+, Pb^{2+}, Mg^{2+}, Cd^{2+})$$

(9-8) 式で定義される移動度と関わっている輸率は,移動度を測る基準によって異なった値となります.基準をセルの壁とする場合は,外部輸率と呼ばれ,ヒットルフ法や境界移動法で得られるのはこの値です.基準としてイオンの一つを選んだ場合,内部輸率といわれています.共通イオンを持つ2元系の混合溶融塩においては,内部輸率と外部輸率の間には,(9-13) 式の関係があります[15].

$$t_{13} = t_{1w} + E_{13} \times t_{3w} \quad t_{23} = t_{2w} + E_{23} \times t_{3w} \quad (9\text{-}13)$$
$$t_{13} + t_{23} = t_{1w} + t_{2w} + (E_{13} + E_{23}) \times t_{3w} = 1$$

ここで,$t_{13}$, $t_{23}$は陽イオン1,2の内部輸率,$t_{1w}$, $t_{2w}$, $t_{3w}$は陽イオン1,2と陰イオン3の外部輸率,$E_{13}$, $E_{23}$は混合溶融塩13と23の当量分率を示しています.

　高温融体,特に溶融スラグの輸率の測定には,高温では測定液体の反応性が高くて容器材料の選択に困難があることから,大きなばらつきがあります.報告された結果をまとめると,溶融塩では,陽イオンや陰イオンが電気を輸送しており,酸化鉄や酸化コバルトなどの酸化物を多量に含まない溶融スラグにおいては,陽イオンが主として電気の輸送を担っていることを示しています.

## 9-4　電気伝導度の測定法

　断面積$A$ (cm$^2$),長さ$l$ (cm) の容器に入れられた試料液体の抵抗が$R$ (Ω) である場合,比電気伝導度$\kappa$は (9-14) 式で与えられます.

$$\kappa = \left(\frac{1}{R}\right) \cdot \left(\frac{l}{A}\right) = C \cdot \left(\frac{1}{R}\right) \quad (9\text{-}14)$$

ここで,$C \equiv \dfrac{l}{A}$ はセル定数と呼ばれます.セル定数は,液体試料の抵抗を測定する部分の形が明確な場合は,その幾何学的形状から求めることが可能です.

　図9-12には溶融塩の比電気伝導度測定に用いられる電導度セルの例を示しています[16].電極と電極間を試料液体で満たし,その間の電気抵抗を測定します.パイレックスや石英ガラスの毛細管で,管内の液体は外部と電気的に絶縁

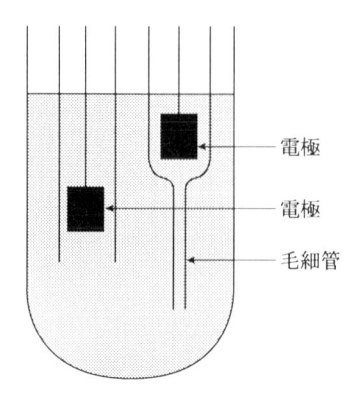

図 9-12　溶融塩の電気伝導度測定用 U 字型セル

されています。毛細管の断面積は他の部分より著しく小さいので，このセルでの液体抵抗$R$は，毛細管内の液体の抵抗と見なすことができます。そこで，この場合のセル定数$C$は，毛細管の断面積$A$と長さ$l$から(9-14)式で求めることが可能ですが，温度上昇によるセル材料の膨張に伴う補正が必要です。

　二極間の抵抗の測定には，交流ブリッジ回路が利用されます。これは，直流を加えると電極と電解質溶液の界面に分極抵抗が現れ，見掛けの電極間の抵抗を高めるからです。図9-13には，代表的な交流ブリッジ回路を示します。交流ブリッジでは，検流器Dに流れる電流（交流または直流）がゼロのとき，ブリッジの4辺の交流インピーダンスの間に(9-15)式が成り立ちます。

$$Z_1 \times Z_4 = Z_2 \times Z_3 \tag{9-15}$$

電解質液体－金属電極の界面には，電気2重層の存在が知られており，電気抵抗の測定では，この層が一種のコンデンサーとして測定に関わります。金属と溶融スラグ間の容量は数$\mu F/cm^2$から数百$\mu F/cm^2$と報告[17]されていますが，この容量成分によって，図9-13(b)のようなコールラウシュ・ブリッジで測定される値$R_x$は，測定液体によって周波数依存性を持ちます。そこで，図9-13(c),(d)のように容量成分も検出できるウィーン・ブリッジや並列抵抗ブリッジも使われています[18]。これらのブリッジでは，可変抵抗$R_1, R_2$を同時に変化させて検流器Dに流れる電流を最小にするため，少し熟練を要します。

　溶融スラグのように測定温度が高く，反応性の高い融体の場合，パイレック

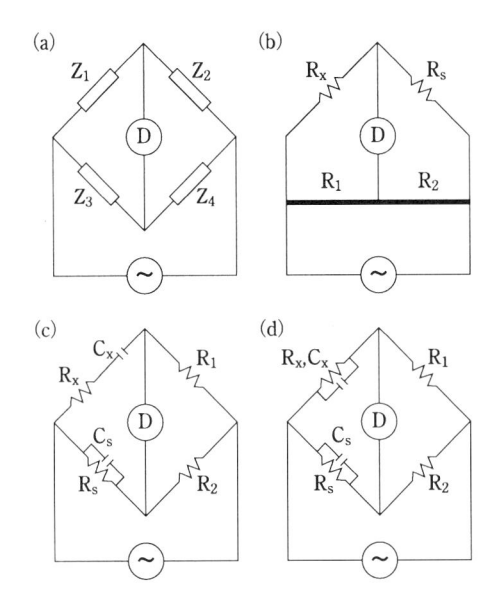

図 9-13 溶融塩や溶融スラグの溶液抵抗測定に使われる交流ブリッジ回路

スや石英ガラスのセルの採用は困難で，金属製の容器を使用します．図9-14には，代表的なセルの構成例を示しています．図9-14(a)〜(c)のように電圧を測定する端子 (A, A′) が電流を流す端子 (B, B′) と同じ二極法の場合，測定される値は，溶液抵抗と電極と溶液間の界面抵抗および測定端子間の導線の抵抗の和となります．測定される抵抗が小さい場合には，(d)のように中央にある円筒状の電流端子の内部に電圧測定端子を設け，るつぼ側でも電流端子と電圧測

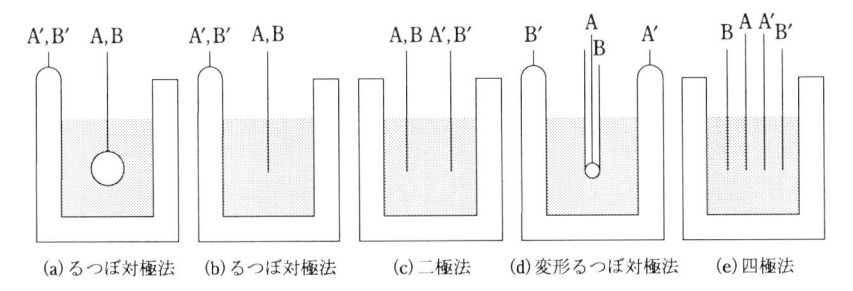

(a) るつぼ対極法　(b) るつぼ対極法　(c) 二極法　(d) 変形るつぼ対極法　(e) 四極法

図 9-14　高温溶融スラグ用の電気伝導度測定セルの構成例
　　　　（A, A′: 電圧測定端子，B, B′: 電流端子）

定端子を加えて導線抵抗の測定値への影響を除去することや，(e)のように電圧測定端子と電流端子を完全に独立させた四端子が用いられます．

電極間の抵抗測定には，液体試料に交流電流$i$を流した時の電極間の電圧低下$\Delta V$から，溶液抵抗を求める方法も使われます[19]．従来は，溶液抵抗の測定には，交流ブリッジが広く用いられましたが，近年では，内部抵抗が高く感度の良いデジタル交流電圧計が市販され，それを用いる溶液抵抗の測定が増える傾向にあります．

図9-14のような電気伝導度測定用セルでは，電極の幾何学的配置からセル定数を決めることは困難です．そこで，比電気伝導度$\kappa$が知られている液体を測定時と同じようにセルに入れて溶液抵抗$R$を測定し，(9-16)式からセル定数$C$を求めます．

$$C = \kappa \times R \tag{9-16}$$

表9-2には，セル定数に使われるいくつかの液体の比電気伝導度を示しています[1]．

**表9-2　比電気伝導度測定用のセル定数決定のための基準物質**

(a) KCl 水溶液

| 濃度 KClg/水kg | 密度 g/cm³ | 電気伝導度 (S/cm) 0℃ | 5℃ | 10℃ | 15℃ | 18℃ | 20℃ | 25℃ | 30℃ |
|---|---|---|---|---|---|---|---|---|---|
| (1)76.6274 | 1.04804 | 0.06510 | 0.07388 | 0.08289 | 0.09213 | 0.09779 | 0.10161 | 0.11132 | 0.12127 |
| (2)7.47896 | 1.00489 | 0.007130 | 0.008206 | 0.009316 | 0.010460 | 0.011164 | 0.011693 | 0.012852 | 0.014100 |
| (3)0.746253 | 1.000372 | 0.0007728 | 0.0008920 | 0.0010151 | 0.00114210 | 0.0012202 | 0.0012731 | 0.0014079 | 0.00154666 |

(1) $\kappa = 0.065098 + 1.7319 \times 10^{-3} t + 4.681 \times 10^{-6} t^2$ 　($t$:℃)
(2) $\kappa = 0.0071295 + 2.1178 \times 10^{-4} t + 6.850 \times 10^{-7} t^2$ 　($t$:℃)
(3) $\kappa = 0.00077284 + 2.3448 \times 10^{-5} t + 7.816 \times 10^{-8} t^2$ 　($t$:℃)

(b) 硝酸カリウム（融点：333℃）：350～500℃

| 温度(℃) | 350 | 370 | 390 | 410 | 430 | 450 | 470 | 490 |
|---|---|---|---|---|---|---|---|---|
| $\kappa$ (S/cm) | 0.666 | 0.729 | 0.790 | 0.848 | 0.908 | 0.966 | 1.024 | 1.079 |

(c) 塩化ナトリウム（融点：800℃）：800～1000℃

| 温度(℃) | 830 | 840 | 880 | 930 | 940 | 960 |
|---|---|---|---|---|---|---|
| $\kappa$ (S/cm) | 3.35 | 3.40 | 3.523 | 3.735 | 3.965 | 4.02 |

(d) フッ化カルシウム（融点：1418℃）：1418～1700℃

| 温度(℃) | 1450 | 1500 | 1550 | 1600 | 1650 | 1700 |
|---|---|---|---|---|---|---|
| $\kappa$ (S/cm) | 6.025 | 6.150 | 6.275 | 6.400 | 6.525 | 6.650 |

## 9-5 高温融体の電気伝導度の測定例

### 交流四端子法による(FeO+FeO$_{1.5}$)−15.3mol％SiO$_2$融体の比電気伝導度測定[20]

酸化鉄を含む融体は,比電気伝導度が高く,気相の酸素分圧を変えると融体中のFe$^{2+}$/Fe$^{3+}$比が変化することから,その電導機構に興味が持たれてきました．この融体の電気伝導度の測定に交流四端子法を適用した例を示します．

電気伝導度測定に用いた電極は,図9-15に示すように,約20 mm離れて外側にある電流端子と内側にあり間隔約10 mmの電圧検出端子の白金−13％ロ

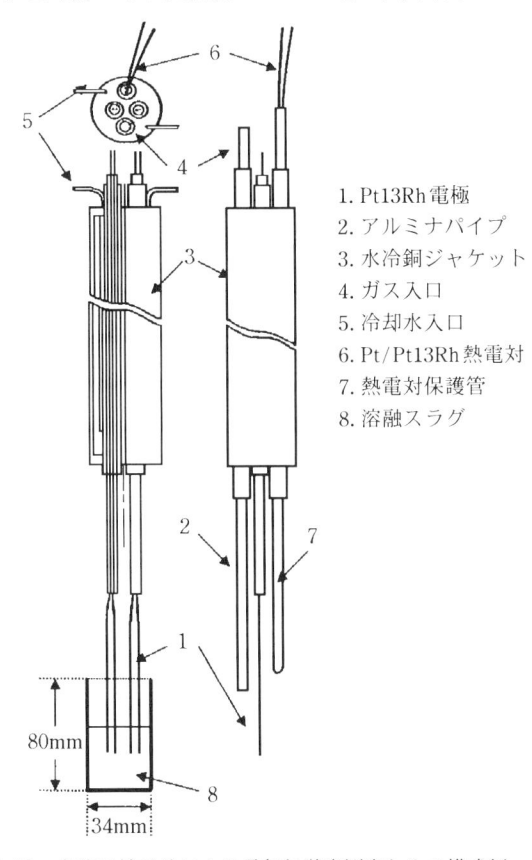

1. Pt13Rh電極
2. アルミナパイプ
3. 水冷銅ジャケット
4. ガス入口
5. 冷却水入口
6. Pt/Pt13Rh熱電対
7. 熱電対保護管
8. 溶融スラグ

図9-15　交流四端子法による電気伝導度測定セルの構成例

ジウム線 (1 mmφ) 4本で構成されています．電極は，予め測定温度まで加熱して加工ひずみを除去し，測定中の変形を防止します．白金-10％ロジウム合金製るつぼ（直径34 mmφ，深さ80 mm）には，深さ40 mmまで電気伝導度の基準KCl水溶液を入れた後，電極を一定の深さまで浸漬して溶液抵抗$R_x$を測り，(9-14) 式でセル定数を求めます．溶液抵抗$R_x$の測定には，図9-16の測定回路を使います．

図9-17は，0.1規定のKCl水溶液（液深さ32〜50 mm）について，1 kHzの交流で測定した溶液抵抗の電極の浸漬深さによる変化を示しています．電極のるつぼ中心よりの偏心の影響は，図9-18のようです．このような偏心の影響は，

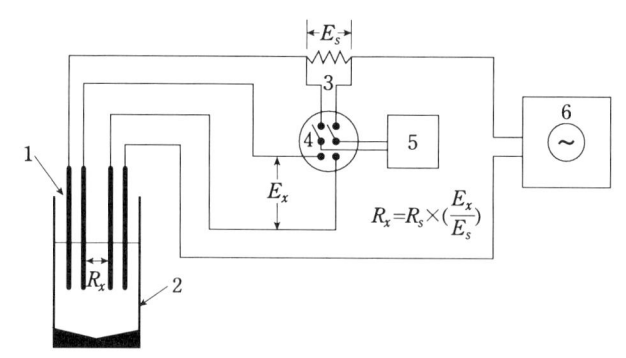

$$R_x = R_s \times \left(\frac{E_x}{E_s}\right)$$

1. Pt-10％Rh電極
2. Pt-10％Rhるつぼ
3. 標準抵抗
4. 切り替えスイッチ
5. デジタル電圧計
6. 低周波発信器

図9-16　交流四端子法の測定回路の例

液深さ
・32 mm
□ 38 mm
△ 44 mm
・50 mm

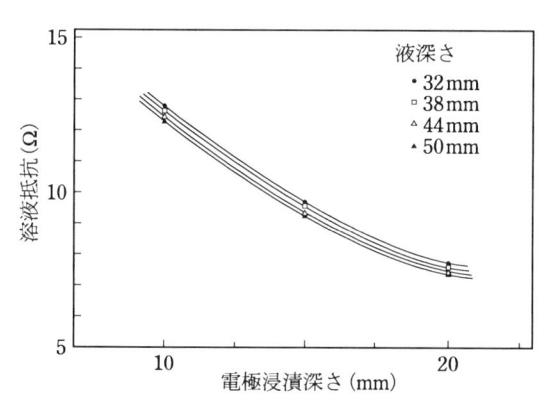

図9-17　液深さの異なる場合の電極浸漬深さによる溶液抵抗の変化（交流四端子法，0.1規定KCl水溶液，液温27.8℃）

9章 電気伝導度・電気抵抗・輸率

炉内に設置できるるつぼの大きさに限界があることから,電流端子にはさまれた融体間の最短距離を電流が流れるだけでなく,その一部が金属製のるつぼを経由して流れることから起こります.電極浸漬深さを10 mmで一定とし,測定周波数を変化させると,図9-19のように測定される溶液抵抗は,周波数依存性を示します.図9-20は,同じセルを用いて1500℃の溶融フッ化カルシウム($CaF_2$)について溶液抵抗を測定した例です.溶液抵抗は0.1規定KCl水溶液では10 kHz,溶融$CaF_2$では2〜3 kHzで極小値を取ります.この値を使って

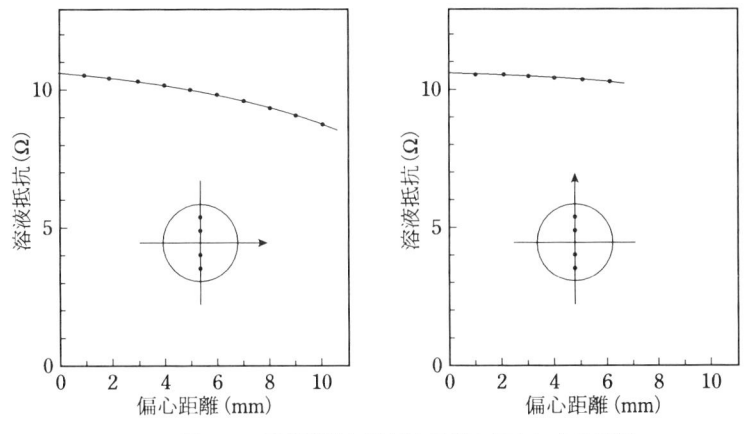

図9-18 溶液抵抗に及ぼす電極の偏心による影響
(交流四端子法,1 kHz 電極浸漬深さ 10 mm)

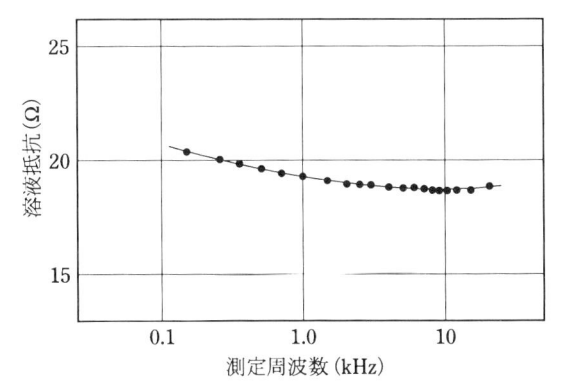

図9-19 0.1 規定 KCl 水溶液の溶液抵抗の周波数依存性
(交流四端子法,電極浸漬深さ 10 mm)

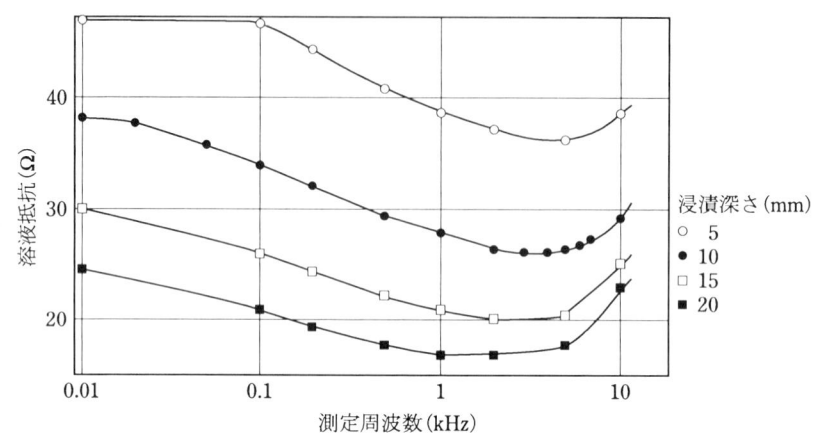

図9-20 溶融フッ化カルシウム（$CaF_2$），1500℃での溶液抵抗の周波数依存性

表9-3 0.1規定 KCl 水溶液と1500℃溶融 $CaF_2$ で得られたセル定数

| 電極浸漬深さ（mm） | セル定数（$cm^{-1}$） 0.1規定KCl水溶液 | 溶融$CaF_2$（1500℃） |
| --- | --- | --- |
| 5 | 0.360 | 0.348 |
| 10 | 0.226 | 0.224 |
| 15 | 0.163 | 0.164 |
| 20 | 0.128 | 0.133 |

(9-14)式でセル定数を求めて表9-3に示します．この結果からは，液体によって最適な測定周波数があり，室温でKCl水溶液を用いて求めたセル定数を1500℃の測定にそのまま採用しても，測定誤差は1％以下になることが期待できそうです．

このセルを用いて，($FeO+FeO_{1.5}$)-15.3mol％$SiO_2$（配合比，$Fe_2O_3：SiO_2=85：15$）融体の溶液抵抗の周波数依存性を1510℃において大気中または$CO_2/H_2$混合ガス雰囲気中で調べた結果を図9-21に示します．見かけの溶液抵抗は1 kHz以上の周波数では，急激に増加することから，測定周波数は1 kHz以下を選びます．

このような測定から得られた，気相の酸素分圧の変化により融体の比電気伝導度が変化する様子を図9-22は示しています．この融体の電流効率は，固体鉄

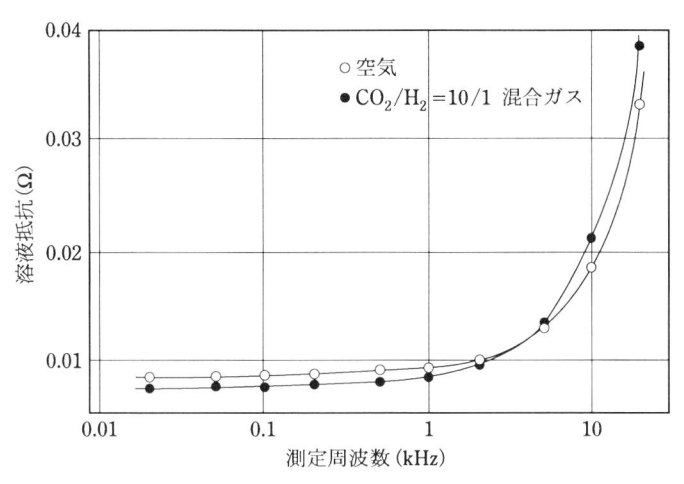

9章 電気伝導度・電気抵抗・輸率　　247

図9-21　85％$Fe_2O_3$-15％$SiO_2$溶融スラグの溶液抵抗の周波数依存性（交流四端子法，電極浸漬深さ10 mm，測定温度1510℃）

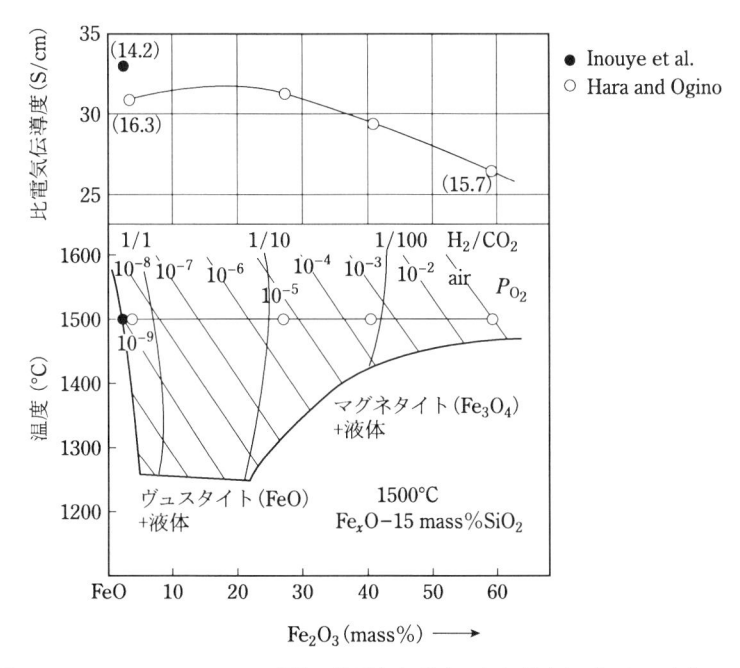

図9-22　$Fe_2O_3$-15 mass％$SiO_2$融体の比電気伝導度の気相酸素分圧による変化

と平衡する(図中●)状態では，約17%であると報告されていますが，酸化鉄を多量に含む液体は，イオンの移動による電気伝導よりも，酸素分圧によって変化する$Fe^{2+}$イオンと$Fe^{3+}$イオンとの間での電荷の交換による電導機構が主流であると考えられています．

## るつぼ対極交流四端子法による$(FeO+FeO_{1.5})$-40.1mol%CaO融体の比電気伝導度測定[21]

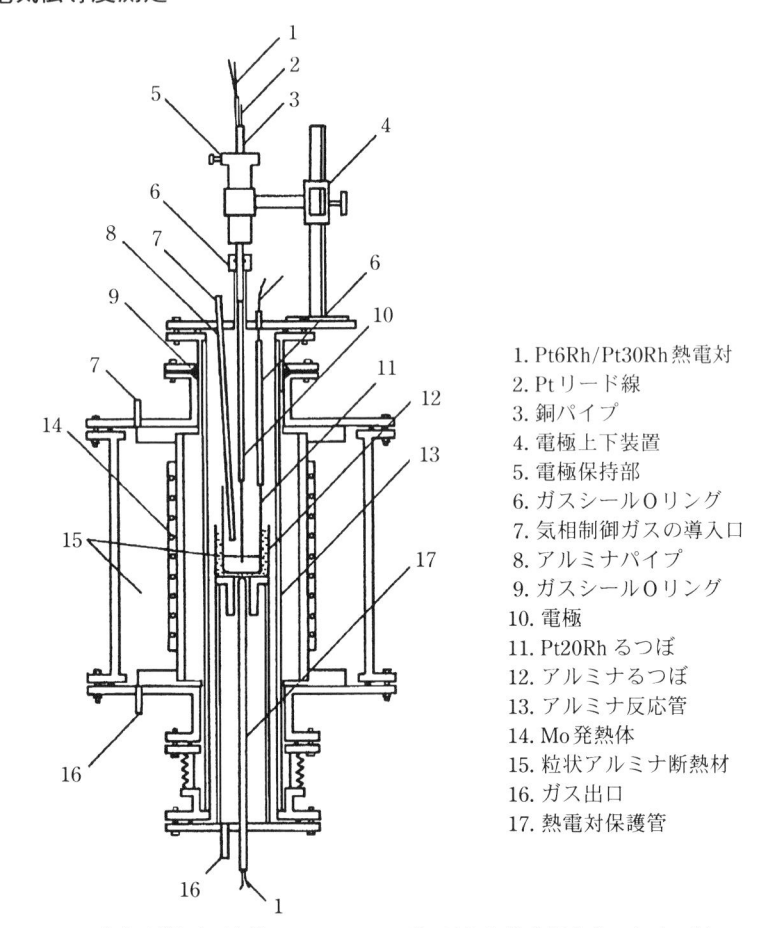

1. Pt6Rh/Pt30Rh熱電対
2. Ptリード線
3. 銅パイプ
4. 電極上下装置
5. 電極保持部
6. ガスシールOリング
7. 気相制御ガスの導入口
8. アルミナパイプ
9. ガスシールOリング
10. 電極
11. Pt20Rhるつぼ
12. アルミナるつぼ
13. アルミナ反応管
14. Mo発熱体
15. 粒状アルミナ断熱材
16. ガス出口
17. 熱電対保護管

図9-23 気相制御下で溶融$Fe_xO$-CaOスラグの電気伝導度測定するための炉

9章　電気伝導度・電気抵抗・輸率

前記の交流四端子法で用いた直径1 mmφの白金−13％ロジウム合金線の1500℃での材料強度は不十分で，気相と融体との平衡に長時間を要する測定では，測定中に電極間隔の変化による測定誤差が時として起きます．そこで，図9-23及び図9-24に示すつぼ対極交流四端子法を試みました．図9-25は，0.1規定のKCl水溶液の室温での溶液抵抗の周波数依存性，図9-26には配合組成が70 mass％$Fe_2O_3$-30 mass％CaOの試料を空気中で溶解し，1483℃で測定した溶液抵抗の周波数依存性を示しています．これらの結果は，前述の交流四端子法での結果と同様な傾向を示し，KCl水溶液によるセル定数の決定には10

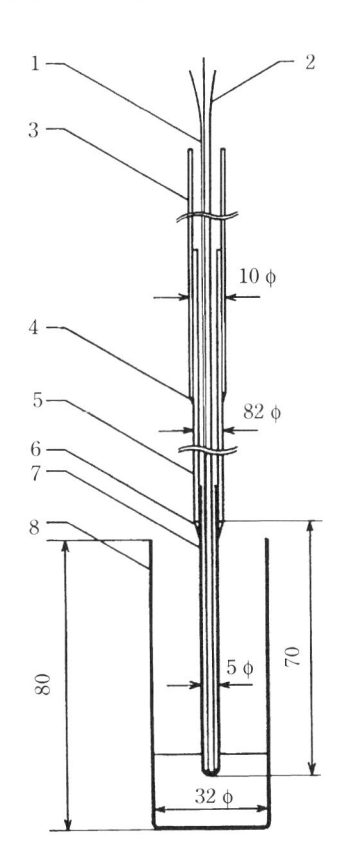

1. Pt6Rh/Pt30Rh 熱電対
2. Pt 電流/電圧端子
3. 銅パイプ
4. エポキシ樹脂接着剤
5. アルミナチューブ
6. ガラス混合セラミック接着剤
7. Pt20Rh パイプ
8. Pt20Rh るつぼ

図9-24　るつぼ対極交流四端子法に用いる電導度測定用セル

kHz，高温融体の測定では1 kHzの周波数を選んでいます．

図9-27には，(FeO+FeO$_{1.5}$)-40.1 mol％CaO融体の比電気伝導度測定結果の一例を示します．鉄と共存するこの融体の比電気伝導度は，Dancyらの結果によれば約30（S/cm），電流効率は20％程度と推定されます[10]が，気相の酸素分圧を増加させて融体中のFe$^{3+}$イオン濃度を増すと，この融体の比電気伝導度は低下し，電流効率を増加させることが分かります．

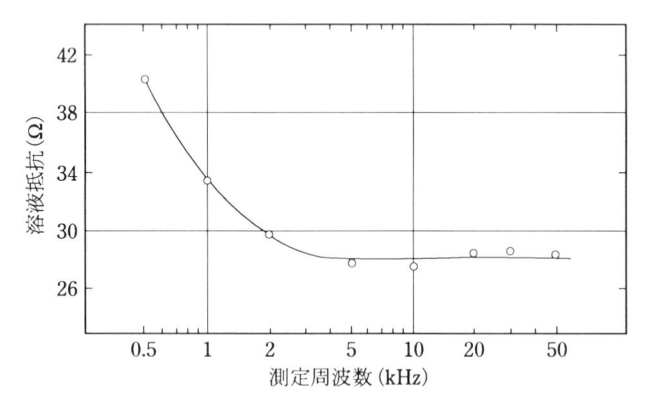

**図9-25** 0.1規定KCl水溶液の溶液抵抗と測定周波数の関係（るつぼ対極交流四端子法，電極浸漬深さ5 mm）

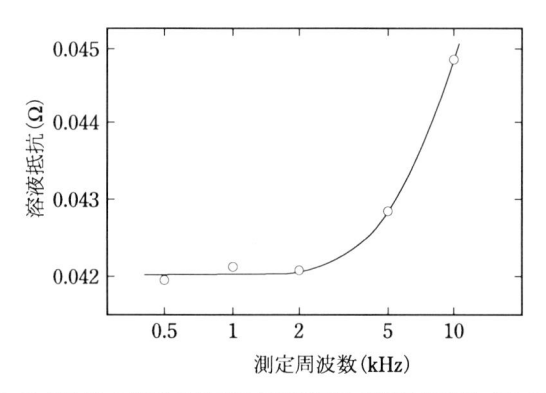

**図9-26** 70％Fe$_2$O$_3$-30％CaO溶融スラグの溶液抵抗の周波数依存性（るつぼ対極交流四端子法，電極浸漬深さ5 mm，1483℃空気中）

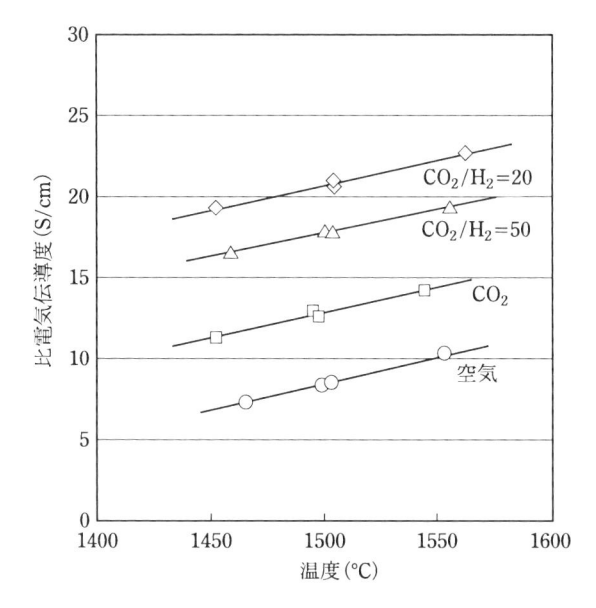

図9-27 (FeO+FeO$_{1.5}$)-40.1 mol％CaO融体の比電気伝導度

## エレクトロスラグ再溶解（ESR）用のCaF$_2$を主成分とする融体の比電気伝導度測定[22]

　エレクトロスラグ再溶解（ESR）法とは，溶融スラグ中に電流を流したときに発生する抵抗発熱を利用して，溶融スラグ中で電極材を溶解し，健全な鋳塊を得る精錬法です．この方法のプロセス設計には，溶融スラグの電気伝導度が非常に重要な役割を占めています．ここでは，このESR用フラックスの比電気伝導度を1750℃までの高温で測定した例を紹介します．図9-28には黒鉛を発熱体とし1900℃まで昇温可能な炉の概略を示しています．この炉内に，図9-29で示すモリブデン製のるつぼと4本のタングステン線（1 mmφ）で出来た交流四端子法の電極を挿入し，電気伝導度セルとします．るつぼ（B）は，市販のモリブデン製るつぼ，るつぼ（A）は0.25 mm厚さのモリブデン板を深絞りして作成した底部カップを同じ板をかしめて作った円筒にTIG溶接した自家製のものです．溶融フッ化カルシウム（CaF$_2$）について，1490〜1495℃で電極浸漬深さ10 mmとしたときの溶液抵抗の周波数依存性を図9-30は示しています．こ

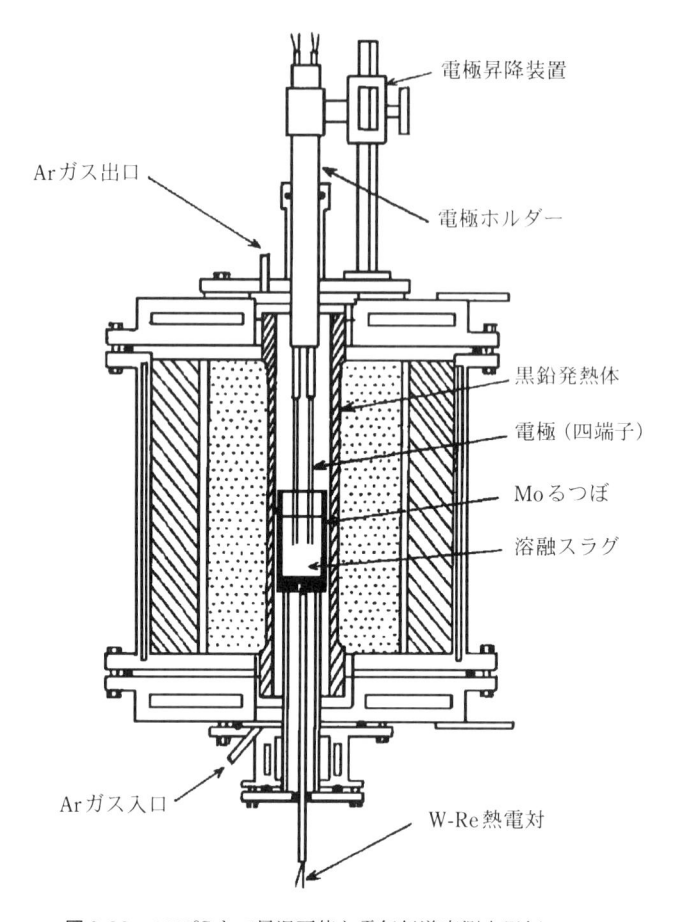

図9-28 1900℃まで昇温可能な電気伝導度測定用炉

の周波数依存性は，典型的な溶融塩の場合に相当し，測定周波数としては1 kHz-5 kHzが適当であることを示しています．図9-31，図9-32には本装置で測定された溶融塩化カリウム(KCl)と溶融フッ化カルシウム($CaF_2$)についての結果を，従来の報告値と共に示しています．このように，報告年代とは無関係にばらついていることが分かりますが，これは，高温での測定の難しさを示唆するものだと言えましょう．

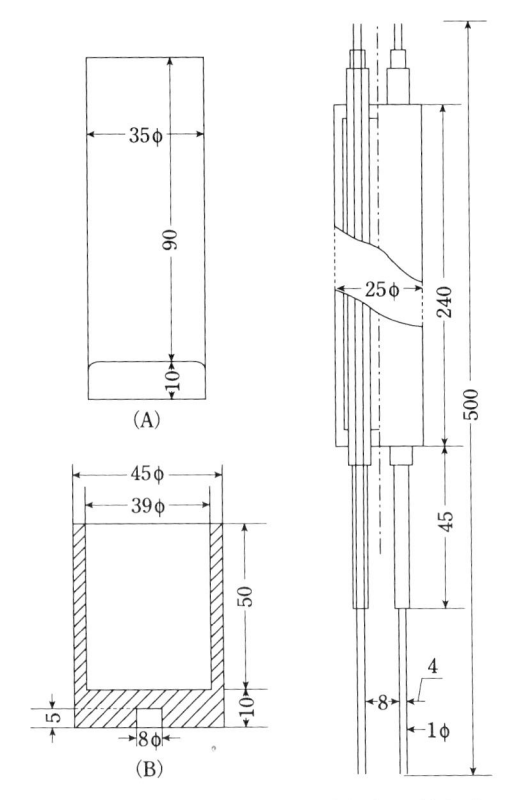

図9-29 四端子法による電気伝導度測定用電極の例

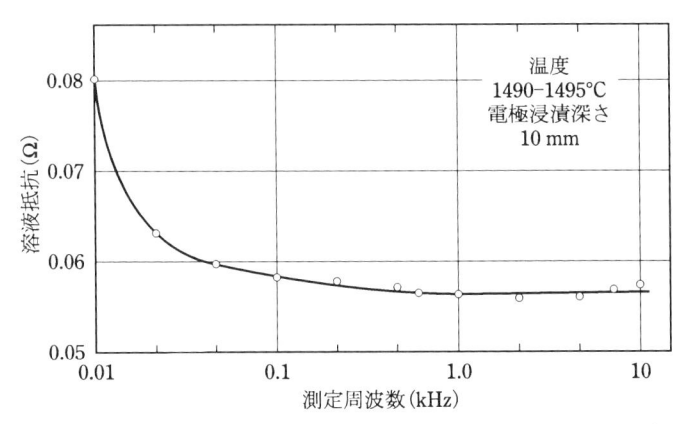

図9-30 溶融フッ化カルシウム（CaF$_2$）の溶液抵抗の周波数依存性

*254*　　9章　電気伝導度・電気抵抗・輸率

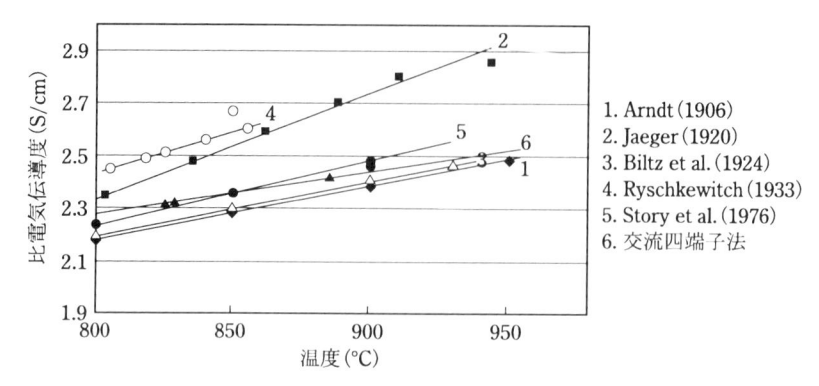

**図9-31** 溶融塩化カリウム（KCl）の比電気伝導度

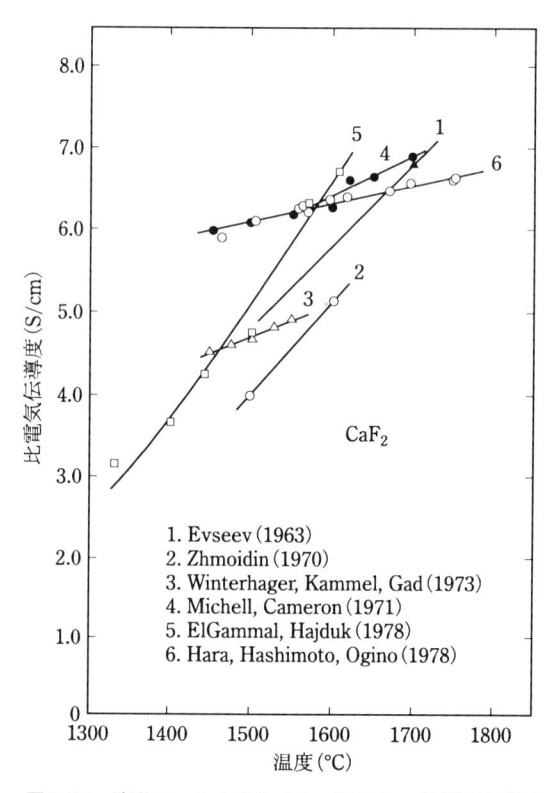

1. Arndt(1906)
2. Jaeger(1920)
3. Biltz et al.(1924)
4. Ryschkewitch(1933)
5. Story et al.(1976)
6. 交流四端子法

CaF$_2$

1. Evseev(1963)
2. Zhmoidin(1970)
3. Winterhager, Kammel, Gad(1973)
4. Michell, Cameron(1971)
5. ElGammal, Hajduk(1978)
6. Hara, Hashimoto, Ogino(1978)

**図9-32** 溶融フッ化カルシウム（CaF$_2$）の比電気伝導度

## 9-6 高温融体の電気伝導度測定値の利用法[23)24)]

融体の代表的な電気的性質である電気伝導度は,未知の溶融状態での振舞いを調べる有力な方法です.ここでは,電気伝導度の値そのものが工学的意味を持つエレクトロスラグ再溶解法(ESR)用フラックスの電気伝導度についてお話しましょう.ESRプロセスでは,電極材と鋳型の間にあるフラックスに電流を流し,フラックスの抵抗発熱で電極材料を溶解します.溶けた電極材は,小滴となってフラックス浴中を通過し,下部に置かれた鋳型において凝固します.この小滴となって落下する過程で電極材に含まれていた不純物が,フラックス中へと除かれることから,原子炉材料のように特に信頼性を要求される健全な鋳塊を得る方法として採用されています.このためのフラックスの役割としては,製錬作用とならんで,熱源として抵抗発熱に必要な適切な抵抗値を取ることが要求されます.そこで,製錬作用に優れたフッ化カルシウムに,アルミナ($Al_2O_3$),石灰(CaO),酸化チタン($TiO_2$)など適当な添加物を加えて,電気抵抗を調整しています.このような添加物の役割を調べるのには,モル電気伝導度$\Lambda$による解析が役立ちます.図9-33には,ESR法の実操業温度に相当する1700℃で測られた比電気伝導度$\kappa$から計算される,$CaF_2$-$Al_2O_3$系融体のモル電気伝導度$\Lambda$のアルミナ($Al_2O_3$)濃度による変化を示しています.図の鎖線Iは,$Al_2O_3$濃度が50 mol%で$\Lambda$が半減するように引かれ,加えられた$Al_2O_3$が電気伝導に全く寄与しない場合を表しています.解析結果は,$Al_2O_3$の添加は,単に希釈するだけでなく,積極的にフッ化カルシウムの動きを妨げていることを示しています.鎖線IIは,アルミナとフッ化物イオンが(9-17)式に従って反応し,移動度の低い錯体を作ると仮定した場合(この場合$Al_2O_3/CaF_2=1/3$の組成に達すると電導イオンは$Ca^{2+}$のみとなります)のモル電導度の変化を示しています.この仮定は,実測されたアルミナの効果をよく再現しています.

$$Al_2O_3 + 6F^- \Rightarrow AlO_2F_2^{2-} + AlOF_4^{4-} \qquad (9\text{-}17)$$

このような考察から,フッ化カルシウムに様々な添加物を加えた場合の比電気伝導度の推算式(9-18)を作り上げることが可能となります.

$$\kappa = \exp(1.911 - 1.38 N_x - 5.69 N_x^2) + 3.9 \times 10^{-3}(t - 1700) \qquad (9\text{-}18)$$

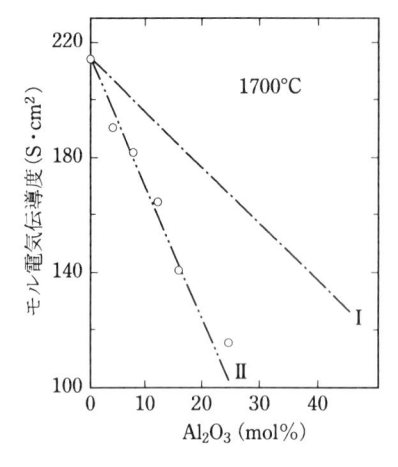

図 9-33　$CaF_2$-$Al_2O_3$ 系融体のモル電気伝導度

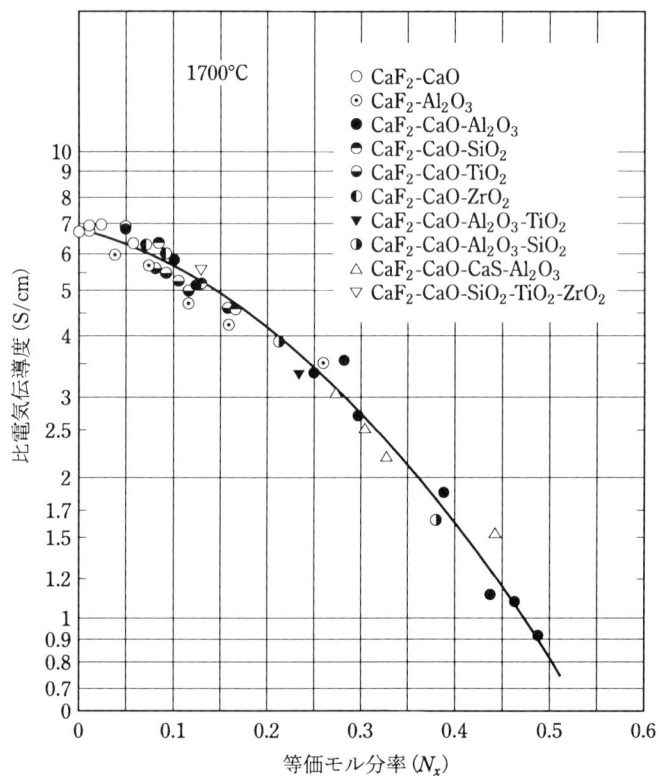

図 9-34　$CaF_2$ 基多元系溶融スラグの比電気伝導度の推算

ただし，$N_x = N_{Al_2O_3} + 0.75N_{SiO_2} + 0.5\left(N_{TiO_2} + N_{ZrO_2}\right) + 0.2(CaO + CaS)$
 $t$ は操業温度（℃）

図9-34には，ESR用の多成分系フラックスにこの推算式を適用した結果（実線）を示しています．

（原 茂太）

**参考文献**
1) 電気化学協会溶融塩委員会編：溶融塩物性表，化学同人，(1963)．
2) 日本鉄鋼協会鉄鋼基礎共同研究会編：溶鉄・溶滓物性値便覧，日本鉄鋼協会，(1972)．
3) 日本学術振興会第140委員会編：Handbook of Physico-chemical Properties at High Temperature, 日本鉄鋼協会, (1988).
4) 伊藤靖彦編：溶融塩の化学，第11章溶融塩のデータベース，㈱アイピーシー，(2003)．
5) 足立彰，荻野和己：溶融塩，**5** (1962), pp.1149-1172.
6) J.O'M. Bockris and A.K.N.Reddy: Modern Electrochemistry, Plenum Press, (1970), pp.541-573.
7) J.O'M. Bockris, J.A.Kitchener and A.E.Davies: *Trans. Faraday Soc.*, **48** (1952), pp.539-548.
8) M.T.Simnad, G.Derge and I.George: *J.Metals, Dec.* (1954), pp1386-1390.
9) V.I.Markin and L.A.Schwartsman：製鋼の物理化学的基礎（ロシア語）ソ連科学アカデミー出版, (1957), p.433.
10) E.A.Dancy and G. J.Derge: *Trans. Met. Soc. AIME* **236** (1966), pp.1642-1648.
11) W.R.Dickson and E.B.Dismukes: *Trans. Met. Soc. AIME* **224** (1962), pp.505-511.
12) T.Baak: *Acta Chem. Scand.* **8** (1954), pp.166-174.
13) 荻野和己，足立彰：電気化学，**32** (1964), pp.145-149.
14) W.K.Behl and J. J.Egan: *J. Phys. Chem.*, **71** (1967), p.1764.
15) A.Klem: Transport Properties of Molten Salts (Molten Salt Chemistry edited by M.Blander) pp.535-606, (1964), Interscience Publishers
16) H.Bloom and E.Heyman: *Proc. Roy. Soc.*, A**188** (1947), p.392.
17) 荻野和己，原茂太：日本金属学会会報，**12** (1973), pp.711-719.
18) A.Adachi, K.Ogino and S.Hara: *Technol. Rept. Osaka Univ.*, **21** (1971), pp.427-433
19) 荻野和己，西脇醇，原茂太：金属物理セミナー，**2** (1977), pp.211-218.
20) 大倉巌：酸化鉄融体の電導度の測定－気相中の酸素分圧の影響，大阪大学冶金工学科昭和53年度卒業論文, (1979)
21) 岡崎庸一：FeO-Fe$_2$O$_3$-CaO系融体の電気伝導度の測定，大阪大学冶金工学科昭和60年度卒業論文, (1986)

22) 荻野和己, 橋本英弘, 原茂太: 鉄と鋼, **64** (1978), pp.225-231.
23) 荻野和己, 原茂太, 橋本英弘: 鉄と鋼, **64** (1978), pp.232-239.
24) S.Hara, H.Hashimoto and K.Ogino: *Trans. ISIJ.*, **23** (1983), pp.1053-1058.

# 10章への プロムナード

　人間が生きてゆく上で欠かせないことは息を吸う，水を飲む，食物を食べることでしょう．息は自覚することなく肺の膨張・収縮で自然に体に入ってきます．水は一旦器に入れて口から飲みます．食物は，お行儀を気にしなければ手づかみでも食べられます．器を使わない水の飲み方として，公園などで見られる水飲み場があります．水道の水圧を利用して水の柱を作り，口の中に水を注入します．最近新聞で読みましたが（朝日新聞：11/12/2010），猫の水飲みは原理的にこの水柱方式なのだそうです．舌を下側にJ字に曲げて水の表面に着け，舌を勢いよく口に引き込めると水が付着して水柱を作ります．重力によってその水柱が崩れるまえに口を閉じると水が飲めます．1回で0.1cc位の水が飲めるそうです．MITの研究結果だそうです．犬は舌を前に出して曲げ，スプーン状にして飲むそうで，これは器スタイルです．cat-and-dogは水の飲み方にも本質的な差があるようです．

　猫と水飲み場は別として，器は水や液体を飲むという動作に対して大きな貢献をしている訳で，容器の発明，製作は人間にとってとても重要なことであったのは疑いの無いところでしょう．ところで，人間は欲の深い動物で，美味しさに対して貪欲であります．飲み物に対しても味だけでなくその温度についても欲が深く，温かいものは温かいまま，冷たいものは冷たいまま，何時でも何処でも飲みたいときに飲むということを望みました．その結果出来たものが魔法瓶です．最近ではポータブルなマイボトル，サーモマグなどに人気があります．

　マイボトルの構造は図のようになっており，内側と外側の2重構造で間は真空になっています．真空状態には何も熱を伝えるものがないので非常に良い断熱材です．ものが無いのに材というのもおかしなものですが，今朝ボトルに入れた麦茶の氷が12時間近くたっても融けずに残っており，氷がカラカラと音がするのは，暑いときにはとてもうれしく感じます．逆の場合も，ボトルに入れたコーヒーはいつまでもほかほかであります．最近のボトルの保冷力や保温力はとても良くなっています．

　朝，コーヒーを飲むときに使用する器は瀬戸物で出来ており，熱いコーヒーを入れても手で持つことができます．瀬戸物の熱伝導率は小さく，熱を伝えにくいために取っ手の温度が急には上らないようになっています．身近なところで台所

を見渡せば，アルミニウム製のなべと鉄製のなべではコンロでの熱の伝わり方に差があるのが実感されます．薄いアルミのなべでは火の当たる部分だけが加熱され，炒めものがそこの部分で焦げたりしますが，厚手の鉄なべではなべが温まるのに少々時間がかかる一方で，なべ全体が比較的均一に温まるので一部分が加熱され，焦げるようなことは少ないようです．これはアルミニウムの熱伝導率が鋼の熱伝導率より非常に大きいためにガスの炎が当たっている部分だけが加熱されやすいためです．もっとも最近普及している電磁調理器ではなべ底が均一に加熱されますので，このような局部的な加熱は起こりにくいでしょう．

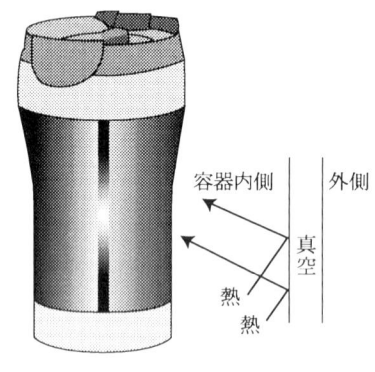

マイボトルの構造

# 10章 熱伝導率,熱拡散率

## 10-1 まえがき

　熱エネルギーの伝わり易さを示す熱伝導率は工業的には大変に重要な意味を持つ値であります．例えば，身近にあるほとんどすべての金属材料は，原料から目的の金属を得るために鉱石からの製錬プロセスを経て製造されています．製錬プロセスにより高純度の金属になりますが，最終的には得られた素材を溶融して，それに続く凝固プロセスを経て製造されています．例えば鉄鋼材料の場合には，高炉という巨大な反応容器の中で鉄鉱石をコークスなどで還元して融けた銑鉄を作り，引き続く精錬プロセスでは，転炉等の反応容器を用いて余分な炭素を酸化して除き，さらに様々な成分を溶かし込んだ高温のさらさらに融けた溶鋼が製造されます．続いて，連続鋳造プロセスで大量の鋼を固めて厚い鋼の板を製造しています．この最後の連続鋳造プロセスでは大量の鋼を短時間で冷却する必要があります．このプロセスでは鋼の融けた状態と固体の状態が共存するために両方の状態の熱伝導率の値がプロセスの効率化のために大変重要なパラメーターになっています．また，連続鋳造プロセスでは鋳型と銅鋳型間の潤滑のために溶融酸化物が用いられており，この酸化物の溶融状態または固体状態の熱伝導率が大変重要な操業パラメーターになっています．また，様々な機械部品は一度溶かした材料を目的の形状をもった鋳型に流し込んで固める鋳造プロセスを経て生産されています．この場合も同様に素材の溶融状態および固体状態の熱伝導率がプロセスの効率化には大きな影響を与えます．最近ではプロセスの解析のためにコンピューターによるプロセス・シミュレーションが行われますが，この場合も溶融状態の熱伝導率は大変重要な基礎データです．

ところでコンピューターの心臓部であるCPUは涼しい環境でないと性能を発揮できません．どうしても冷却が必要です．冷却のために大きなファンが付けてありますが，ファンとCPUを接触させただけでは十分に熱が伝わらず，サーマル・グリースというファンとCPUの密着性を良くするものを塗り，ファンへ効率的に熱が流れるように工夫しています．ここでも，効率的な冷却のためにグリースの熱伝導率が重要な値になっています．

このように重要な熱伝導率を測定する方法には大きく分けて非定常法と定常法があります．非定常法は測定しようとする試料の中に温度差を作ってその差が減少してゆく過程から熱伝導率（あるいは熱拡散率）を求めます．一方，定常法は時間的に変化しない温度プロフィルを作ってそのプロフィルから値を求める方法です．この章では液体（融体）について用いられることの多いレーザーフラッシュ法と熱線法について述べます．いずれも非定常法です．

## 10-2　熱伝導率と熱拡散率の定義

熱伝導率はフーリエの第1法則から下記のように定義される物理量であり，その物質に固有の値であります．図10-1のような直方体を考えます．右側の面

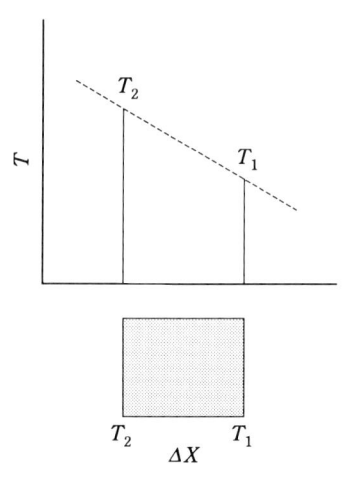

図10-1　1次元で考えたときの熱のバランス

の温度が$T_1$，左側の面の温度が$T_2$に保たれているときに，熱は直方体の左から右側に流れており，その熱の量はある面積を通過するエネルギーの量で表せます．これは熱流束（$q$）と呼ばれ，W/m$^2$の単位を持っており，フーリエの法則から次式で定義されています．

$$q = -\lambda \frac{(T_1 - T_2)}{\Delta X} \tag{10-1}$$

熱流束の符合を正にとるために，温度勾配にマイナスをつけ，熱の伝えやすさを与える量として熱伝導率（$\lambda$：W/(m·K)）が定義されています．また，熱拡散率（$\alpha$：m$^2$/s）は次式で定義されています．

$$\alpha = \frac{\lambda}{C_p \cdot \rho} \tag{10-2}$$

ここで$C_p$：J/kg·Kは比熱であり，$\rho$：kg/m$^3$は密度であります．

## 実際の熱伝導率の値

身近にある物質の室温における熱伝導率の値を表10-1にまとめて示しました[1]．金属の中で熱伝導率の良いものは銀，金，銅，アルミニウムであることが分かります．鉄は比較的大きいがステンレス鋼になるとかなり小さくなります．一般的な窓ガラスの熱伝導率はさらに小さくなっています．しかし，最近

表10-1　色々な物質の熱伝導率（室温）

| | 物　質 | 熱伝導率（W/m·K） |
|---|---|---|
| 気体 | 酸素 | 0.0229 |
| | ヘリウム | 0.146 |
| | 窒素 | 0.024 |
| 固体 | ソーダガラス | 0.55〜0.75 |
| | 鉄 | 80 |
| | ステンレス鋼（SUS304） | 15.9 |
| | 銅 | 401 |
| | アルミニウム | 237 |
| | 金 | 317 |
| | 銀 | 429 |
| | GaN | 253 |
| | SiC | 360〜490 |

半導体の材料やLED発光素子として注目を集めているGaN[2]，SiC[3]の熱伝導率は金属に比べてもかなり高いことがわかります．これらの熱伝導率の測定は基礎的な物性であり，大変重要であります．また，固体のみならず溶融状態での熱伝導率の値も科学的，工業的に重要な値であります．比較のために気体の熱伝導率も掲載しましたが，これらは固体に比べると大変小さな値になっています．

## 10-3　レーザーフラッシュ法の測定原理

これまでに固体あるいは融体の熱伝導率あるいは熱拡散率の測定方法にはいくつかの測定方法が提案されています．現在のところ利用されている方法は細線加熱法とレーザーフラッシュ法の2種類が大部分です．この節では，レーザーフラッシュ法について取り上げます．

レーザーフラッシュ法は1961年にキセノンランプを使用したフラッシュ法がパーカーら[4]によって提案されて以来，非常に発展してきた手法であります．レーザーフラッシュ法は固体の熱拡散率測定法として提案され，開発が行われてきました．実際の測定では大きさが直径10 mm程度で厚さが1 mmから数mmの試料を用いて測定が行われ，比較的小さな試料で迅速な測定が可能であるという特徴を持っています．また，2000℃程度までの超高温での熱拡散率の測定が可能です．レーザーフラッシュ法の装置の原理を図10-2に示します．試料の片面を均一に瞬間的に加熱します．実際の加熱では瞬間的に加熱することはできないので，後述する試料の温度変化に比べて十分に短い時間（約1ミリ秒）で加熱を行ないます．試料の片面でレーザーのエネルギーが吸収され，その面の温度が上昇します．次に，吸収されたエネルギーは徐々に温度の低い裏面に向かって拡散していき，試料の全体の温度が一定になるまで，エネルギーの移動がおこります．裏面の温度変化の例を図10-2に示します．試料の熱拡散率が大きければ，言い換えると熱を伝えやすければ，試料の温度が均一になる時間は短く，試料の裏面の温度の変化は早くなります．逆に，試料の熱拡散率が小さければ，試料の温度が均一になる時間は長くなり，裏面の温度変

化はゆっくりとなります．このような加熱面の反対の面における温度の変化は，試料から熱が逃げず，試料の片面の加熱が瞬間的（$\delta$関数）に行なわれる場合には，解析的に求めることが出来て，次の式で与えられます．

$$T(t) = T_0 \left[ 1 + 2\sum_{n=1}^{\infty} (-1)^n \exp\left(\frac{-n^2\pi^2}{d^2}\alpha t\right) \right] \quad (10\text{-}3)$$

この式は少々難しい形をしていますが，特定のある時間を選ぶと，試料の熱拡散率と厚さとの間には次の簡単な関係式が得られます．

$$\alpha = 0.1388 \frac{d^2}{t_{1/2}} \quad (10\text{-}4)$$

このときの$t_{1/2}$は試料の裏面の温度が，レーザー光で加熱する前の温度（$T_s$）から最大値（$T_{max}$）の半分に達するときの時間であり，図10-2のように表されます．$d$は試料の厚さです．実際の測定では，試料の裏面の温度の時間変化を測定することが大切です．温度の計測方法はいろいろな方法があります．しか

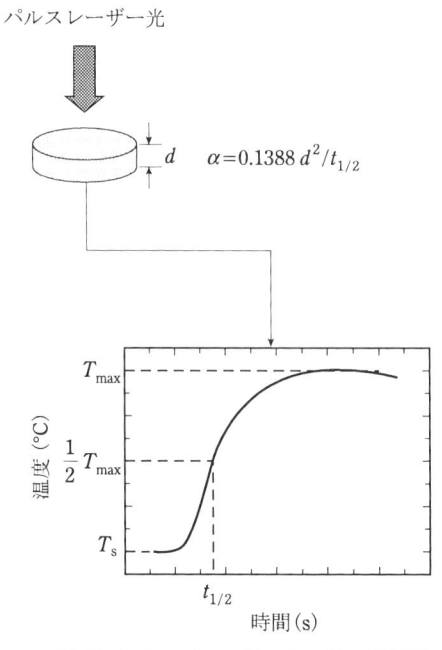

図10-2 レーザーフラッシュ法の原理図

し，比較的に小さな場所の温度の時間変化を測定できる方法はかぎられており，熱電対を用いる方法か放射温度計を用いる方法の2種類になります．レーザーフラッシュ法の測定では温度の絶対変化は必要ではなく，相対的な温度の時間変化が測定できれば良いという特徴があります．

　熱電対を用いて試料の温度変化を測定する場合には，熱電対から熱が逃げるのを極力防止する必要があります．また，熱電対が太くなると熱電対で測定される温度の時間変化は実際の試料の温度変化よりも遅れます．熱の逃げの防止と熱電対の時間応答性を上げるために，熱電対は出来るだけ細いほうが良いのですが，あまりに細いと取り扱いが困難になるので直径0.1 mm程度を使用する場合が多いようです．もう1つの問題は熱電対の固定方法です．金属の試料の場合には，スポット溶接機を用いて熱電対を測定面に溶接して固定すればよいのですが，試料が非金属の場合には熱電対を溶接することはできず，銀ペーストのような接着剤を用いて熱電対を固定します．しかし，接合部が弱く取り扱いが容易でありません．また，銀ペーストでは測定できる温度範囲が限られますので，特に高温側での困難が多く，銀ペーストの耐熱温度を超えるような場合には白金ペースト，さらに高温の場合にはセラミックス系の接着剤が用いられます．セラミックス系の接着剤は接合部を小さくすることが難しく，試料の熱容量を少々増加させてしまうので，注意が必要であり，熱拡散率を大きく見積もる原因となります．

　一方，放射温度計の利点は非接触で温度変化の測定が出来ることです．前述の熱電対のような固定の問題は生じません．放射温度計を用いた場合の高温まで測定可能な装置の概略を図10-3に示します．この測定装置では放射温度計としてInSb赤外線検出器を用いています．試料の温度変化に伴い試料の裏面から放射される赤外線を金コートミラーを介してシリコンレンズでInSb赤外線検出器に集光し，試料の温度変化を求めています．試料全体の加熱はタングステンメッシュヒーターによって真空中で行い，試料が一定の温度になったところで，Nd:ガラスレーザーにより試料の上面を瞬間的に加熱します．そのときの裏面の温度変化が赤外線検出器によって測定され，熱拡散率を求めることができます．

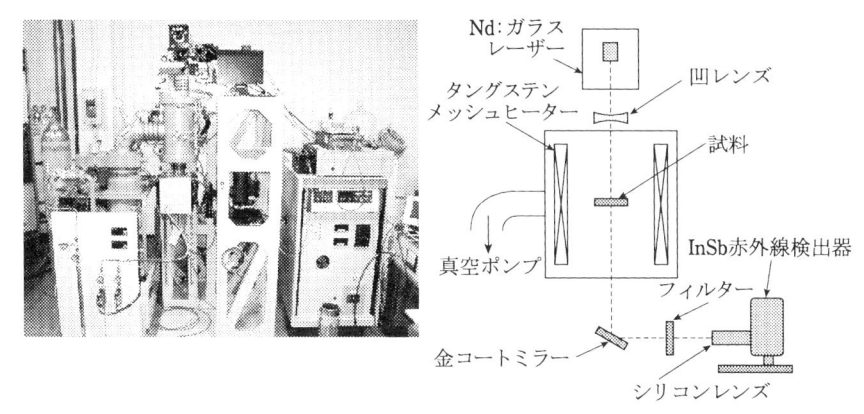

図 10-3　レーザーフラッシュ法装置の外観

## 10-4　レーザーフラッシュ法の応用

### 金属融体への応用例[5)~7)]

　レーザーフラッシュ法を金属の融体に応用するには工夫が必要になります．レーザーフラッシュ法では前項で述べたように試料の厚さが大変重要なパラメータとなります．何らかの方法で融体試料の厚さを決定する必要があります．そこで工夫されたのが図10-4に示した試料セルです．この試料セルでは厚さが1 mm, 直径10 mm程度の試料をセラミックス製のリングに入れます．このリングの厚さはあらかじめマイクロメーターで正確に測定しておきます．このリングと試料を2枚のサファイヤの円盤で挟み込みます．さらに高温でもずれないようにグラファイト製の冶具でこのセルをしっかりと固定し，円盤とリングの密着性が高温でも保たれるようにします．ほとんどの金属の場合には融けると固体のときよりも密度が減少するので，体積が増えます．このことによって試料のセルの内部は融点以上ではその金属で満たされることになります．融けたときに過剰になった液体試料の逃げ場を確保する目的で上側のサファイヤ円盤には小さな穴を設けてあります．サファイヤはNd:ガラスレーザーの波長1060 nmに対してほとんど透明でありますので，サファイヤ円盤を通して，試料を直接加熱することができます．また，裏面の場合も，サファイ

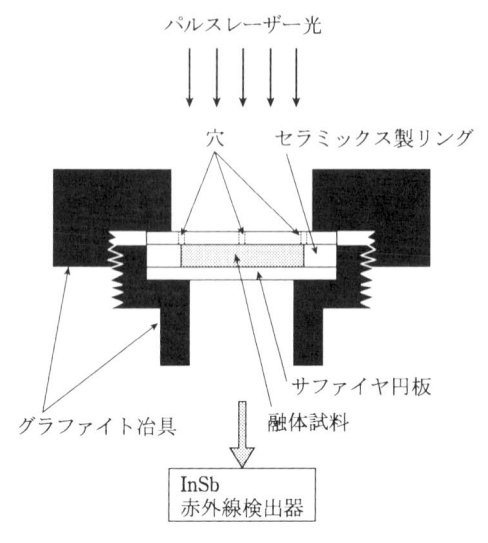

図10-4 金属融体用の試料セル

ヤは赤外線の透過率が高いので試料の裏面の温度を赤外線検出器で測定することができます.試料の厚さは1 mm程度で,上下ともサファイヤの円盤で封じられているため,試料内での熱対流はほとんどないと考えられます.また,試料の上部からの加熱なので,ここでも密度差による対流は生じないと考えられます.さらに自由表面がないのでマランゴニ流れの影響も受けない測定が実現できます.

### 酸化物融体試料[8) 9)]

　酸化物系の融体にレーザーフラッシュ法を適用する場合に,透明な試料ではパルスレーザーのエネルギーを表面で吸収することができません.このため,試料の表面にレーザー光を吸収する吸収板の役割をするものが必要になります.また,裏面の温度を測定するために,下側にも赤外線を放射する板が必要になります.また,試料の厚さを正確に測る必要もあります.そこで,図10-5に示すように大きさの異なる白金のるつぼで溶融試料を挟み込む手法が工夫されました.この手法では熱の吸収板,融体試料,温度計測のための赤外線放射

板の3層の試料からできているとみることができ,3層試料法と呼んでいます.このとき,前述の金属融体の測定と同様に温度応答を測定することができます.白金の熱拡散率と厚さがわかれば挟み込まれた試料の熱拡散率の値を求めることができます.しかしながら,ほとんどの酸化物融体の溶融温度は高温であり,1000℃を越えてくると,白金るつぼの伸びやそれを支えているアルミナの台座の伸びなどのために試料の厚さを正確に測定することは困難になってきます.そこで,考え出されたのが示差3層試料法です.この方法では,試料の厚さを変化させて試料の温度応答を測定しています.図10-5(a),(b)のように試料が薄い場合の温度応答曲線と上側のるつぼを引き上げ試料を厚くした場合の温度応答曲線を測定して,この2つの温度応答曲線から試料融体の熱拡散率を求める方法です.試料の厚さの絶対値を高温で測定するのは難しいのですが,相対的な厚さの変化量を測定することはできますので,この方法により試料融体の熱拡散率を測定することができます.ところが,この方法は融体がさ

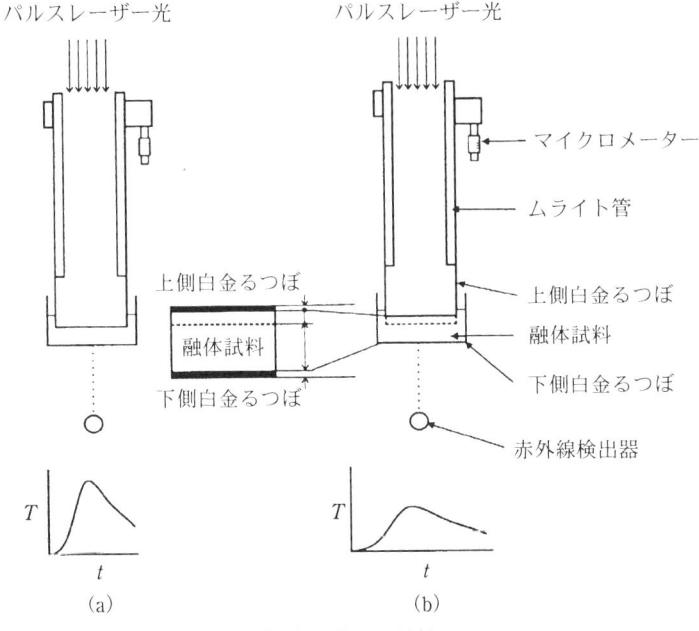

図10-5 酸化物融体用の試料セル

らさらしている場合には大変都合がよい手法なのですが,ねばねばした融体の場合には薄い試料から厚い試料へと変化させることができません.このために次の2層試料法が考え出されました.

2層試料法の原理図を図10-6に示します.この方法では試料を白金のるつぼに入れ,坩堝の底面をパルスレーザーで瞬間的に加熱し,さらに同じ場所の温度の変化を測定しています.パルスレーザーで与えられたエネルギーは白金坩堝で吸収されます.その後,そのエネルギーは融体の方に流れていきます.融

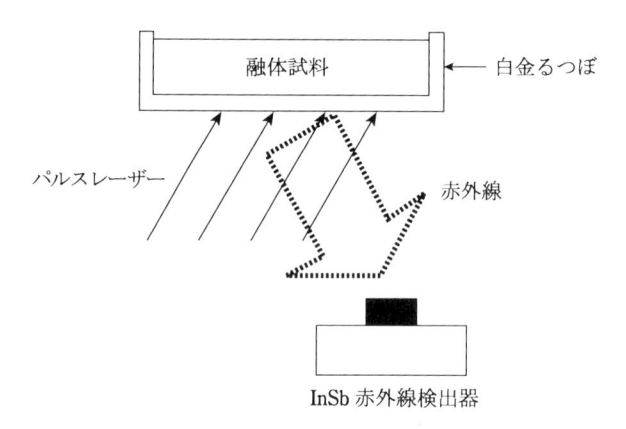

図10-6 高い粘性を持つ融体試料の測定法

体の熱伝導率が大きければ底面の温度の減衰は早く,小さければ温度の減衰はゆっくりとなります.実際に測定された温度応答曲線は図10-7のようになります.その温度応答曲線を表面の温度の減衰を表す次式にデータをあてはめ,非線形最少二乗法により変数を決定します.

$$T(t) = T_0 \exp(h^2 t)\mathrm{erfc}(h\sqrt{t}) \tag{10-5}$$

$$h = \frac{\sqrt{\alpha_s}\rho_s C_{ps}}{\rho_d C_{pd} L_d} \tag{10-6}$$

決定した変数から試料の熱浸透率をもとめることができます.熱浸透率($b_s$)は次式で与えられるので,白金るつぼの厚さ($L_d$),比熱($C_{pd}$),密度($\rho_d$)が与えられ,融体試料の密度($\rho_s$)と比熱($C_{ps}$)が別途測定できれば,融体試料

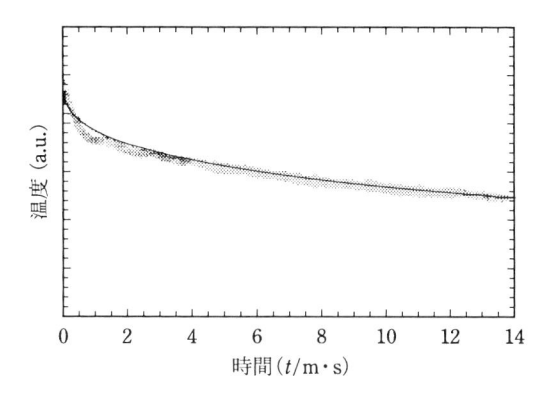

図 10-7　測定された温度応答曲線（グレー太線）と理論式の曲線（細い実線）

の熱伝導率（$\lambda_s$）あるいは熱拡散率（$\alpha_s$）をもとめることができます.

$$b_s = \sqrt{\alpha_s}\rho_s C_s = \sqrt{\lambda_s \rho_s C_s} \tag{10-7}$$

## 融体の熱伝導

　熱伝導率あるいは熱拡散率の値は，構造に敏感な値と言われています．例えば固体試料では通常の物質は多結晶状態ですが，うまく結晶を成長させると単結晶を得ることができます．多結晶と単結晶はともに原子が整列した状態ですが，粒界があるかないかが異なります．粒界の部分は結晶の配列が乱された構造になっています．構成している元素が同じでも結晶の構造が異なっているものと比べると，単結晶の方が熱伝導率はかなり大きくなります．融体は多結晶体に比べてもさらに乱れた原子の配列になっているので，多結晶体の状態ともかなり異なった値になります．金属の場合と酸化物系の融体の場合にも構造が異なります．また，エネルギーを伝播する担い手も金属の場合には主に電子であり，酸化物の場合には主に格子振動になります．金属の場合には融体でもエネルギー伝播の担い手は主に電子と考えられています．一方，酸化物の融体の場合には，電子はエネルギー伝播の担い手としてはメインのプレーヤーではなく，融体の中に残っている局所的な構造のつながり方が関係しているといわれていますが，まだ議論が続いています．

　溶融状態の物性値は高温における測定が容易でないために，あまりデータの

蓄積が進んでいませんでした．日本を中心とした研究によって詳細な議論ができるような精度の高いデータが集積されつつあります．また，シミュレーション技術の進展によりいろいろなプロセスの最適化設計が行われるようになってきています．このシミュレーションにおいても今まで以上に精度の高い融体の熱伝導率や熱拡散率の要求が高まっています．

### 測定ヒント1　加熱レーザー光の迷光の放射温度計への入射の防止

　レーザーフラッシュ法では試料をパルスレーザーで瞬間的に加熱し，その後の試料の温度変化を測定することによって熱拡散率を求めています．試料の温度上昇は高々10℃程度で，これによる試料から放射される赤外線の変化量は微弱であり，赤外線検出器で測定された信号も微弱であるので，アンプを用いて増幅して，測定を行っています．加熱に用いているパルスレーザー光はできるだけ検出器に入らないように光学系を工夫する必要があります．ほんのわずかなレーザー光が検出器に入るだけで非常に大きなノイズとして観察されてしまいます．そこで，検出器の前面に赤外線は通すけれどもレーザーの光は通さないような光のフィルターを入れることが効果的です．例えば，シリコンやゲルマニウムの結晶を置くことは効果があります．また，特別に加熱光用のレーザー光の波長の光を通さないようなフィルターを作製することもできますが，こちらはかなり高価になります．

### 測定ヒント2　加熱用レーザー光のパワー調整

　加熱用のレーザー光のパワーが大きい場合に，試料のレーザー光に対する吸収率が大きいと試料表面がダメージを受けてしまうことがあります．レーザー光のパワーを落とせばよいのですが，単純にレーザー光の出力を落としてしまうと，加熱レーザー光のエネルギーの分布が不均一になってしまい，直径10 mmの試料の表面を均一に加熱できなくなってしまいます．これはホットセンターと呼ばれており，レーザーフラッシュ法の誤差の1つに挙げられています．では，どうやってホットセンターを避けるか，ですが，これはあまり簡単ではありません．試行錯誤の上でたどり着いた方法はスライドガラスを重ねる

方法です．はじめはレーザー光を吸収できる物質である硫酸銅の水溶液をレーザー光の前において，その濃度を変化させることによって減衰させることを試みました．この方法はある程度はうまくいったのですが，濃度の調整が難しく，適当な強度に落とすことが容易ではありませんでした．他にも様々な吸収体を試しましたが，レーザーのパワーが強いためにほとんどのものがある回数以上になるとダメージを受けて使えなくなりました．そこで，反射を用いる方法にいたりました．ガラスの表面はレーザー光を5％ほど反射します．1枚のガラスには2つの表面がありますので，最初の強度を1とすると1枚のガラスで$1 \times 0.95 \times 0.95 = 0.90$となり10％の減衰ができます．多重反射を無視すれば，5枚重ねると$0.95^{2 \times 5} = 0.60$となり40％減衰させることができます．この方法でほぼ任意の強度のレーザーの強度を得ることができます．

**測定ヒント3　熱電対の溶接，溶接の方法**

　レーザーフラッシュ法では熱電対を用いた温度応答の曲線の測定はあまり行われていませんが，ときどき必要になります．試料の温度を正確に測定するためには熱電対を試料に密着させる必要があります．熱電対の押さえ方が工夫できれば試料に熱電対を押しつけるという方法も考えられますが，高速の測定では熱電対と試料の間の熱抵抗が邪魔します．そこで，試料が金属試料の場合には直接熱電対をくっつける，つまり溶接する必要があります．これを行うにはスポットウェルダーが必要になります．銅の電極の間に試料と熱電対を挟み込み瞬間的に大電流を流すことによって，熱電対と試料の間を少し溶かして溶着します．この方法により金属では温度応答曲線を測定することができます．非金属の場合には溶接はできないので，本文中に述べたような接着剤で固定することになります．

〔柴田　浩幸〕

## 10-5 熱線法による熱伝導率測定

一般に非定常法の熱伝導率測定で直接測定できるのは熱拡散率であり,熱伝導率は別に測定した比熱,密度の値とともに計算しなければならない.比熱測定,特に高温の測定は簡単ではない.熱線法は非定常法ではあるが熱伝導率が直接得られる絶対法なので比熱,密度の測定を必要としない分簡便な方法といえる.またこの方法は測定時の試料温度に近い温度に対する値が得られ,粉体や液体にも適用でき,測定に要する時間が短い.

日本工業規格では,耐火れんがの熱伝導率測定法 (JIS R 2618) に採用されている.

**測定原理**

図10-8のように2枚の試料の合わせ面の中央に置かれた熱線 (ヒータ線) に通電するとジュール熱が発生し熱線に垂直な面内で放射線状に広がって行く.このとき,熱線の温度は上昇してゆくが,その温度上昇の様子は試料の熱伝導率の違いにより異なる (図10-9). この温度上昇速度の違いから熱伝導率を求めるのがこの測定法の原理である.

電気抵抗 $R(\Omega/m)$ に $I(A)$ の電流を通電したときの $t_1 \sim t_2 (\sec)$ 間の熱線の温度上昇 $\theta_2 - \theta_1 = \Delta\theta$ を測定すれば熱伝導率 $\lambda(W/(m \cdot K))$ は次式から算出される.

$$\lambda = 0.183\, I^2 R / \Delta\theta \cdot \log(t_2/t_1) \tag{10-8}$$

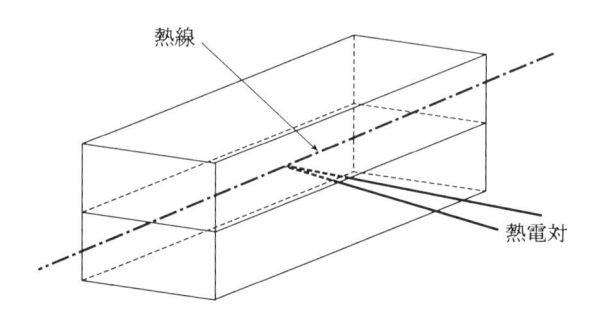

図10-8 熱線と熱電対の配置図

10章 熱伝導率，熱拡散率

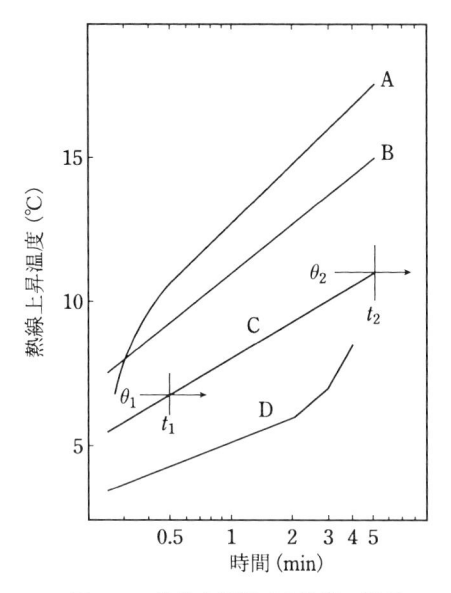

図 10-9 熱線上昇温度と時間の関係

ここで$\Delta\theta$は図10-9の時間の対数と上昇温度のグラフの直線部分で求める．

　試料とセンサーの間に隙間があると線Aのように測定開始直後に温度が急激に上昇し，その後，直線状に上昇していく．また線Dのように，測定の後半で温度上昇が大きくなるのは投入電力が大きい場合か，試料が小さい場合である．$\Delta\theta$の読取りは時間の対数と温度上昇が直線であることを確認して行う必要がある．

### 装置の構成と装置の自作

　図10-10に装置の構成を示す．直流電源は摺動抵抗器で調節して熱線に電力を供給できるようにしてある．

　測温熱電対の起電力を途中で二つに分け片方はそのまま測定温度の読み取りに使う．もう一方は熱起電力消去電圧発生器を通してバイアス分の熱起電力をほぼゼロにしてからアンプで増幅して$\Delta\theta$の読み取りに使用する．

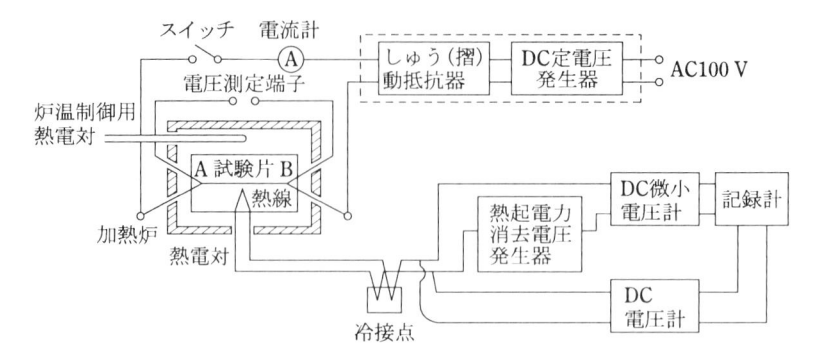

図10-10 熱伝導率試験装置

装置は市販されているが装置の構成部には特に特別な物はないので,自作することもそれほど困難ではない.

電源:30～50 V,5 A程度の出力が可変できる物
電流計,電圧計:市販のデジタルマルチメータ
熱起電力消去電圧発生器:リチウムイオン電池のような発生電圧の変動の少ない電池と抵抗と可変抵抗を組み合わせて作成する.
ヒータ線:低温ではニクロム,鉄クロムなどの細線0.1 mm前後
　　　　高温ではR熱電対のPt13%Rh線 0.1～0.2 mmφ
熱電対:低温では0.3 mmφ K熱電対
　　　　高温では0.3 mmφ R熱電対

## データ処理

測定温度と$\Delta\theta$は2ペン記録計に取り込む.記録計の記録紙の送り速度は60,120,240 mm/minのように60の倍数のレンジがあると便利.記録紙に描かせた$\Delta\theta$は片対数グラフ用紙に横軸時間対数,縦軸$\Delta\theta$でプロットして$\Delta\theta$-log$t$に直線性があることを確認してその勾配から熱伝導率を計算する.計算のときに熱起電力をそのまま増幅すると$\Delta\theta$はmV単位になるので起電力表からμV-℃の換算係数を求めて$\Delta\theta$を℃単位に換算する.

## 試料と測定法
### (i) 固体試料の測定
　試料を板状に2枚作り2枚の板の間にヒータ線と熱電対を挟み隙間ができないように金属線などでバインドして固定して測定する．軟らかい試料は後述のプローブ(図10-12)を作成して試料に挿入して測定することもできる．また導電性の試料はヒータ線を絶縁管に入れて絶縁することで測定できる．

### (ii) 粉体試料
　図10-11のようにヒータ枠にヒータ線と熱電対を張ったセンサーを作り容器に入れてそこに粉体試料を入れて測定する．室温測定の場合は試料の大きさにあまり制限はないが高温，低温測定の場合は電気炉に入れなければならないので試料の大きさは限定される．

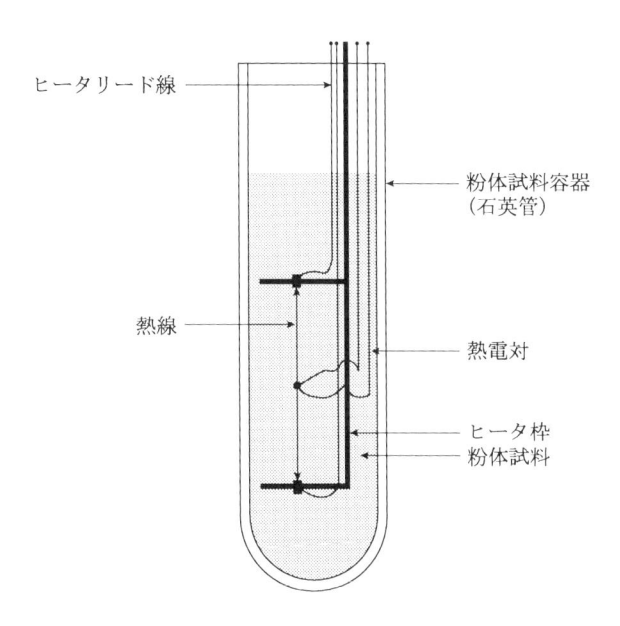

図10-11　熱線法（粉体試料容器，センサー）

## (ⅲ) 液体試料

一般的に液体試料は対流が起こりやすいので測定は困難であるが，ある程度粘度の大きい試料は粉体試料と同じように測定できる．粘度の小さい試料は容器を細くしたり，また細いガラス管の中にヒータ線と熱電対を入れ対流を少なくするセンサーを作成して測定する方法もある．

## (ⅳ) ガラス，スラグの融体での測定

ガラス，スラグの融体での測定は困難ではあるが粘性がある程度あり容器やセンサーと反応しなければ熱線法で測定することができる．

図10-12に融体測定用のプローブの一例を示す．0.2 mmφのPt13％Rh（R熱電対のプラス側）を1.2 mmφの二つ穴アルミナ絶縁管の一つの穴に入れて反対側で折り返しもう一つの穴に入れてヒータとする．1.6 mmφの二つ穴アルミナ絶縁管に0.3 mmφのPt線を通し，リード線としてヒータ線の出口で溶接す

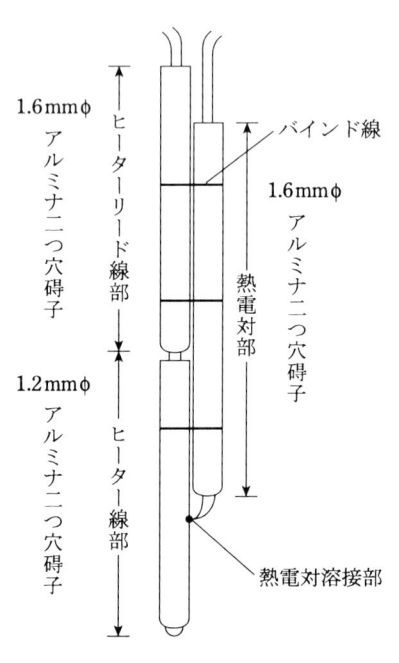

図10-12 融体試料用プローブ

る．1.6 mmφの二つ穴絶縁管に0.3 mmφのR熱電対を通し先端を溶接する．ヒータ線の入った絶縁管と熱電対の入った絶縁管を熱電対の溶接部がヒータ線の中央になるように並べてPt線でバインドする．ヒータ線の折り返し部，リード線との溶接部，熱電対の溶接部をアルミナセメントで固めて試料に直接触れないようにする．

測定容器はPt製ルツボが望ましいが，試料と反応しなければタンマン管，アルミナ管なども使用できる．

(青木 豊松)

**参考文献**
1) 新編熱物性ハンドブック，日本熱物性学会編，養賢堂，(2008).
2) H.Shibata, Y.Waseda, H.Ohta, K.Kiyomi, K.Shimoyama, K.Fujito, H.Nagaoka, Y.Kagamitani, R.Simura and FT.Fukuda: *Mater. Trans.*, **48** (2007), 2782-2786.
3) Properties of Advanced Semiconductor Materials, GaN, AlN, InN, BN, SiC, SiGe, edited by M.L.Levinshtein, S.L.Rumyantsev and M.S.Shur: John Wiley & Sons, (2001).
4) W.J.Parker, R.J.Jenkins, C.P.Butler and G.L.Abbot: *J.Appl.Phys.*, **32** (1961), 1979.
5) T. Nishi, H. Shibata and H. Ohta: *Mater. Trans.*, **44** (11), 2369-2374 (2003).
6) T. Nishi, H. Shibata, H.Ohta and Y. Waseda: *Metallurgical and Materials Transactions* A, **34A** (12), 2801-2807 (2003).
7) T.Nishi, H.Shibata, H.Ohta, N.Nishiyama, A.Inoue and Y.Waseda: *Physical Review* B, **70** (2004), 174204-1-174204-5.
8) Y.Waseda, H.Ohta, H.Shibata and T.Nishi: *High Temperature Materials and Processes*, **21** (2002), (6), 387-398.
9) H.Ohta, H.Shibata, A.Suzuki and Y. Waseda: *Review of Scientific Instruments*, **72** (2001), 1899-1903.

# EX 章への プロムナード

　アメリカのHigh wayを走っていて気がつきました．"EXIT"の表示しか見当たらないのです．もう少し行くと次に分岐する道がある筈，その道路への「入口」の表示が見当たらない．見えてくるのは「EXIT」だけ．あとで考えてみれば，一次元の世界ではEXITがあればそれで十分なのですね．今走っている道から外に出るか，出ないか，それだけの話，それが選択の総てです．困るのは「進入禁止」．通れない道路なんて道路じゃないよ．入っていけないのなら，初めからそう言ってもらいたいものです．角を曲がったら「進入禁止」．仕方がないから戻ろうとターン出来る場所をウロウロ探していたら，お巡りさんに見つかってお灸を据えられました．その上手を行くものがありました．杉並区の大宮八幡宮にツツジを見に行ったとき，表通りから曲がって可成り入ったところに立て札があり，「この先行き止まり，Uターン禁止」．これって一体どうしたらよいの．クビを傾げて考え出したのが，バックで表通りまで戻るしかない，でしたが，この時は歩きでしたので，かみさんと顔を見合わせて笑っただけで済みました．

　まあ，考えてみれば人生も時間に関する一次元の道のり．一旦生まれてしまえば，後は出口しかない訳です．バックで後戻りということの出来ない一度だけの一方通行です．この本には，そのような道程を歩いて来た方々の経験と知識が詰まっております．「Good and old, young and bad」っていうのはウイスキーの宣伝ではありません．先達の経験はgoodであって，それらのgoodは，躓いたときや転んだときに役に立つ筈です．実験室巡りも一次元の世界．そろそろEXITが見えてきました．次のEX章が出口です．

　でも，EXって何のことと思われるでしょう．一寸だけお喋りさせて下さい．exには色々な意味があります．まずはXのこと．次はギリシャ語起源でout ofとかfromの意味の前置詞．さらにExoの略で移民そして（旧約聖書の）出エジプト記を意味します．略語としてのex.は，examine, example, except, exchange, excluding, excursion, executed, exempt, exit, export, express, extra, extract, extremely, など．ここでは，exitとextraを念頭においていますが，ローマ数字のXと未知数xの意味も含めています．つまり，10章とは異なるX章，そして出口とオマケ．そんな事を考えてEX章としました．

# EX章 エピローグ

　玄関ホールから始まり第10実験室までの長丁場，お付き合いいただき有難う御座いました．ここは勝手口，本当は玄関ホールに戻ってお帰り頂くつもりでおりましたが，不測の事件が起きまして玄関ホールへの帰り道に支障を生じました．そう，東日本大震災です．急遽勝手口を裏玄関ホールに改造いたしました．ご了承下さい．もともとお帰りの順路には「持続型社会」のパネルを若干用意してご覧頂く予定でおりましたが，この度の震災をモニュメントとして残すことを考えました．そこでパネルを4枚ほど用意しましたので，後ほどご覧下さい．それと，こういった施設に付きもののスーベニアショップをお帰り口の近くに設けております．色々お役に立つグッズを取りそろえております．ご覧頂いてご利用いただければ有り難く存じます．

　さて，人間の記憶は割と容易に失われるものです．自然界で多くのものがそうでありますように，記憶もほぼ指数的に減衰するのではないかと思います．外部からの新しい供給が無く，今ある量に比例してその量の変化が起こるとすれば，その変化はexp型になります．新しい刺激が加わらないと記憶の減衰もexp型に従うでしょう．記憶の減衰する半減期がどのくらいの時間であるか存知ませんが，恋女房の半減期で1～2年くらい？　人間の記憶の半減期はそう長くは無さそうです．今回の災害の記憶も決してその例外にはなりえません．災害を一つの教訓として後に残そうと思えばその経験を記録として残すのが一番です．その意味で，ここに4種類のパネルを作りました．パネルは時系列に従っております．パネル1は地震発生10日目の記録，パネル2は3週間後，パネル3は1カ月半，そしてパネル4は2カ月過ぎの記録です．何れも主観を伴ったリポートですが，Letter to Editorに相当するものと言えます．レターとしてパネル1は速報，パネル2は続報あるいは詳報に該当するでしょう．速報は文字通り早さを身上とします．パネル1では地震体験の直接的感覚が生き生きと記されており，臨場感に溢れています．速報の神髄でしょう．それに反し，パネ

ル2は解説的, 客観的な記述に重きが置かれていて, 記録として残そうとする意図が見えます. 続報や詳報はゆっくり状況を見て, なるべく普遍的な記述をすることに重点がおかれます. 速報との違いです. 必ずしも完全に対応しておりませんが, そのような観点から2つのパネルを比較してご覧頂くのも宜しいかと存じます. パネル3と4はまた別な視点から今回の震災を捉えました. パネル3は, 地震発生時に東京におり, 帰宅難民となった体験をシリアスに語っております. 海外出張時にこのようなことが起きたらと思うと, ゾーッといたします. 航空会社のトラブルは結構起こりますので, 似たような経験を持たれる方も多いのではないかと存じます. またパネル4は, 大学内で, 地震発生時からの対応の様子をつぶさに述べております. 愛用の器具や手塩に掛けた装置を一瞬のうちに失うという無惨な状態は想像を絶する無念さでありましょう. 研究・教育の最前線で働く方の胸中は察するに余りあります. これらのパネルは今後の災害対策に, 多くの教訓を含む貴重な記録となりうるものです. 長広舌はこの位にして, ごゆっくりパネルをお読み頂きたく存じます.

お別れの時になりました. 本日は当実験室をご見学いただき有難う御座います. 感想をお聞かせ頂ければ幸です. どうぞお気をつけてお帰り下さい. また何処かでお会いできれば嬉しく存じます. ごきげんよう!

## パネル1　東日本大震災後 10 日目

　FMの"きまクラ"*を楽しんでいたら, 突然地震速報が流れ, グラグラッと来た. 机に向かっていたのですぐ下へもぐるが, 激しい揺れは止まず, 振り回される感じ. 頭の重いブラウン管テレビやドライボックス等がガラガラと崩れ落ち, カメラやレンズが飛び出す. 棚の上の護符やお水も落下. 柱や壁はギシギシと悲鳴を上げる. 2011年3月11日金曜日の午後であった. やがて海岸には20 mの大津波が押し寄せ, 海沿いの町々を一さらえに呑み込み, 海近い原発もやられて, 必死の回復作業が続いているが, 未だにその先は見えず, 大気, 土地, 食物等の汚染はどこまで拡がるか見当もつかない.

---

＊) きまクラ：きままにクラッシック. FM 放送の音楽番組.

前々から近いうちには必ず来ると言われていた宮城沖地震であったが，実際は最悪の形で的中してしまった．3万人に及ぶ死者と行方不明者，20万人近い避難者が数えられており，21世紀文明の世では到底考えられない大災害をもたらした東日本大震災であった．そのエネルギはM＝9.0，阪神・淡路大震災の1000倍といわれる．

　人間は米と水と少しのミソがあれば生きてゆけるというのは，戦後焼野原に立った時言われた言葉だったが，いざ震災でライフラインが途絶えてみると，その有難さが身にしみたのは生き残ったすべての人の感懐に違いない．その上に春3月というのに氷点下の冷え込みが連日避難生活を苦しめた．

　自宅ではブロック塀が一部傾いた位で大した損害もなく済み，5日後に電気が，10日目に水が来て，水汲みの日課から解放された．節約して少しずつ使っていた灯油で思い切って沸かした10日ぶりの風呂の快適さは，避難した人々が自衛隊の仮設浴場で笑顔を見せているそれに匹敵する心地よさであった．自然の猛威の前に僅か一揺れでもろくも崩れ去った人間の生活．今後の我々の子孫の生き方に強い示唆を与える今回の震災ではなかったろうか．

　友人のK先生は，当日ご夫妻で，折から仙台市立博物館で開催しているポンペイ展を観覧中で，正にその中に巻き込まれたような感覚を覚えたという．火山と地震の違いはあっても，地球の身震いであることは同じである．正に忘れた頃にやってくる天災にはもっと謙虚に向き合う必要があると思うし，その基になる宇宙・地球のエネルギを天の恵みとしてもっとうまく利用できるように基礎技術を作り上げてゆくことが強く求められている．これには科学技術の全分野を挙げて全力で当る必要がある．

　"手作り"のトタン小屋生活ではなく，これから開発されるであろうエコハウスをネットワーク化してエコタウン，エコカントリーへもってゆく技術開発の基礎として，今後の物性研究のあり方を模索したいものである．

　海外のマスコミは，震災に対する日本人の冷静さと謙虚さを讃える論調を載せ，一歩踏み込んで要求すべきことも飲み込んで言わないもどかしさを指摘する声もあると聞く．我々科学技術に携わる者としては，あらゆる技術分野が脱天災型，自然エネルギ利用型に努力を傾ける未来においては，この狭い地球上

でも新しい豊かな人間の営みが持続できるようになると確信している．

これが本当の知恵というものであろう．

(2011年3月28日，阿座上 竹四　記)

## パネル2　東日本大震災後3週間目

　2011年3月11日，14時46分，三陸沖・牡鹿半島の東南東約130 km，深さ24 kmを震源とするMw 9.0[*]の巨大地震－東北地方太平洋沖地震－が発生した．これは，西北西－東南東方向に圧力軸を持つ北米プレートと太平洋プレートの境界域での海溝型逆断層地震である．震源域は岩手県沖から茨城県沖まで南北500 km，東西200 kmに及び，宮城県栗原市では震度7，加速度最大約3000ガル (約3$g$) を記録し，激しい揺れは約2分間続いた．破壊断層は南北400 km，東西200 kmで，少なくとも4つの震源領域で3つの地震が連動して発生したと文部科学省の地震調査委員会が発表している．これは約1200年前に起きた貞観地震 (貞観11年，グレゴリオ暦；869年7月13日，陸奥国東方の海底を震源とするM 8.3〜8.6と推定される巨大地震) に極めて類似している．

　地球測位システムの観測によると，この地震により石巻の電子基準点「牡鹿」は東南東に5.3 m，下方に1.2 m移動し，東北地方が東にずれると共に沿岸部でのプレートが沈下したことを示している．貞観地震を規準にすると，東北地方は年間4.4 mm程度東に移動したことになる．東北地方の日本海側で陸地が後退する傾向はかねて言われていたところで，巨大地震が1000年オーダーで襲ってくるのは北米大陸プレートにのり，ユーラシア大陸と太平洋の両プレートに挟まれた東北・関東地方の宿命かも知れない．貞観地震の時にも起きたように今回の地震でも巨大な津波が起きた．北は青森県の三沢から南は千葉県の九十九里浜まで津波に襲われ，岩手県，宮城県の沿岸各所で壊滅的な被害があった．福島県では福島第一原子力発電所が津波によって外部電源を完全

---

[*] Mw：モーメント マグニチュード，地震のエネルギーを示す指標でエネルギーの対数と線型の関係にある．地球上で考えられる最大の地震をマグニチュード (M) 10とする．Mw=$(\log M_0 - 9.1)/1.5$，ここで$M_0 = \mu DS$．Sは断層面積，Dは平均変位量，$\mu$は剛性率で$M_0$は断層運動のエネルギーとなる．M8以上の巨大地震の表現には気象庁Mよりも適している．

に喪失し，稼働中の炉は完全に停止した状態になったにも拘わらず，冷却能を失ったため，原子炉格納容器の破損，核燃料容器の損壊まで疑われている．災害から3週間たった今日でも，放射性物質のリークという深刻な事態が終熄していない．この地震の災害は地震そのものによる直接的被害，誘発された津波による壊滅的被害，そして津波による原子力発電所の損壊と放射能汚染という二次的災害まで，広範囲かつ後遺症を伴う長期的災害が起こっている．恐らく千年に一度という巨大災害であろう．今回の震災を通じて現代社会の脆さ，弱さを痛感させられたが，特に現代社会における電力のあり方に考えさせられるところが多かった．

　私的な感想であるが，今回の震災とライフラインの関係について少し述べたい．ライフラインとして挙げられるものに，物流や人員輸送を支える交通・運輸手段と，ガス，水道，電気など生活に必要な光熱源，通信・情報関係があり，それらを支えるインフラとしての道路，橋梁，鉄道や発電・送電設備がある．また，これらハード面と表裏の関係にあるソフト面として行政サービス，医療，治安などの社会システムがある．何れが欠けてもトータルシステムが順調に進まないことは何も災害時のみの話ではない．

　今回の災害において特に感じたことは，電気の重要性であった．電力は単なる光熱源のみでなく通信・情報の駆動力であり，また一見関係の無さそうなところで，装置のバックアップ，制御に関与している．これらは停電してみてはじめて知るところが多かった．例えば，緊急通報も停電したTVやラジオでは知る由もない．我が家では手回し充電のラジオでニュースを知ることができた．携帯電話はじきに電池切れ，手回しラジオから携帯に充電しても，電波状態が悪いとなかなか通話できない．暖房も灯油炊きボイラーであってもその制御には電気がいる．

　折角，エネルギー源を分散したつもりであったがこれも見通しが甘かった．結局，押し入れから昔のアラジンのブルーフレーム（石油ストーブ）を持ち出して寒さを凌ぐ結果となった．ラジオにせよストーブにせよ一時代前に戻った感じ．現代の快適さとその不自由さをしっかと体験した．衣食住の中，命に直結するものは食料と水である．今回食料にはそれほど不自由しなかった．もち

ろん,停電のため冷蔵庫のストックは長持ちしなかったけれど,それでも一週間弱はさしたる不自由はなく,その間に商店が順次再開した.ただ,水とくに使い水不足には悩まされた.飲料水はストックのペットボトルで凌げたが,ストックが少なくなってから2日ほどは給水車に並んだ.中水となる使い水には困難した.地震直後に浴槽一杯に水道水を貯めたが,これで凌げたのは3日だけ.その後は水汲みが日課の一つになった.小学校のプールの水を運んだり,ご近所の井戸水を分けて頂いたりして,何とか過ごしたが,水道が復旧して水が自由になり,水汲み業務から解放されたときは本当に有り難かった.停電回復まで3日,断水解除まで5日,電話,ネットなどの通信回復まで5日,食料の入手も1週間でほぼ行列解除,ここまで来ると生活も可成り落ち着く.丸3週間たった現在,ガスの供給は近日中という状況.深刻な状態であった灯油とガソリンの不足は次第に解消されつつある.幹線道路は開通して物流もほぼ回復したが,鉄道は未だ完全な復旧が見込まれておらず,東京－仙台間の全線復旧には恐らく1カ月半ないし2カ月を要する予測である.おおよそ仙台においてはこの様なライフラインの状況である.

　津波の被害は地震のそれとは比較にならない莫大なものである.人も財産も,業務もすべて洗いざらい破壊されてしまった.残ったのは残骸のみ.ゼロからの復興ではなく,マイナスからの復興になる.現在ますます深刻さを増しているのは津波に誘起された福島第一原子力発電所である.このままクールダウンできても,長年月の汚染管理区域を設定することになるであろう.

　今回のM9の地震の放出したエネルギーは約2 E（エクサ, $10^{18}$）Jと見積もられ,1914年約4カ月続いた桜島の大噴火の総エネルギー（爆発,溶岩流出）に相当する想像のつかない大きさである.それでも,地球全体が受けている太陽のエネルギーに較べると,その約16秒間の量に過ぎない.如何に太陽の放射エネルギーが大きいか,この辺に我々が向かうべき将来の姿が見えてくる.

　核燃料を使う原発は確かに危険を内蔵している.我々はそれを承知しながら使用し続けている.今回の事故について,安全性評価の基礎が不十分であった,あるいは安全停止過程での状況把握が不適切であったなど色々な論議がなされている.しかし,過去の過失を追及しても現在の状況が好転することには

ならない．現在は今の危機的状態を速やかに終熄する手段を，衆知を集めて探すことに尽きる．そしてこの状況を再び繰り返さない為に，今回の事故の経緯と経験を世界で共有することが大切であろう．日本には広島，長崎そして福島を「核の負の遺産」として残すべき責務がある．

　日本には消費電力の約3割を原発に依存しているという現状がある．もし原発の危険性を完全に避けようとするならば，現有原発の安全性を確保しながら脱原発を進め，代替する安全なエネルギー源を開発する必要がある．一方，現在の過剰なエネルギー消費を止め，環境を保全しながら地球と人類が共生する叡智を磨いて行かなければなるまい．それこそが持続性のある社会の実現に役立つ筈である．個人が，家庭が，社会が，国が，そして世界がそこに思いを致すならば，この巨大震災を千載一遇の機会にすることが出来る筈である．

　なおこの記事の一部はWikipedia，気象庁および東大地震研のホームページ，理科年表などによった．記して謝意を表する．

(2011年4月1日，白石 裕　記)

## パネル3　東日本震災のあるミクロ体験記

　先祖の墓がある青山墓地の脇の下り坂を歩いていました．お墓参りをする時間がないことを心の片隅で気にかけつつ．3月11日15時六本木で開催される会議に出席するためでした．墓地下の交差点の直前で，突然舗装された道路が波打ち始め，すこし古いビルの壁からかけらが剥げ落ちるのが見えました．道路の中央に移動し，揺れが収まるのを待ち，六本木にある会場へと急ぎました．道端で井戸端会議が行われているので，「震源はどこですか」と尋ねると，「宮城県みたいですよ」との返事です．360 km離れた遠地での揺れから，朝出発した仙台の揺れと地震の規模を推定し，携帯電話を取り出したところで，電話が鳴りました．高知県の知り合いからの素早い安否確認でした．短い会話ののち仙台の家内に電話しましたが不通となっていました．これが朝に仙台を発ち，東京にいて東日本大地震を経験した私の被災日記の始まりでした．

　六本木での会議は，途中地震警報のアナウンスに乱され気味ではありましたが，夕方6時に予定通りに終了しました．地下鉄が停止しているのは覚悟して

いましたが，都内のJRは間もなく再開されるだろうと期待し，最寄りの新橋駅へと歩くことにしました．薄闇のなかを黙々と歩く人の列の流れにごく自然に身を投じた次第であります．コンビニで地図を購入し，無事，新橋駅に8時30分ころ辿り着きましたが，案に相違してJRは不通であり，復旧の目処は付いていないとのことでした．まもなく駅の改札の内側にブルーシートが張られ，被災者にスペースが提供されました．近接のすべてのホテルが満室であることを知り，北国で通用するコートを着ていたこともあり，電車が回復するまでひと休みすることとしました．新橋駅でのひと休みは結局，翌朝までとなり，いち早く再開した地下鉄にのり最寄りのホテルで休むことができました．しかし東京滞在6日間を余儀なくされ，羽田－山形を空路で，山形－仙台間をバスで乗り継いで仙台に戻ったのは震災から5日後の16日夜のことでありました．

　仙台にいた家内が無事だと知ったのは震災3日後のことでした．携帯電話の電池が切れ，やっと見つけた公衆電話からの連絡でした．家には手回しの充電器付きのラジオがあり，携帯電話の充電もランタンの点灯も可能でしたが，事前の災害演習が不十分であり，私が帰宅するまでは機能しませんでした．

　ガソリンの入手は最も難しく，前夜から並んでも，本日の給油は終了しました，ということもありました．この状況を目撃していたため，自転車で40分の道のりを駆り，東北大の青葉山キャンパスに出かけました．道路の凹凸，亀裂，閉鎖された商店街，土砂崩れによる青葉山キャンパスに向かう散歩道の閉鎖など地震の残した傷跡はあらわでした．しかし，震災の影響は建物の内部に入るとその深刻さがさらに明らかになりました．工学研究科は五つの系から構成されていますが，そのうち3つの系の本館が立ち入り禁止建物に指定されておりました．その理由は問うまでもなく，外部からも分かる壁の亀裂にとどまらず，建物を支える柱にもばってんマーク型の傷跡があらわになっておりました．マテリアル開発系では6講義室のうちの5室も立ち入り禁止となり，事務室，教職員すべてが大講義室を対策本部として震災に対応しておりました．1カ月ほどして工学研究科内の調整が進み，健全な建物への一時的スペースの手配がなされ，現在移動作業が行われ，5月9日からの講義開始に向けて職員の

懸命な努力がなされております．立ち入り禁止になった建物には貴重かつ高価な教育・研究資材が残されております．建物の補修（あるいは新築），研究体制の回復の困難さは並大抵ではありません．1912年東北大学に金属工学科が設置されて発展してきたマテリアル開発系にとって，未曾有の受難でありますが，結束した人間の営みは日ごとに状況を変えていきます．必ずやこの困難を克服して回復するだけでなく，安全・安心，地球規模の環境の再生可能システムに資する教育・研究環境を力強く立上げてくれるものと確信しております．日進月歩，いや秒進分歩の研究の世界競争をしている現役の皆さんはさらに立ち上がりの早さを目指しています．タイムリーな支援も必要です．

　建物の損傷は深刻ですが，あの激しい揺れの中を学生，職員は全員無事に避難してくれました．火災も生じませんでした．施設の安全対策，避難訓練がなされていたためでしょう．また，津波の被害は勿論ありません．系のメールサーバーは停電のため一時停止しておりましたが外部に設置して再開され，インターネットアクセスも今は問題ありません．大学の使命の一つである「知の継承」は心配ありません．不幸中の幸いでした．

　福島県で進行中の原子力発電所の震災は長期的対策を必要とする世界的にも歴史的にも未曾有の災害となりました．千年前に仙台を今回と同規模の津波が襲ったことを研究者は地道なフィールド調査で明らかにしておりました．これは自然科学の洞察力の有効性を示しましたが，他方，技術開発に対しては千年に一回の災害への対応も準備する必要があることをも明確にしている震災体験です．なお，この震災のなかでも，大学では大気からの塵の放射能を計測するとともに，地元の愛子産のゼオライト系鉱物のCsやSrに対する吸着特性を測定しているグループがおります．原発の災害処理を目指した研究活動です．地道な研究者の活動は健在です．

　ミクロな私の震災体験を述べました．他山の石としてご参考になれば幸いです．

（2011年5月6日，山村　力　記）

## パネル4　地震から2カ月，東北大学マテリアル系からの報告

　気象庁が名付けた「東北地方太平洋沖地震」が，いつの間にか「東日本大震災」に取って代わられた感があります．「地震」よりも「災害」を強調したネーミングで，東北以外でも甚大な被害が出た大震災ですから受け入れられやすいでしょう．しかし，ここでは私の手足の届く範囲のミクロな経験を述べることにします．

　地震の起きた3月11日，私はマテリアル系本館3階の教授室で学生と一緒でした．14時47分頃，廊下のスピーカーから，あの嫌な感じの警報音と共に「間もなく揺れます」の合成音声，その途端に大きな揺れが来ました．棚から怒濤のように飛び出す本や書類の洪水を学生と必死で抑えながら収まるのを待ちました．その間，揺れの方向を見ていて「南北方向だな」，と思いましたが，強弱を繰り返す揺れの中には別の方向もあり，必ずしも一方向に特定はできませんでした．2～3分も揺れたでしょうか，一応，収まったので部屋を出ようとしたら倒れた棚がドアを塞ぎ，二人で寄せて出ました．3階から降りる階段は滝の様に水が降っていました．後で判明しましたが，最上階・エレベータ室の隣にある20トン水槽の直径10cm位のパイプ2本が根本でギロチン破断して，一気に水が溢れたのでした．直下の6階にある研究室は天井が抜け，20cm超の床上浸水になりました．

　訓練通りマテリアル系の全教職員・学生が中庭に集合しました．私は，携帯ラジオは持ちましたがワイシャツにチョッキだけ，サンダル履きで小雪の降る中庭は寒かったです．既に携帯電話は全く通じません．ひっきりなしの大きな余震に皆がどよめく中，ラジオからは大津波警報，10mを越える津波が襲来する，と理解を超える情報が流れました．ここでは敢えて触れませんが，津波の想像を絶する凄まじさ・恐ろしさは後で知ることになります．とは言え，その時点では「これは33年前の宮城県沖地震よりも強い，喧伝されていた次の宮城県沖地震が来たのか」等と思いながらも33年前の記憶を下敷きにして，「今日は金曜日か，部屋の片づけは来週だな，一週間くらい掛かるかな」程度に呑気に考えていました．ラジオの告げる地震規模は，最初M7.8でした．それだけ

でも十分に納得の数字でしたが，7.8 → 8.2 → 8.4 → 8.8とどんどん上がり，最終的にはM9.0なる驚愕の数字が出ました．夕刻も迫り，余震の中で教授室に防寒コートを取りに行き，車から長靴を出して一応の格好がつきました．

　16時頃にマテリアル系の大講義室(席数180人)に皆が避難(避寒)し，その後，工学部全体として避難所になった，半完成の中央棟(新築中，事務機能と生協食堂が入る予定，その時点では食堂の一部のみ使用可)の食堂に移動しました．備蓄していたペットボトルの水，乾パン，缶詰，懐中電灯，乾電池，少数ながら手回し発電ラジオ，等が支給され，かなりの人数(二百人超？)が椅子とテーブルで一夜を明かしました．丸3日ほどはここが災害対策の拠点となり，ずっと過ごす人もおりました．そこでの大問題は，停電・断水下での暖房，トイレの始末でした．テレビも自家発電やワンセグに限られたために他所の状況，津波の惨状もなかなか伝わりません．対策本部は週明けに工学研究科総合棟(数年前に新築，免震構造)に移り，避難民は各系に散りましたが，暖房・トイレの問題は付きまといました．池(プール)の水の大事さを痛感しました．

　教職員・学生，特に当時学外にいた人達，の安否確認は電話不通のためにかなり手間取りましたが，最終的に工学研究科・工学部では人的被害はありませんでした．大学全体でも殆どなかったと聞いています．3月中旬は大学の閑散期で学生も少なく，実験もあまり行われていなかったことが幸いしたにせよ，殆ど奇跡的なことと安堵しています．卒業式，入学式は中止，学生は大型連休まで自宅待機，となりましたが現在は授業も復活して賑わいが戻っております．

　地震の直後から，建築系の教員・院生で組織する建物の救急危険度判定のチームが工学研究科の各建物を調査し，応急に緑(安全)，黄(要注意)，赤(危険)の張り紙をしました．その後の詳細な調査もあり，結果として，マテリアル系，電気系，建築・土木系のそれぞれ本館が赤(立入禁止)になりました．マテ系は電気系，建築・土木系と比べて外観上，大した損傷は見えませんが，内部の柱や梁に斜めの割れが多く大きな余震時に危険だ，として赤になりました．これらは大学として改築(建て替え)を文科省に申請中です．マテ系は大講義室以外の講義棟も赤になりました．一方，実験棟等の低層棟もかなりの被

害はありましたが判定は緑と黄でした．他系も含めて黄の建物は，壁の割れ等はかなりあっても居住可であり，黄と赤の間の大きな落差に釈然としない気持ちも残ります．

　マテリアル系では1カ月以上，大講義室が皆の居室となり，限定された短時間だけ研究室等の片付けに当たりました．本館には学生を入れられず，停電下，エレベータなしでの片付け・運搬は厳しいものです．室内の状況は，どこも一見して途方に暮れるものでした．宮城県沖地震を教訓にガスボンベや装置の転倒防止がかなり徹底されましたが，ボンベスタンドも一緒に倒れたり，ボンベ固定チェーンのアンカーボルトが千切れたり，多くの装置が深刻なダメージを受けました．低層棟では多くの研究室が復旧にかかっていますが，通電は2週間後，通水は4週間後でした．ガスは3カ月後くらいになりそうですし，本館を失ってキャパシティーが絶対的に足りません．

　そこで各研究室および事務室は，管理棟（研究科の事務が中央棟に引っ越して空きが出来た），機械系，原子核の各建物に分散して間借りすることになりました．4月末には抽選で入居先を決めました．しかし，これらの建物も多くは黄判定です．大型連休明けには講義・学生実験も，他系の講義室に分散あるいは場所を変更して開始され，遅ればせながら教育は正常化されつつあります．しかし研究が軌道に乗るにはもう少し時間がかかりそうです．夏休み明け位にプレハブ棟が建設され，間借りから引っ越して本館の復旧を待つ予定ですが，マテ系本館の場合，文科省の方針が，改築になるか，改修（修繕）になるか未だ見通せません．しかし，待っていても状況が好転する訳ではありません．各研究室共に鋭意復興に取り組んでいます．遠からず震災をものともせず，世界の先端を行く姿をお見せできると確信しています．

（2011年5月23日，佐藤　讓　記）

# Appendixes

# 1. 実験計画

## 1.1 測定の精度と誤差

測定値から真の値を差し引いた差を誤差という．誤差の小さい測定ほど精度がよい測定という．測定精度は誤差の％で表すことが多い．

測定精度＝(確率誤差／真の値)×100 (％)

真の値はわからないから，最確値，または平均値を用い，誤差は確率誤差を用いることが多い．

測定精度＝(確率誤差／平均値)×100 (％)

熱測定では測定精度が3％程度である場合が多いが，これらの測定では測定値の3/100までは不確からしいが，それ以外は確かであることを意味する．また測定値の有効数字の桁数は2桁プラス$\alpha$ということになる．

### 平均自乗誤差と確率（公算）誤差

同じ精度の測定を$n$回行って各測定値の誤差が$x_1, x_2, \cdots, x_n$であるとすると，「各測定値の平均自乗誤差$m$」および「各測定値の確率誤差$r$」は次の(1), (2)式による．

$$m = \pm\sqrt{\frac{\Sigma x^2}{n}} \qquad (1)$$

この値が小さければそれだけ測定の精度がよいことを示す．

一方，測定値が自然にバラつくとき，平均値前後に正規分布をするので，平均値±標準偏差中に測定値が含まれる確率は67.45％になる．余談だが，"千三つ"という滅多におこらない事柄の表現に使われる確率は平均値±3×標準偏差で99.97％であり，これが3$\sigma$の法則に他ならない．そこで，平均自乗誤差に0.6745を掛けたものを確率誤差という．

$$r = \pm 0.6745\sqrt{\frac{\Sigma x^2}{n}} \tag{2}$$

ある測定値の確率誤差が$r$であるということは,その測定では絶対値が$r$より大きい誤差をもつ測定値と$r$より小さい誤差をもつ測定値とが同じ割合で生ずることを意味する.確率誤差は中央誤差,蓋然誤差ともいう.

## 平均値の誤差確率

平均値は最確値であるが誤差を持つ.「平均値の確率誤差$r_0$」は「個々の測定値の確率誤差$r$」を測定回数$n$の平方根で割った値である(3)式で示される.

$$r_0 = \frac{r}{\sqrt{n}} = \pm 0.6745\sqrt{\frac{\Sigma x^2}{n^2}} \tag{3}$$

実際の測定値から計算をする場合,誤差$x$を求めることができないのでその代わりに残差$v$を使って「個々の測定値の確率誤差$r$」および「平均値の測定値の確率誤差$r_0$」を次式より求める.

$$r = \pm 0.6745\sqrt{\frac{\Sigma v^2}{n-1}} \tag{4}$$

$$r_0 = \pm 0.6745\sqrt{\frac{\Sigma v^2}{n(n-1)}} \tag{5}$$

**例題1** 表1にある物体の密度測定値を示した.
「個々の測定値の確率誤差$r$」は

$$r = \pm 0.6745\sqrt{\frac{0.001002}{10-1}} = \pm 0.0071$$

「平均値の確率誤差$r_0$」は

$$r_0 = \pm 0.6745\sqrt{\frac{0.001002}{10(10-1)}} = \pm 0.0022$$

測定値の平均値と平均値の確率誤差を用いてこの場合の密度式は次のようになる.

$$\rho = 9.6639 \pm 0.0022$$

表 1

| 測定値 | 残差 $v$ | 残差の自乗 $v^2$ |
|---|---|---|
| 9.662 | +0.0019 | 0.000004 |
| 9.673 | −0.0091 | 083 |
| 9.664 | −0.0001 | 000 |
| 9.659 | +0.0049 | 024 |
| 9.677 | −0.0131 | 172 |
| 9.662 | +0.0019 | 004 |
| 9.663 | +0.0009 | 001 |
| 9.680 | −0.0161 | 259 |
| 9.645 | +0.0189 | 357 |
| 9.654 | +0.0093 | 098 |
| 平均値 | | |
| 9.6639 | $\Sigma |v|=0.0767$ | $\Sigma v^2=0.001002$ |

[1] 確率誤差の計算は真島正市,磯部孝:計測法概論,上巻,pp.1〜64 による.

(前園 明一)

## 1.2 実験計画法

　物性値の測定をする場合,実験対象が決まっていて測定したい温度範囲なども見当がついていれば,得られた測定値をそのままグラフにプロットして終わるのが普通で,測定値が3桁になるような場合にせいぜい表にまとめるくらいのものでしょう.

　同じ条件で繰返し実験をしても,そのままプロットすることもあります.しかし,1個1個のデータの構造を見直してみると,前節で述べたように真の値と誤差からなっていることが判り,統計的な見方,考え方が重要であることに納得がいくでしょう.

　この問題に数学的に取り組み,しかもスピーディーに実験を進めようという思想が実験計画法なのです.

　第1章では最小自乗法による回帰分析,誤差の特性から実験計画法へ向う方向について触れています.また,前節では確率誤差の基本を要約しました.紙数の問題もあり,統計的方法について詳説することは成書に譲ることとし,こ

こでは具体的な事例について簡単に述べることにしましょう．

要因が測定値に及ぼす影響(効果といいます)を数字的に求める方法を分散分析といい，要因が1個の場合を1元配置の分散分析，2個の場合を2元配置の分散分析といいます．いうまでもなく3元以上の場合も考えられますし，同じ条件で繰返し実験を行うことによって誤差を小さくする方法もあり，それぞれ分散分析のやり方は統計学的に示されています．しかし，要因やその要因を変化させる段階の数－水準という－が増すに従って，必要な実験回数は幾何学的に増え，同一条件で測定するという技術的な保証も危うくなる可能性もあります．始めに述べたように，誤差を小さく，回数も少なく実験を進めるにはどうすればよいかが，ここでの命題となります．

実験を始めようという人は多くの場合，その道の専門家を自認する人々です．取り上げる要因は測定結果に大きい影響を与えることが予想されるところですし，要因同士の影響(ここでは交互作用といいます)は，恐らく小さいので，初めての実験では無視してもよいでしょう．このような場合に役立つ実験の進め方の一つにラテン方格を応用する方法があります．ラテン方格とは，図1に3×3の例を示すように，縦横いずれにも同じ要素が入るように組むと，通常の3要因3水準の3×3×3の3元配置法では$3^3 = 27$回の実験が必要になるところが，9回でおよその見当がつけられるという利点があります．この場合，行と列にそれぞれ1つ宛の要因を対応させ(2要因×3水準)，もう一つの要因の3水準をA, B, Cに割り当てることになります．実例を筆者担当の蒸気圧測定に当てはめてみましょう．

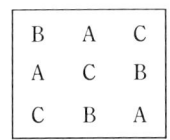

| B | A | C |
| A | C | B |
| C | B | A |

**図1** 3×3のラテン方格

### 例題2 ラテン方格法の例

Knudsen法による蒸気圧測定について，温度は改めて調査の対象とはならないので，一定温度で調査要因として測定学生 (A, B, C)，測定用のセルのサイズ (大, 中, 小)，セル材質 ($Mo, Al_2O_3, C$) を取り上げてみます．セルのサイズは試料量，さらにセル内での表面積に影響し，セル材質は試料との反応性を考慮します．結果の数値は例示用仮定数値であることを予めお断りしておきます．

表2に測定結果を示します．ただし，ABC3人の配置は図1に従い，実験の順序はランダムに行います．

**表2** 蒸気圧測定値（×$10^{-3}$ Torr）

|   | Mo | Al$_2$O$_3$ | C |
|---|---|---|---|
| 大 | 6.5 | 6.7 | 6.4 |
| 中 | 6.6 | 6.4 | 6.7 |
| 小 | 6.2 | 6.5 | 7.0 |

先ず，測定値から6.5をマイナスし，10倍して表を作りなおします．

**表3** 蒸気圧測定値（再掲・修正）

|   | Mo | Al$_2$O$_3$ | C | 計 |
|---|---|---|---|---|
| 大 | 0 | 2 | -1 | 1 |
| 中 | 1 | -1 | 2 | 2 |
| 小 | -3 | 0 | 5 | 2 |
| 計 | -2 | 1 | 6 | 5 |

3人の学生それぞれの和をとると，

Aの和は　　　1+2+5=8
Bの和は　　　0+0+2=2
Cの和は　　　-3-1-1=-5

となり，AはCよりも高めの測定値が得られることが予想されます．

次に表3から要因別の変動を計算します．

セルサイズによる変動　　$S_1 = \dfrac{1}{3}\left(1^2 + 2^2 + 2^2\right) - 2.67 = 0.33$

セル材質による変動　　$S_2 = \dfrac{1}{3}\left((-2)^2 + 1^2 + 6^2\right) - 2.67 = 11.0$

個人差による変動　　$S_3 = \dfrac{1}{3}\left(8^2 + 2^2 + (-5)^2\right) - 2.67 = 28.33$

総変動　　$S_T = \left(0^2 + 2^2 + \cdots\cdots 5^2\right) - 2.67 = 42.33$

誤差による変動（上の各式の修正項に当る）は，

（総和）$^2$/測定回数 = $5^2/9 = 2.67$

であり，各変動の自由度は，

　　　総変動　　　9-1=8
　　　セルサイズ　3-1=2
　　　セル材質　　3-1=2
　　　個人差　　　3-1=2
　　　誤差項　　　8-2-2-2=2

表4　ラテン方格による分散分析表

| 要因 | 変動 | 自由度 | 不偏分散 | $F_0$ |
|---|---|---|---|---|
| セルのサイズ | 0.33 | 2 | 0.17 | |
| セルの材質 | 11.0 | 2 | 5.5 | 4.12 |
| 個人差 | 28.33 | 2 | 14.17 | 10.7 |
| 誤差項 | 2.67 | 2 | 1.33 | |
| 総変動 | 42.33 | 8 | | |

以上をまとめて分散分析表を作ると，表4のようになります．

　要因別の変動を自由度で割って不偏分散を求め，誤差分散との比である$F_0$を算出し，危険率5％の$F$分布値$F_2^2(0.05)=19.0$を$F$表で引いて比較すると，一見有意と見られた個人差も推定確率95％では差があるとは言えないという結論となりました．

　実験計画法にはさらにいろいろな方法が提案されていますが，実験回数を劇的に減らして，早く見当をつけたいという希望にこたえる方法として有効なのが直交配列というやり方です．たとえば，結果に微妙に影響を与えると予想される要因が5種類ある場合，それぞれの要因を2段階に水準を設定すると，通常の分散分析を行うための実験回数は$2^5=32$回必要となります．この解析法によれば，要因相互のいわゆる交互作用の他，もっと多くの要因が影響を及ぼし合う高次交互作用も算出できます．しかし一般に高次の交互作用は小さいので，この情報は犠牲にする一方，主効果と1次の交互作用はキチンと計算できるようにしたのが直交配列表です．

## 例題3　直交配列による分散分析

直交配列表の構成理論は成書に譲り，まず実例として16回の実験を行うための$2^{15}$型直交配列表を表5に示します．ここでは交互作用が出る列は省いてあります．

表5　$2^{15}$型直交配列表の例

| 要因<br>実験No. | A | B | C | D | E | F | G | H | I | J | K | L | M | N | O | 測定値(Torr) |
|---|---|---|---|---|---|---|---|---|---|---|---|---|---|---|---|---|
| 1 | 2 | 2 |   | 2 |   |   |   | 2 |   |   |   |   |   |   | 2 | $8.6 \times 10^{-2}$ |
| 2 | 1 | 2 |   | 2 |   |   |   | 2 |   |   |   |   |   |   | 1 | 6.7 |
| 3 | 2 | 1 |   | 2 |   |   |   | 2 |   |   |   |   |   |   | 1 | 4.0 |
| 4 | 1 | 1 |   | 2 |   |   |   | 2 |   |   |   |   |   |   | 2 | 6.1 |
| 5 | 2 | 2 |   | 1 |   |   |   | 2 |   |   |   |   |   |   | 1 | 7.6 |
| 6 | 1 | 2 |   | 1 |   |   |   | 2 |   |   |   |   |   |   | 2 | 7.5 |
| 7 | 2 | 1 |   | 1 |   |   |   | 2 |   |   |   |   |   |   | 2 | 7.1 |
| 8 | 1 | 1 |   | 1 |   |   |   | 2 |   |   |   |   |   |   | 1 | 2.7 |
| 9 | 2 | 2 |   | 2 |   |   |   | 1 |   |   |   |   |   |   | 1 | 7.5 |
| 10 | 1 | 2 |   | 2 |   |   |   | 1 |   |   |   |   |   |   | 2 | 7.4 |
| 11 | 2 | 1 |   | 2 |   |   |   | 1 |   |   |   |   |   |   | 2 | 5.0 |
| 12 | 1 | 1 |   | 2 |   |   |   | 1 |   |   |   |   |   |   | 1 | 4.9 |
| 13 | 2 | 2 |   | 1 |   |   |   | 1 |   |   |   |   |   |   | 2 | 7.8 |
| 14 | 1 | 2 |   | 1 |   |   |   | 1 |   |   |   |   |   |   | 1 | 7.1 |
| 15 | 2 | 1 |   | 1 |   |   |   | 1 |   |   |   |   |   |   | 1 | 1.7 |
| 16 | 1 | 1 |   | 1 |   |   |   | 1 |   |   |   |   |   |   | 2 | 5.8 |
| 要因効果 | A | B | A×B | D | A×D | B×D | H×O | H | A×H | B×H | D×O | D×H | B×O | A×O | O | T=97.5 |
| 水準2 | 0.5 | 8.0 |   | 15.0 |   |   |   | b |   |   |   |   |   |   | 晴 |   |
| 水準1 | 0.8 | 5.0 |   | 10.0 |   |   |   | a |   |   |   |   |   |   | 雨 |   |

表6　流動法の実験条件

| 要因 | 記号 | 水準1 | 水準2 |
|---|---|---|---|
| キャピラリ径 | A | 0.8 mmφ | 0.5 mmφ |
| 試料ボート長さ | B | 5.0 cm | 8.0 cm |
| 試料量 | D | 10.0 g | 15.0 g |
| 測定担当者 | H | a | b |
| 測定時天候 | O | 雨天 | 晴天 |

この実験は,流動法による合金系の蒸気圧測定を例として示したもので,測定値は例題2と同じように仮定の数値で示してあります.A, B, D, H, Oの各要因と水準は次の表のようなもので,表5の下段にも示してあります.

表の各要因の影響について推測すると,キャピラリ径は平衡部からコンデンサへのキャリヤガスの流速が変る,次の試料ボート長さは試料表面積が変る,試料量は試料の深さが変り,蒸発に伴う表面組成の変化に影響する,天候は気圧については計算で補正されるが,湿度は計算に入らない等が考えられます.

このような16回の実験をランダムな順序で行い,表5右端に示したような結果を得ました.ここで表5の直交配列表を省略なしに再掲しておきます.ただし,測定結果は$10^3$倍して示してあります.繰返しますが数値は仮定値です.

**表5 $2^{15}$型直交配列表の例(再掲)**

| 実験No/要因 | A | B | C | D | E | F | G | H | I | J | K | L | M | N | O | (x) |
|---|---|---|---|---|---|---|---|---|---|---|---|---|---|---|---|---|
| 1 | 2 | 2 | 2 | 2 | 2 | 2 | 2 | 2 | 2 | 2 | 2 | 2 | 2 | 2 | 2 | 86 |
| 2 | 1 | 2 | 1 | 2 | 1 | 2 | 1 | 2 | 1 | 2 | 1 | 2 | 1 | 2 | 1 | 67 |
| 3 | 2 | 1 | 1 | 2 | 2 | 1 | 1 | 2 | 2 | 1 | 1 | 2 | 2 | 1 | 1 | 40 |
| 4 | 1 | 1 | 2 | 2 | 1 | 1 | 2 | 2 | 1 | 1 | 2 | 2 | 1 | 1 | 2 | 61 |
| 5 | 2 | 2 | 2 | 1 | 1 | 1 | 1 | 2 | 2 | 2 | 2 | 1 | 1 | 1 | 1 | 76 |
| 6 | 1 | 2 | 1 | 1 | 2 | 1 | 2 | 2 | 1 | 2 | 1 | 1 | 2 | 1 | 2 | 75 |
| 7 | 2 | 1 | 1 | 1 | 1 | 2 | 2 | 2 | 2 | 1 | 1 | 1 | 1 | 2 | 2 | 71 |
| 8 | 1 | 1 | 2 | 1 | 2 | 2 | 1 | 2 | 1 | 1 | 2 | 1 | 2 | 2 | 1 | 27 |
| 9 | 2 | 2 | 2 | 2 | 2 | 2 | 2 | 1 | 1 | 1 | 1 | 1 | 1 | 1 | 1 | 75 |
| 10 | 1 | 2 | 1 | 2 | 1 | 2 | 1 | 1 | 2 | 1 | 2 | 1 | 2 | 1 | 2 | 74 |
| 11 | 2 | 1 | 1 | 2 | 2 | 1 | 1 | 1 | 1 | 2 | 2 | 1 | 1 | 2 | 2 | 50 |
| 12 | 1 | 1 | 2 | 2 | 1 | 1 | 2 | 1 | 2 | 2 | 1 | 1 | 2 | 2 | 1 | 49 |
| 13 | 2 | 2 | 2 | 1 | 1 | 1 | 1 | 1 | 1 | 1 | 1 | 2 | 2 | 2 | 2 | 78 |
| 14 | 1 | 2 | 1 | 1 | 2 | 1 | 2 | 1 | 2 | 1 | 2 | 2 | 1 | 2 | 1 | 71 |
| 15 | 2 | 1 | 1 | 1 | 1 | 2 | 2 | 1 | 1 | 2 | 2 | 2 | 2 | 1 | 1 | 17 |
| 16 | 1 | 1 | 2 | 1 | 2 | 2 | 1 | 1 | 2 | 2 | 1 | 2 | 1 | 1 | 2 | 58 |
| 要因効果 | A | B | A×B | D | A×D | B×D | H×O | H | A×H | B×H | D×O | D×H | B×O | A×O | O | Σx=975 |

以下,分散分析の手順を簡単にお話いたします.

まず,Aの列で水準2のデータ8個を全部加えます(493になります).

次にAの列で水準1の測定値8個を加えます(482).

これからAによる平方和$S_A$を求めます.

$$S_A = (493-482)^2/16 = 7.56 \fallingdotseq 8$$

同様の計算をすべての他の列についても行います. また, 測定値の自乗値をすべてくわえて (65157になる), 修正項を引いて総平方和$S_T$を求めます.

$$S_T = \Sigma x^2 - \{(\Sigma x)^2/16\} = 65157 - (975^2/16) = 5743$$

各要因, 交互作用についての計算結果をまとめて表7に示します. 表から要因BとO, すなわち試料ボート長さと天候の主効果が大きいことがわかります.

また, $S_T$から各平方和の和, $S_A+S_B+\cdots\cdots$を差し引くと誤差の平方和$S_E$が得られます.

$$S_E = 5743 - 5747 \fallingdotseq 0$$

実は, この例題では誤差項には自由度はなく, $F$検定は無意味で, 単なる計算のチェックとなっています.

表5の直交配列表でAの列の水準2, 水準1の2つのグループに分けると, 各

表7 直交配列による分散分析表

|  | 要因 | 平方和 | 自由度 | 不偏分散 | $F_0$ |
|---|---|---|---|---|---|
| 主効果 | A | 8 | 1 | 8 |  |
|  | D | 53 | 1 | 53 |  |
|  | B | 3277 | 1 | 3277 |  |
|  | H | 60 | 1 | 60 |  |
|  | O | 1073 | 1 | 1073 |  |
| 1次交互作用 | A×B | 8 | 1 | 8 |  |
|  | A×D | 127 | 1 | 127 |  |
|  | A×H | 352 | 1 | 352 |  |
|  | A×O | 33 | 1 | 33 |  |
|  | D×B | 39 | 1 | 39 |  |
|  | D×H | 23 | 1 | 23 |  |
|  | D×O | 163 | 1 | 163 |  |
|  | B×H | 23 | 1 | 23 |  |
|  | B×O | 431 | 1 | 431 |  |
|  | H×O | 77 | 1 | 77 |  |
|  |  | 5747 |  |  |  |

グループには他の列の水準2，1が同数ずつ入っていて，他の要因による効果を打ち消し，Aの効果のみを推定できるようになっています．これが直交性といわれる所以であり，すべての列についてこれが成り立つように作られたのが直交配列表なのです．

以上のべた統計的計算については，石川 馨 他による鉱山読本第39集 統計的品質管理（技術書院，1961）および田口玄一による実験計画法（丸善，1957）を参考にしました．記して謝意を表します．

最後に一言付け加えておきたいことは，今まで述べた実験計画法のやり方は，いずれも一つの装置を用いる場合の要因効果を数学的に確かめる方法であるということです．従って変動から各要因の影響の大きさが推定でき，それを方法の改善に役立てることはできますが，判断するのは我々自身であり，我々の積み重ねた技術の智恵がモノをいうことを忘れないようにしましょう．その先にこそ手づくりのベストの測定法が得られると思います．

(阿座上 竹四)

# 2. 電子回路の作成

## 2.1　DCアンプ
**回路の概要**

　熱分析には必ず熱電対を使用すると言って良い．これらの出力はmVオーダーだが，汎用のデータロガー等はVレベル入力が一般的なので増幅する必要がある．この増幅器は熱分析に最適な特性を持っている．これ以上の性能を持つ増幅器（ハイブリットICの一体型）もあるが，高価で実験室レベルでは必要ない．図1の回路中にあるIC（OP07，アナログデバイセス製）はOP（オペ）アンプという（写真1）．

**写真1**　OPアンプ（OP07，アナログデバイセス社製）

**オペアンプの最適な特性とは**
1. 入力インピーダンスが低い時にノイズドリフトが少ない
2. ゼロドリフトが少ない…長時間安定性
3. 消費電力が少ない（電池駆動も考えて）
4. 高周波特性の応答は必要ない
5. 回路としては熱電対出力にACノイズが一緒に入ってきてアンプの動作に影響のないようにする

回路としては単体のアンプとして (10倍, 100倍, 1000倍) 使用のほか, バイアス回路が付加されているので, 高温の領域での温度の細かい変化 (例:500℃の温度状態で1〜2℃の温度変化を見たい) を記録したい時に使用する. 本章10章の熱線法の回路として作成した (写真2, 写真3).

バイアス連続可変ダイアル（ヘリポット）

バイアス・スイッチ −10 mV 〜 +50 mV, 10 m V ステップ

アンプ感度切換スイッチ

レコーダー（10 mV）へ

熱電対入力

温度記録用熱電対出力（回路図にはない）

**写真2** DCアンプ前面パネル

バイアス可変ヘリポット

バイアス・スイッチ

アンプ感度切換スイッチ

**写真3** 上面から見たDCアンプの中味

図1 DCアンプ回路図

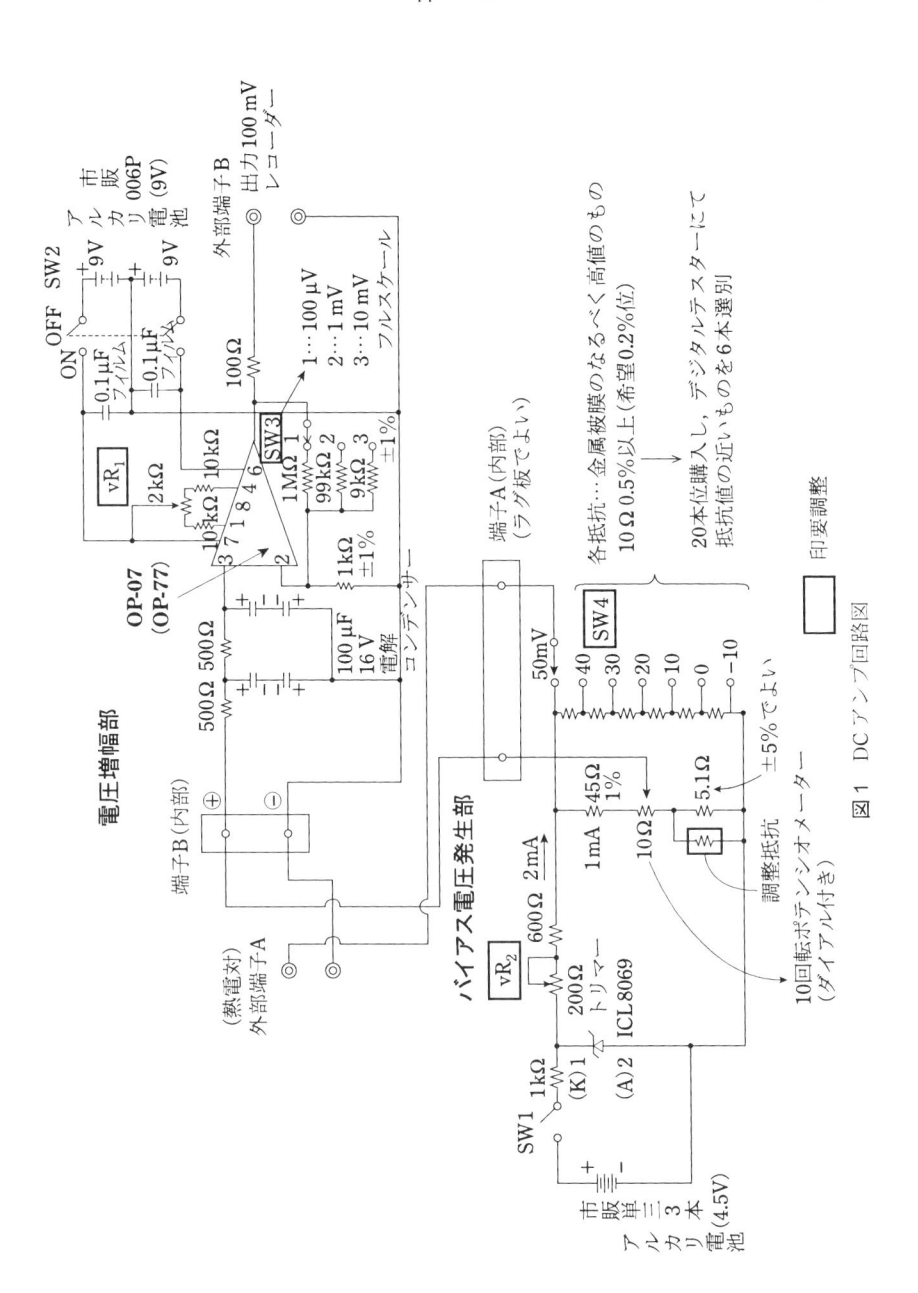

## 2.2 ハイパスフィルター(HPF),ローパスフィルター(LPF)
**回路の概要**

　各種物理実験で電気的な信号(交流20〜20 kHz)を観察,測定する時,信号にノイズが一緒に混入し,S/N比(信号対雑音の比率)が低下して測定の精度低下を招くことがしばしば起こる.ノイズを効果的に取り除いて高い精度の測定を行なうための信号処理として目的周波数以外の雑音を除去するのがフィルター回路である.

　ある設定周波数より低いほうを通過させる(減衰させる)のがローパスフィルター(以下LPF),高いほうを通過させるのがハイパスフィルター(以下HPF)である.各周波数での減衰率は,周波数が倍あるいは1/2になると減衰比が約1/100になる.ハイブリッドICを用いたローパス・ハイパスフィルターの回路を図2に示す.写真4は自作したフィルターの正面パネルで,左側はHPF,右側はLPF,ダイヤルの4回路4接点SWとトグルスイッチで操作する.下部に入力(左)と出力(右)のコネクターがある.実験目的により特定の遮断周波数にしたい時,図2中の式に従って求めた$RF_1$(HPF),$RF_2$(LPF)を写真4のダイヤル下にあるターミナルに各4本の抵抗を入れる(その時トグルスイッチを下(PASS側)に切り替える).

　昔トランジスタ時代は作るのが非常に複雑で製作が難しかったが,オペアンプIC(演算増幅器用のIC)の時代になると回路は簡単になった.さらに最近は

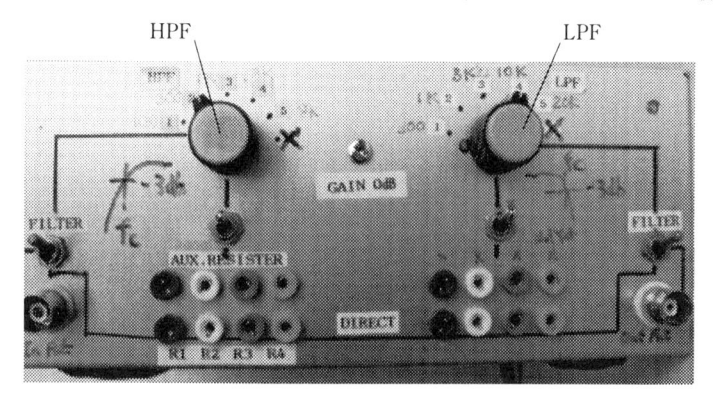

写真4　ハイパス・ローパスフィルター正面パネル

$$\text{HPF (1型) } RF_1 = \frac{15.9 \times 10^3}{fc} \text{ [k}\Omega\text{]}$$
(SRA4-FH1)

$$\text{LPF (2型) } RF_2 = \frac{159 \times 10^3}{fc} \text{ [k}\Omega\text{]}$$
(SR4-FL2)

($fc$：遮断周波数)

*HPF：ハイパスフィルター
*LPF：ローパスフィルター

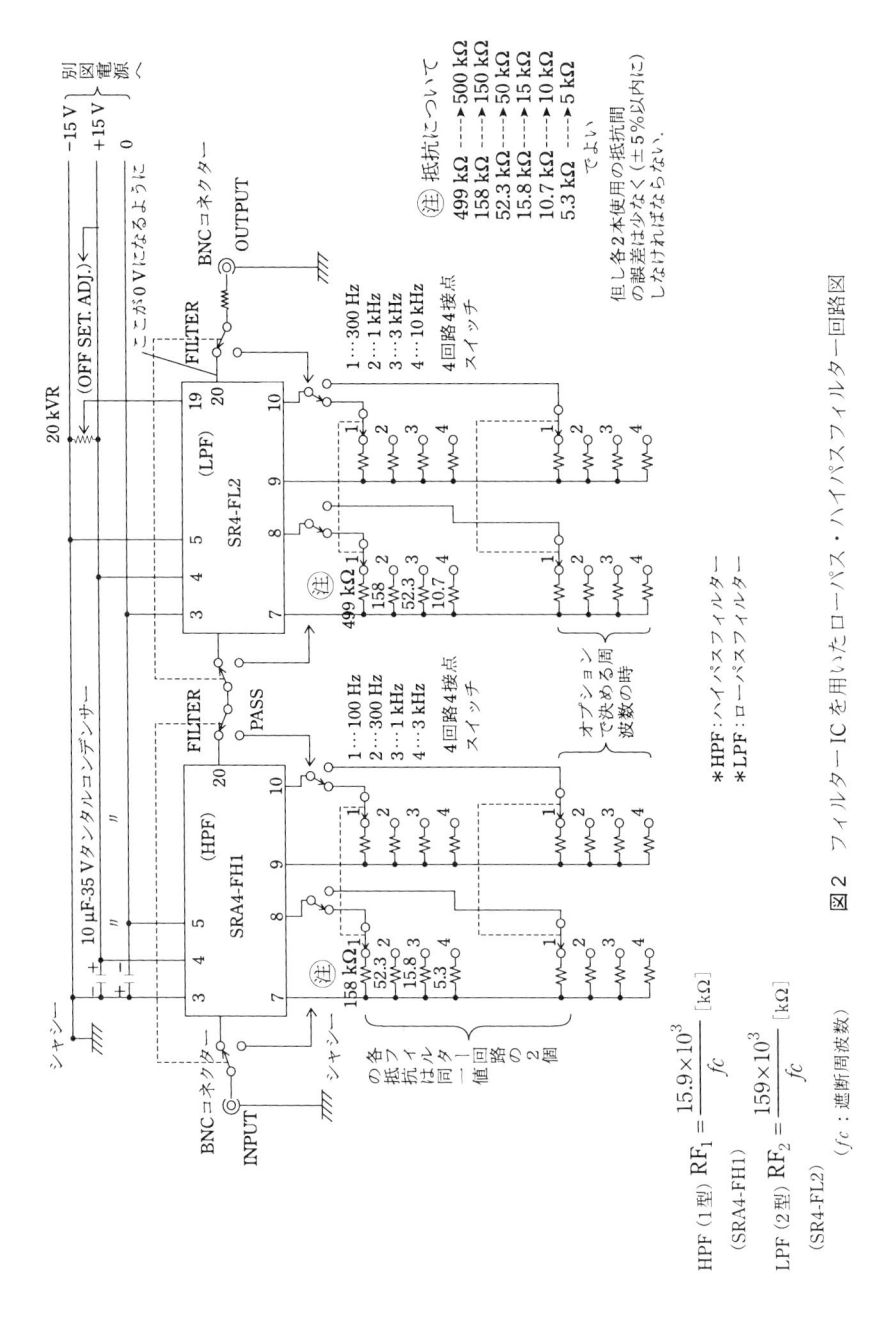

**図2** フィルターICを用いたローパス・ハイパスフィルター回路図

写真5　ローパスフィルター用ハイブリッドIC（SR4-FL2 NF回路設計ブロック社製）

ハイブリッドICになり，回路のほとんどが組み込まれた状態で売られているので，それに4本の抵抗をつけるだけでフィルターが完成する（±15Vの電源は必要）．

## 組み立て方

1. 必ず金属ケース（市販のアルミ製の250W×70H×150D位）の箱を用意し，回路は裸では作らないこと．
2. 電源内蔵（±15 VDC）のためのトランス（一次側100 V，二次側16〜18 V，0.1 A）2個と電源用IC他パーツをそろえる．
3. フィルターICを取り付けるための2.5 mmピッチの孔の万能プリント基板10×5 cm.
4. 4回路4接点のロータリースイッチ（現在これが一番入手困難かもしれない）を用意する．
5. 抵抗同調フィルター（NF回路設計ブロック製）SR4-FL2 (LPF), SRA4-FH1 (HPF) 各1個用意する．
6. 電源回路は一般的なものを用意する（秋月電子など購入する）．
7. 入出力コネクターは必ずBNC（絶縁タイプ）を用いる（接続相手がBNCが多い為）．

Appendixes

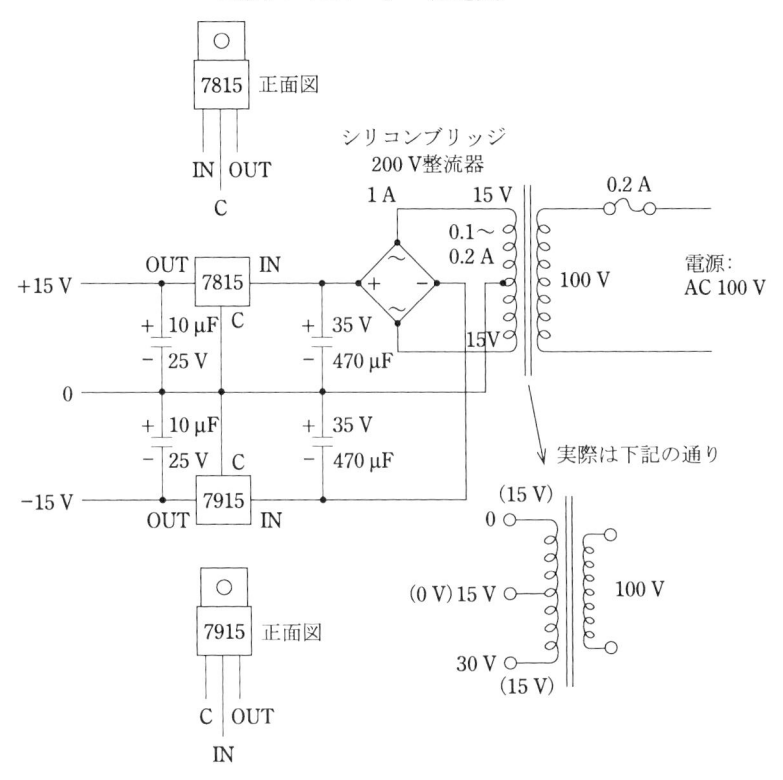

図3　電源回路図

**資料：電源回路部品表**

| トランス | SEL（管野電機）SP-3001（0.1 A） |
| --- | --- |
|  | またはトヨデン（豊澄電源）HT-3002（0.2 A）のいずれか |
|  | 15 V-0-15 V 0.1 A（0.2 A） |
| シリコンブリッジ整流器 | 200 V　1 A 程度　各社より発売 |
|  | G.I.（ゼネラルインスツルメント）W02M |
|  | 日立　M4C-1 |
| 三端子レギュレーター | 各社 |
| 電解コンデンサー | 各社（電圧・耐圧さえ守れば容量 μF は多少違っても良い） |

8. 回路のグランド (0V電位) はどこか1点でケースシャーシにつなぐ.
9. 各フィルター定数決定の抵抗 (全部で16本, オプション2～16本) はE96[*1]系列の抵抗表から選ぶか, 2, 3本組み合わせる. ない時は近い値でOK, 但しそれぞれ2本は同一値とする.

---

*1：抵抗値の規格名称, 1 kΩ から 10 kΩ までに 96 種類の抵抗値を持つ規格のこと. 他に E12, E24 等の規格がある.

## 2.3 ノイズの話

### 1) 電源の取り方 (接続のしかた) 電気炉系

通常の実験・研究室であれば殆ど問題ないが, 特殊事情の場合については下記の注意を参照のこと.

高電圧・高出力の電気設備の工場などと至近距離の時は注意を要する. 電源の波形をオシロスコープで観察する. **注意 (危険な作業なので電気工事の専門家にたのむ. 絶対自分ではやらないこと)**. ノイズが多い時は, 別系統の独立したノイズの少ない別の配電盤から専用の電源を供給する.

### 2) 計測器の電源

温度コントローラ (除くサイリスタ・ユニット)・センサーアンプ・それに付随するアナログ回路・データ処理・パソコン…等

通常は壁コンセントでよいが, どうしてもノイズが多い時は, 精密電源電圧発生器というものが最近高級オーディオ専門店で簡単に手に入るので利用すると劇的に効果がある. (入力の交流を直流にして内部で正確なサイン波を作り, 周波数精度, 水晶発振器の精度, 波形の歪率1％以下の信号を電力増幅器で100 V, 60 Hzにして出力する. 出力200 W程度のもので, 10万円以下で購入できる.)

### 3) 高温測定のノイズ対策

試料近傍の温度をどんな状態で計測するかで違うが, 熱電対の保護管は熱電対の汚染を避けるためハイアルミナなどを使うこと.

熱電対は必ずツイストペア(良くよじること)にすること.

電子冷接点補償器は抵抗が数10〜数100Ωあるので,原理的にノイズに弱い.ノイズの多い実験では,氷による冷接点の方がよい.

信号処理については,特別にノイズが多い時は途中に絶縁アンプ[*2]を使用する.

信号レベルは1V位の所で使用するようにする.アナログデバイセス・又はバーブラウン社で調べればいいものがある.選択する上での注意点は単電源・使用レベル・100 mV〜1 V(10 V位でも可)分解能14 bit位を目安にすること.

アナログのペンレコーダーのとき,絶縁アンプは殆どの場合不要である.

---

\*2:トランスやコンデンサーを用いて増幅前のノイズを消す機能を持ったもの.(入力と出力が電気的に絶縁されているが直流を伝達できる機能をもったハイブリッドIC)

(岡本 寛)

秋葉原買い物ガイド

| 部品名 | 店舗名 | 住所 | 電話番号 | 備考 |
|---|---|---|---|---|
| トランス | トヨデン | 千代田区外神田 1-14-2 秋葉原ラジオストアー | 03-3251-9055 | |
| | ノグチトランス | 千代田区外神田 1-10-11 東京ラジオデパート B1F | 03-3253-9521 | |
| ケース、シャーシー、ブルミ板、アングル | エスエス無線 | 千代田区外神田 1-10-11 東京ラジオデパート 2F | 03-3251-7890 | 秋葉原で唯一のケース・シャシー専門店 |
| | ナリタ | 千代田区外神田 1-14-2 秋葉原ラジオストアー | 03-3251-3918 | |
| | シーアール | 〃 | 03-3251-9755 | |
| 抵抗コンデンサー | 海神無線 | 千代田区外神田 1-10-11 東京ラジオデパート 2F | 03-3251-0025 | |
| | 瀬田無線 | 〃 | 03-3255-6425 | 小物パーツも有、スイッチ、端子板、小型ランプ、ラグ板等 |
| ケーブル、コード以外のパーツのほとんど | 秋月電子 | 千代田区外神田 1-8-3 野水ビル 1F | 03-3251-1779 | |
| | 若松通商 | | 03-3255-5064 | |
| IC 半導体 | タカヒロ電子 | 千代田区外神田 1-14-2 秋葉原ラジオストアー | 03-3251-8727 | 抵抗、コンデンサー、ダイオードなどほとんど入手可能（トランスケース以外） |
| | 鈴商 | 千代田区外神田 1-6-1 外神田ビル 1階 | 03-3253-2689 | |
| ケーブル配線用ワイヤー | タイガー無線 | 千代田区外神田 1-14-3 電波会館 | 03-3251-6313 | |

＊定休日・営業時間などは直接問い合わせてください。

# 3. パソコン(PC)への信号入出力

## 3.1 LabVIEWを使う

　手作りの実験設備で試料を溶解し、その物性を調べるときに、センサーから出される電圧などを時間と共に測定し、PCにファイルとしてセーブすることはいまや必須と考えて良いでしょう。しかし、カスタム仕様の計測設備の開発・購入はコストがかかる上、再利用や拡張が困難であるという問題があります．PCベース計測制御システム開発プラットフォーム「NI LabVIEW(グラフィカル開発環境)」LabVIEW[2]は、エンジニアや研究者に広く支持されているグラフィカル開発言語です．LabVIEWはPCと信号入出力デバイス、あるいは既存の計測器を統合して、計測制御装置構築を可能にするソフトウェアです．現在このソフトは大学の理工学部では、科目として勉強するところが数多く存在し、きわめてスタンダードなものとなっています．今私が普段仕事で使用しているレーザーフラッシュ法(熱拡散率測定)の装置のソフトもLabVIEWで組まれています．

**LabVIEWの特徴**
○プログラム言語の理解がなくてもプログラムが作成できる(測定器と制御器を配線するだけという感覚)
○通常のプログラム言語でソフトを組む時間に比べて大幅な時間短縮が可能
○使用する測定機器の計測ソフト(Viという)がすでに存在することが多い

　ここでは測定機器の代表格であるデジタルマルチメータ(DMM)をGPIB (General Purpose Interface Bus)を経由して、データをPCにファイルとしてセーブする手順を横河電機製7552型を例として説明したいと思います．まず、Viサンプル検索より「I/Oインターフェイス」を選択すると、その中に「GPIB」のサンプルがあります(図1)．

図1　I/Oインターフェースの選択画面

　この中にLabVIEW→GPIBというサンプルがありますのでそれをクリックすると，図2のサンプルが現れます．このサンプルにグラフ表示を加えます，この画面で右クリックして「制御器」メニューを出して「グラフ」を選択します．その中に「波形チャート」がありますのでそれを選択してパネル右側の空いている所に貼り付けます（図3）．

Appendixes    *315*

右クリックすると
「制御器」がでる

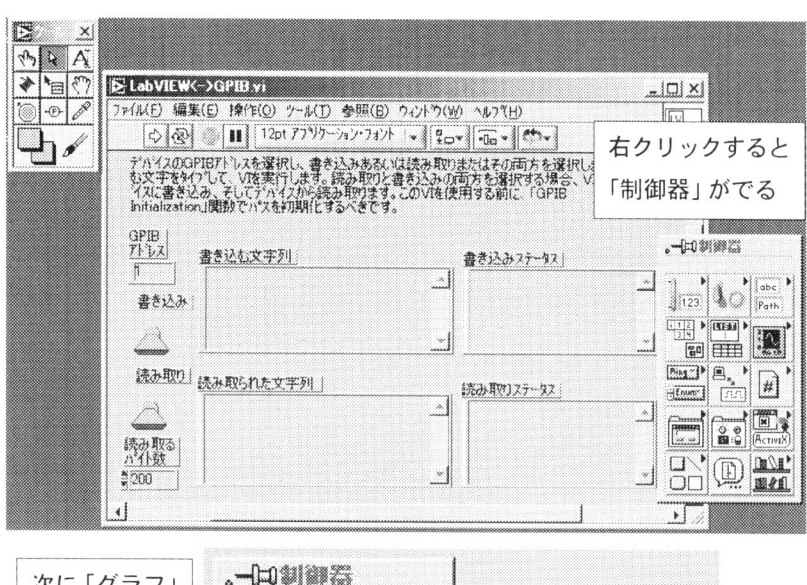

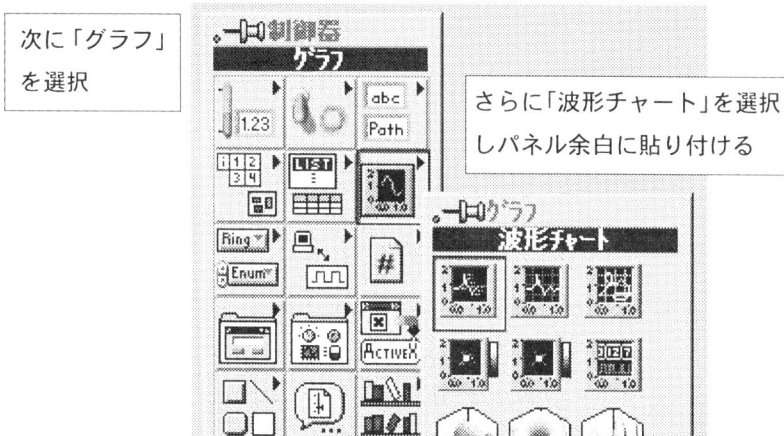

次に「グラフ」
を選択

さらに「波形チャート」を選択
しパネル余白に貼り付ける

図2　GPIB サンプル Vi

316   Appendixes

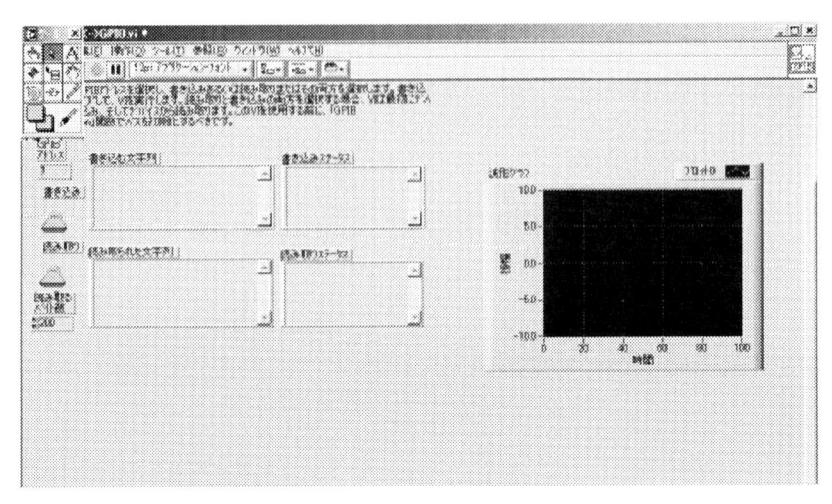

図3 「パネル」に波形チャートを貼り付ける

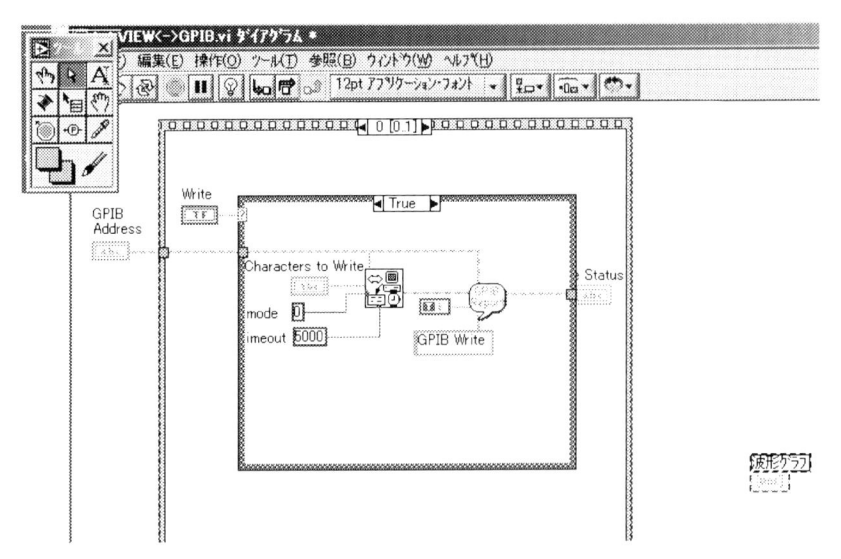

図4-1 GPIBサンプルViの「ダイアグラム」. 右クリックして関数パレットを表示させる

　グラフを貼ると同時にダイヤグラム図4-1が表示されます.ダイヤグラムはプログラムの中身です，この画面でプログラムします.

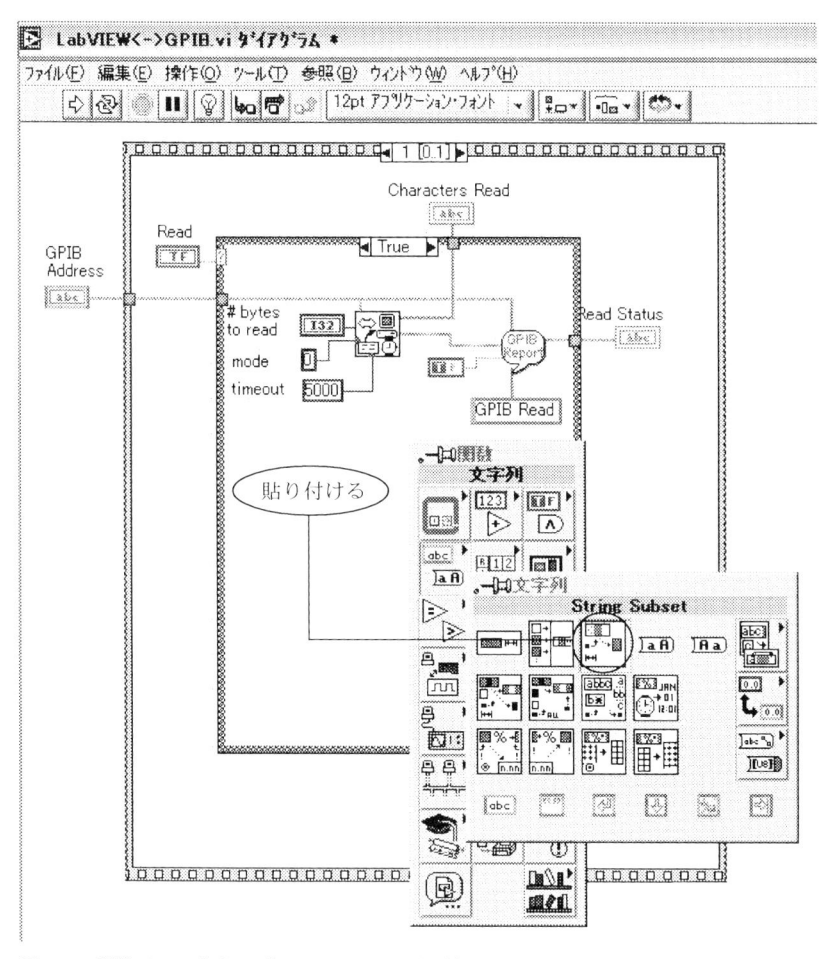

図4-2 関数パレットから「String Subset」を選択し，ケースストラクチャーの中に貼り付ける

1. DMMから来るデータは数値の前にデータの種類「NDCV」という文字列が添えてあるので，まずそれを以下の手順で削除します．ダイヤグラムの画面で右クリックします．すると関数パレットが出てきますので，その中の「String Subset」という文字列関数を選んでクリックして貼り付けます．これを使いNDCVの4文字を削除します（図4-2）．

*318*　　　　　　　　　　　　　Appendixes

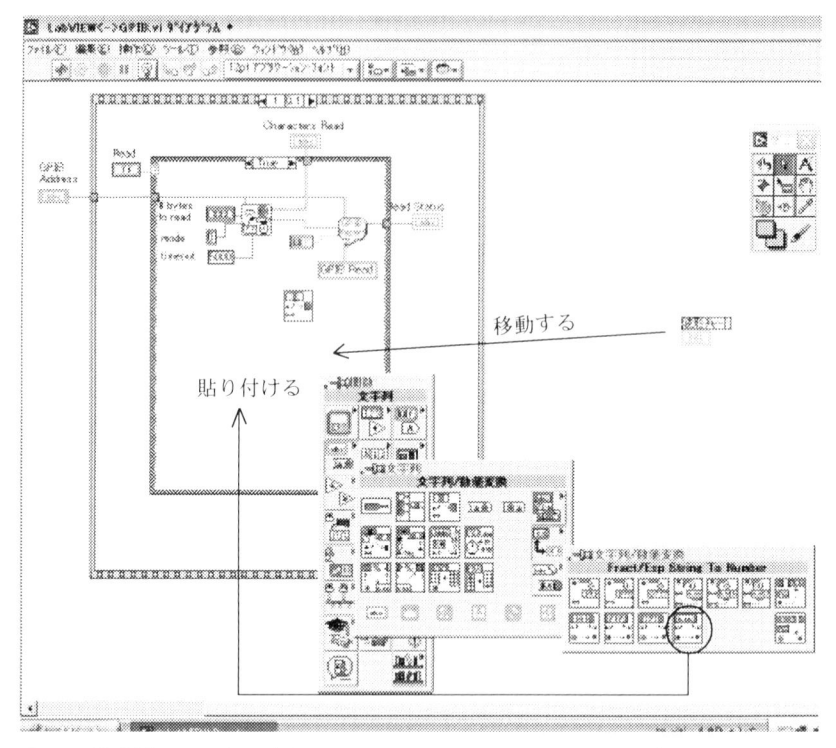

図4-3　①関数パレットの中から「Fract/Exp String To Number」を選択し，ケースストラクチャーの中に貼り付ける．
② 波形チャートを移動する．

2. NDCVの4文字を削除した文字列のデータを「Fract/Exp String To Number」という数値関数を使って数値に変換します（図4-3）．
3. 付け加えられた「波形チャート」をGPIBリードのケースストラクチャ（条件分岐を行うためのストラクチャ．テキストベースのプログラミング言語「if…then…else…」に相当）に移動します（図4-3）．
4. ツールパレットの中の「ワイヤーの接続」をクリックして「GPIB Read」の「data」というワイヤーと「String Subset」と「Fract/Exp String To Number」，「波形チャート」を配線していきます（図4-4）．

Appendixes 319

ツールパレットからワイヤーの接続を選択する

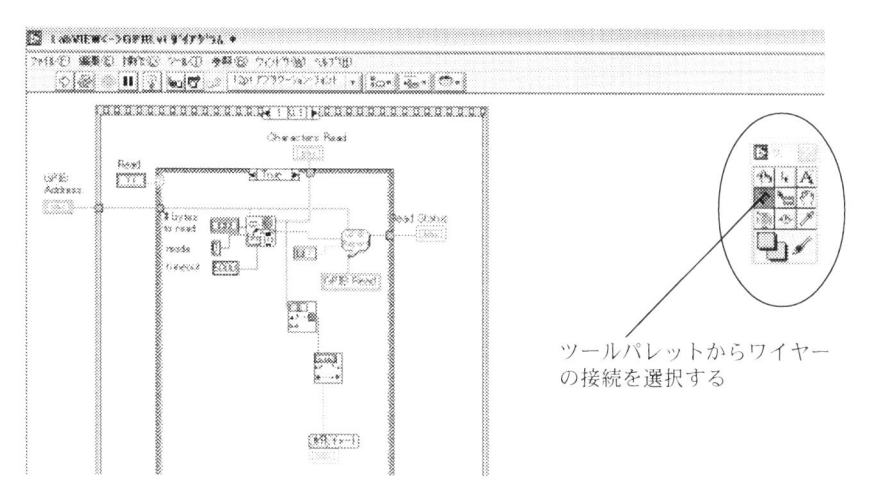

図4-4　ツールパレットからワイヤーの接続を選択し，順次接続する

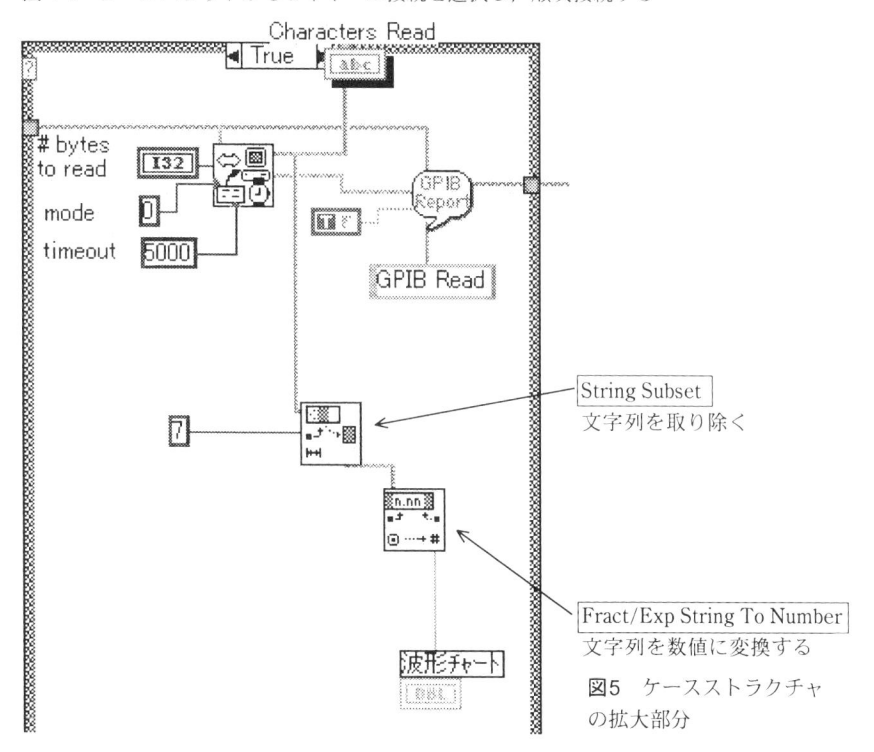

String Subset
文字列を取り除く

Fract/Exp String To Number
文字列を数値に変換する

図5　ケースストラクチャの拡大部分

*320*  Appendixes

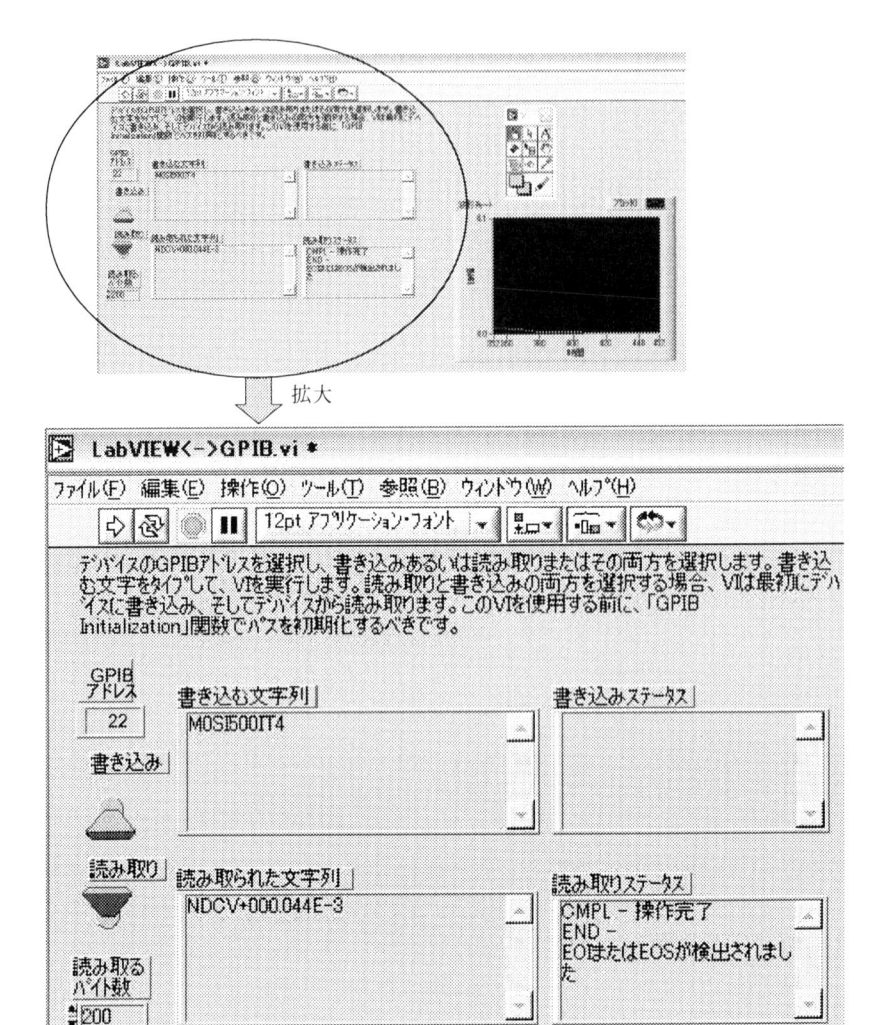

拡大

図6　DMM出力をグラフ表示させる

　ここでデータをグラフ表示させて見ましょう．パネルの画面にして「GPIBアドレス」に「22」をいれます，これが7552DMMのデフォルト値です（他のGPIB接続機器のアドレスはさまざま）．次に「書き込む文字列」にAUTOモードでデータを読み込むコマンド「M0SI500IT4」を入力し，一度図6のパネルの

「書き込み」のトグルスイッチをON, OFFします．その後「読み取り」トグルスイッチをONするとデータが送られグラフに連続して値がプロットされます．ここでチャートのスケールを両方「オートスケール」にしておくと画面からはみ出すことがありません．

それではこのグラフに出された電圧と，取得された時間を二元アレイにデータを生成し，それをファイルにセーブする機能を加えてみましょう．ダイヤグラムの画面に切り替え右クリックし，関数パレットを表示します．

1. 波形チャート出力と「チックカウンタ」(時刻を生成するVi)を「Build Array」を使って二次元配列データにします (図8, 図9)．
2. この出力を「Array To Spreadsheet String」でスプレッドシート文字列に変換します (図8, 図9)．
3. 2の文字列を「Write Character To File」を使って任意のファイルにセーブできるようにします．このときファイルパスをパネルに作ればプログラムを走らせる前にファイルを新規に作っておけるので便利です．

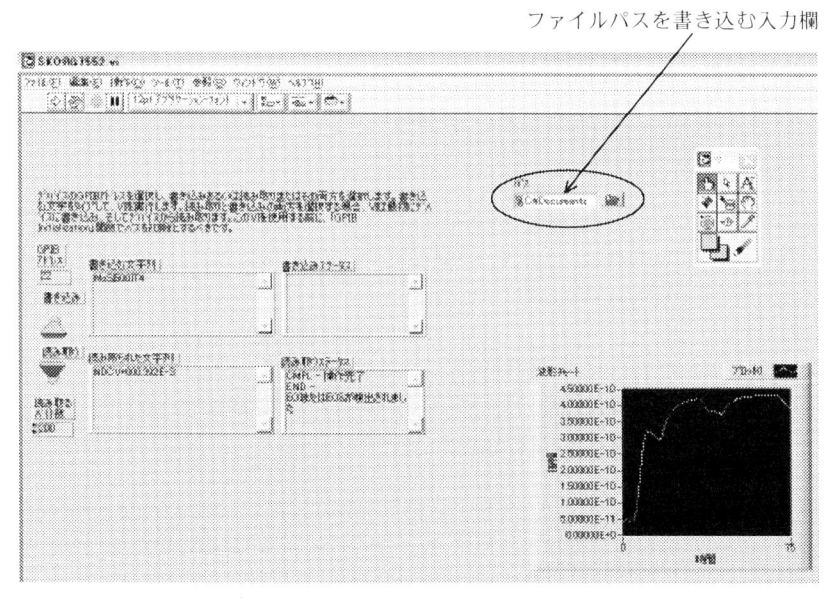

図7　データファイルセーブ機能を持たせた「パネル」

図8 データファイルセーブ
機能を持たせるダイアログ

Array To Spreadsheet String
スプレッドシート文字列に変換

Build Array
二次元配列データを出力

チックカウンタ
時刻を生成

Write Character To File
任意のファイルにデータをセーブ

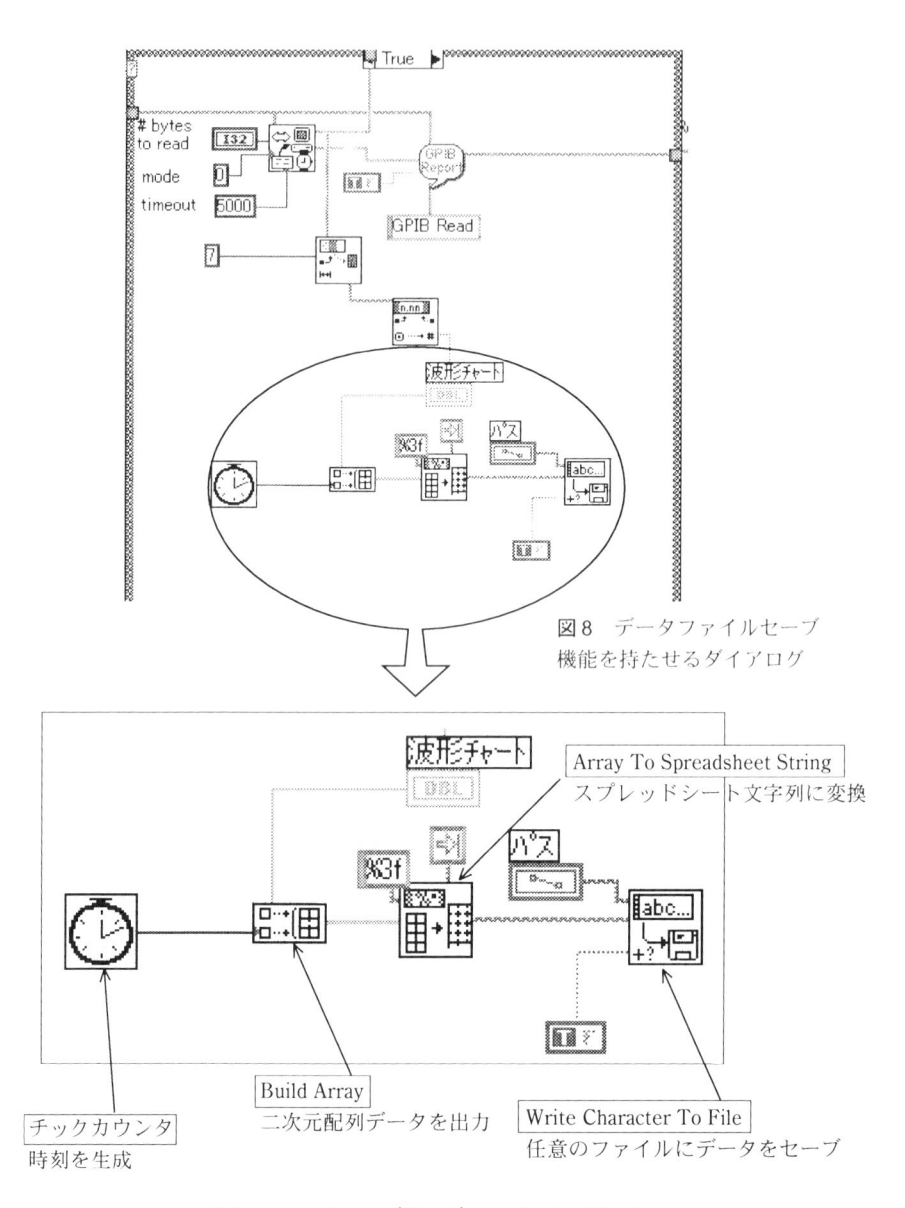

図9 ファイルセーブ部のダイアグラムの拡大図

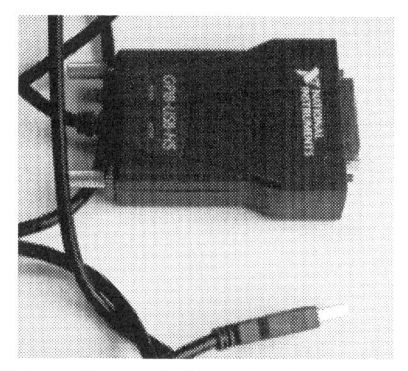

写真1　NI製GPIB接続ケーブル「GPIB-USB-HS」

　これで最低限の生データは保存できますので，この後はファイルをエクセルに移動して電圧を温度に変換したりして，実験のまとめに使用できるでしょう．今回はGP-IBアダプターとしてナショナルインスツルメンツ製「GPIB-USB-HS」を使用しました．

　DMM7552のリモートコマンドの詳細は横河電機のマニュアル[1]を参照してください．

## 3.2 アナログ信号の出力

　次にプログラムに適当な時間－電圧パターンを作成し，そのパターン通りに

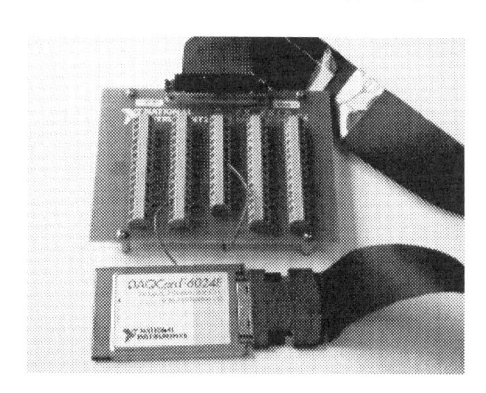

写真2　NI製DAQカード「6024E」

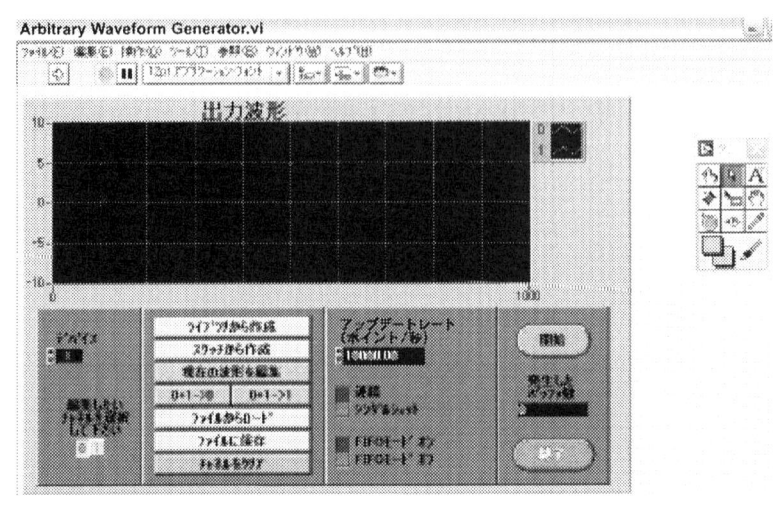

図10　アナログ出力のサンプルプログラム

電圧を出力させることが出来るプログラムを作製してみます．このプログラムはたとえば温度調節機をアナログ制御することなどに応用できます．アナログ出力にはアナログ入出力ボード（あるいはアナログカード）が必要です．今回はPCACIAスロットに挿入するNI製のDAQcard-6024カードを使用しました．

このカードは「DAQソリューション」というメニューを選ぶとソフト内でその入出力ポートが認識されて，すべてのサンプルプログラムで動作できるようになります（図10）．GPIBの時のようにサンプル検索のI/Oインターフェイスの中にデータ集録（DAQ）がありますからそこの「アナログ出力」を選択してください．ここの中からマルチポイントアナログ出力を選び，さらにその中の「Arbitrary Waveform Generator」を今回は使いました．これは制御グラフにあらかじめ作っておいた電圧－時間パターンをロードしてその通りの出力をさせるというプログラムです．このパターンファイルは1000個のデータから成り立っています．これを指定した速度で読み取り実行できます．

実行速度を変えるには真ん中のアップデートレート（1個のデータを実行する時間（s）の逆数）を変えます，デフォルト値は10000です．これだと実行時間は（1000/10000）秒つまり0.1秒です．仮にこの値を0.1に変えると1000ポイ

ントのデータを10000秒かけて実行します.例えば温度調節器に決まった温度パターンの信号を出すのであればレートを小さくしてやればゆっくり昇温する命令を出せます.

　ここでのLabVIEWはかなり古い6.1のバージョンを使用しています.ナショナルインスツルメンツのサイト[2]には多数の計測器のViがダウンロードできるようになっていますのでそれを使えばプログラムなしでいきなり使用も可能です.しかし,それらはほとんどが新しいバージョンのものですので私は使えませんでした.けれども,そのおかげで一から作ることになり,ずいぶん勉強になりました.今後の手作り測定機のプログラムに役立つと思いますので皆さんもやってみてください.今回やってみて思ったのですが,沢山の教科書やマニュアルを見るより,まずViアイコンを右クリックして「Help」を見るのが一番役に立ちました.

（櫻井 裕）

## 参考文献
1）横河電機マニュアル:http://www.yokogawa.co.jp/tm/Bu/7651/
2）ナショナルインスツルメンツ：http://www.ni.com/

## 4. 情報検索

「大量の情報データの中から必要な情報を探し出すこと．情報を収集し，索引をつけたりデータベースとして加工するなどして情報を蓄積することと，情報そのものを探し出すことの2つのプロセスが含まれる．コンピュータシステムを使って行うことが多い．検索機能を提供するシステムを検索エンジンという．コンピュータによる検索にはおもに文字列検索（キーワード検索）とインターネット検索（ホームページ検索）がある．文字列検索は主として文字情報から成るデータベースにおいて，そのなかに含まれる文字データ中にキーワードとして与えられた文字列と一致するものが存在するかどうかを調べる．インターネット検索はインターネット上にあるwwwホームページのなかから必要な情報を含んだページを探し出すものである．リンクをたどって大量のページを機械的にまわり情報を集めるロボット型と，人間がページの汎用を判断して分類するディレクトリ型がある．」

(ブリタニカより)

我々が必要とする研究上の情報は，新しい仕事を始める時などに必要とする比較的広範囲な情報（知識）と自分の専門とする分野での必要情報に大別できるでしょう．大雑把な言い方をすると，大きな範囲から目的情報に接近するにはホームページ検索が，特定な情報を取得するにはキーワード検索が適しているように思えます．現実にコンピュータ検索によって必要な情報を探す場合，まず，検索エンジンを決めます．
　一般によく使われるものは
　　「Google 日本」http://www.google.co.jp/
　　「Yahoo! JAPAN」http://www.yahoo.co.jp/
学術専門書，論文など学術資料の検索に便利なものは
　　「Google Scholar」http://scholar.google.co.jp
事項索引には
　　「Wikipedia」http://ja.wikipedia.or/wiki/
が便利でありましょう．Wikipediaは投稿，編集に誰でもが自由に参加できる

多国籍，多言語のウェブ上の無料百科事典です．ただ，情報の信頼性は保証されていないので，利用の際は別情報とのダブルチェックが必要であります．

その他，各大学や研究機関のホームページを見ると，研究テーマや研究者の情報を得ることができます．

実際の情報の検索で使用することの多い電子ジャーナル，電子文献データベースの使用料は，高価なものから無料でのアクセスが可能になっているものまでさまざまです（たとえば，日本鉄鋼協会の英文誌は，無料でのアクセスが可能です）．以下のデータベースは材料関係をほぼ完全に網羅しておりますので，本書の読者にはうってつけの情報源となりましょう．

データベース名：Web of Science，提供機関：Thomson Reuters

外国の学術雑誌論文について，人文・社会科学，自然科学の各分野を広くカバーしており，『ISI Web of Knowledge』という検索システムを通じて利用します．特に自然科学については，年代的にも探索可能範囲が広いのが特徴です．また，論文間の引用関係がたどれるため，ある論文がその研究分野においてどれだけ影響力をもっているかなどを知るためのツールとしても利用できるという特色があります．

データベース名：Scopus，提供機関：Elsevier

世界最大級の書誌（抄録・索引）・引用文献データベースです．4,000以上の国際的な出版社から出版される15,600誌以上の科学・技術・医学・社会科学のジャーナル3,500万件以上の書誌・抄録レコードを搭載し，毎年110万件以上が追加されます．データは毎日更新され，抄録は最も古いものは1966年まで遡り，1996年以降に出版された論文にはすべて参考文献がついています．また，MEDLINEのデータを100％カバーしています．

データベース名：CiNii，提供機関：国立情報学研究所

日本の学協会や大学が発行する学術雑誌・研究紀要などが収録されています．一部の論文は本文も閲覧することができます．

検索の場合，ツールを選び，キーワードを入力し，検索結果を見て必要な情報が得られたかどうかを判断し，ヒットしなければ，キーワードを変えて検索し直す，というルーチンを繰り返すことになります．

　キーワードの選び方は，大きな概念を持つ上位語から概念範囲のより狭い下位語へと絞ってゆくのが普通でしょう．上位語の方がヒットする割合が高く，下位語になれば段々ヒットする数が少なくなります．たとえば，"ABC"という文字列を含む事項を検索するとき

　　前方一致：ABCの文字列から始まる場合　　ABC＊
　　後方一致：ABCの文字列を後方に持つ場合　　＊ABC
　　中間一致：ABCが文字列の中間にある場合　　＊ABC＊
　　完全一致：ABCのみで前後に文字列無し　　／ABC／

これらの記号を使うと検索の幅が広がります．

　複数のキーワードを用いて検索する場合，論理演算が役に立ちます．論理演算子にはNOT, AND, OR, XOR, IMP, EQV　がありますが，検索に使われるのは主にNOT, AND, ORです．ANDは論理積で，「A　AND　B」でA,B双方に属する範囲を示します．ORは論理和であって，「A　OR　B」でA, Bそれぞれに属する範囲の全体を示します．NOTは否定，「NOT　A」でA以外を示します．単独で用いるとA以外のすべての範囲を示しますが，「A　NOT　B」でAを含みBを含まない部分を示します．AからBを差し引いた論理差です．これらの関係を次の図で示しました．ハッチを入れた部分が演算の結果です．

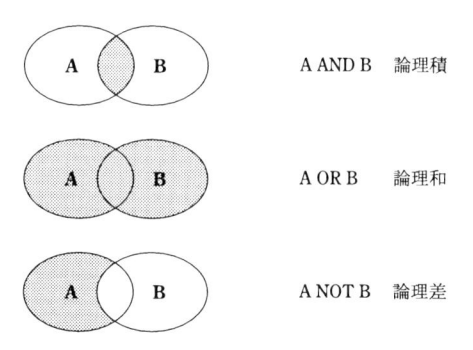

　　　　　　A AND B　　論理積

　　　　　　A OR B　　論理和

　　　　　　A NOT B　　論理差

以上，簡単に説明しましたが，検索窓に入力するときに文字列の検索条件を付けたり，複数キーワードの論理演算を使ったりして，目的とする情報を取り出せるように工夫します．適当する検索結果が得られないときには，条件を変えたり，キーワードを変えたり，場合によっては，検索ツールそのものの見直しも必要でしょう．

　一般に検索のノイズが大きいとき(不必要な検索結果が多い)は検索条件を付け加えたり，下位語に変更するなど，また，ANDやNOTを使いましょう．反対に検索結果に乏しいときは，逆に上位語を使ったり，文字列条件を緩めたり，さらにはツールを見直すことも試してみましょう．

　ともあれ，情報検索も慣れが必要です．試行錯誤を繰り返しながら，諦めずに習熟することです．ここではごく初歩的な事だけを記しました．膨大な知識がネットワーク社会に秘められております．それを利用しない手はありませんが，くれぐれもその情報に振り回されないようにお願いします．「コピー　アンド　ペースト」で一丁上がりなんてのは論外です．

（柴田 浩幸・白石 裕）

## 5. 熱電対の起電力（K型, R型, B型）
### －起電力－温度の変換式－

　熱電対の起電力はしばしば表の形で与えられるが，PCで計算する場合数式の形である方が都合がよい．通常，温度を与えて起電力を計算する厳密な式が与えられている．このような式から起電力を与えて温度を逆算することは，やや煩瑣な仕事である．温度－起電力の関数を起電力－温度の関数に変換した逆算式がNISTのホームページに与えられているのでそれを引用する．

　以下の表では，温度（℃）→起電力（mV）と起電力（mV）→温度（℃）の変換式における係数を，本書の中でしばしば使用されているK型，R型，B型熱電対について，幾つかの温度範囲（起電力範囲）に分割して表示する．誤差範囲も示されているが，計算上の話であって実際の測定においては計算上とはまた異なる要因が存在することを忘れてはならない．

表1 アルメル-クロメル（CA）：K型熱電対（基準温度0℃）

温度 $t$（℃）→起電力 $E$（mV）

$$E = \sum_{0}^{n} c_i t^i - a_0 \exp\left\{a_1 (t-a_2)^2\right\}$$

$t=0.000 \sim 1372.000$℃

| $i$ | $c_i$ | $a_i$ |
|---|---|---|
| 0 | $-0.176004136860E-01$ | $a_0=0.118597600000E+00$ |
| 1 | $0.389212049750E-01$ | $a_1=-0.118343200000E-03$ |
| 2 | $0.185587700320E-04$ | $a_2=0.126968600000E+03$ |
| 3 | $-0.994575928740E-07$ | |
| 4 | $0.318409457190E-09$ | |
| 5 | $-0.560728448890E-12$ | |
| 6 | $0.560750590590E-15$ | |
| 7 | $-0.320207200030E-18$ | |
| 8 | $0.971511471520E-22$ | |
| 9 | $-0.121047212750E-25$ | |

起電力 $E$（mV）→温度 $t$（℃）

$$t = \sum_{0}^{n} d_i E^i$$

| mV | $0.000 \sim 20.644$ | $20.644 \sim 54.886$ |
|---|---|---|
| 温度範囲（℃） | $0 \sim 500$ | $500 \sim 1372$ |
| $i$ | $d_i$ | $d_i$ |
| 0 | $0.000000E+00$ | $-1.318058E+02$ |
| 1 | $2.50355E+01$ | $4.830222E+01$ |
| 2 | $7.860106E-02$ | $-1.646031E+00$ |
| 3 | $-2.0503131E-01$ | $5.464731E-02$ |
| 4 | $8.315270E-02$ | $-9.650715E-04$ |
| 5 | $-1.228034E-02$ | $8.802193E-06$ |
| 6 | $9.804036E-04$ | $-3.110810E-08$ |
| 7 | $-4.413030E-05$ | |
| 8 | $1.057734E-06$ | |
| 9 | $-1.052755E-08$ | |
| $t$ 誤差範囲 | $-0.05 \sim 0.04$ | $-0.05 \sim 0.06$ |

表2　Pt-Pt13%Rh（0-13）：R型熱電対（基準温度0℃）

温度 $t$（℃）→起電力 $E$（mV）

$$E = \sum_{0}^{n} c_i t^i$$

| 温度範囲(℃) | −50.000〜1064.180 | 1064.180〜1664.500 | 1664.5〜1768.1 |
|---|---|---|---|
| $c_0$ | 0.000000000000E+00 | 0.295157925316E+01 | 0.152232118209E+03 |
| $c_1$ | 0.528961729765E−02 | −0.252061251332E−02 | −0.268819888545E+00 |
| $c_2$ | 0.139166589782E−04 | 0.159564501865E−04 | 0.171280280471E−03 |
| $c_3$ | −0.238855693017E−07 | −0.764085947576E−08 | −0.345895706453E−07 |
| $c_4$ | 0.356916001063E−10 | 0.205305291024E−11 | −0.934633971046E−14 |
| $c_5$ | −0.462347666298E−13 | −0.293359668173E−15 | |
| $c_6$ | 0.500777441034E−16 | | |
| $c_7$ | −0.373105886191E−19 | | |
| $c_8$ | 0.157716482367E−22 | | |
| $c_9$ | −0.281038625251E−26 | | |

起電力 $E$（mV）→温度 $t$（℃）

$$t = d_0 + d_1 E + d_2 E^2 + \cdots d_n E^n$$

| mV | −0.226〜1.923 | 1.923〜13.228 | 11.361〜19.739 | 19.739〜21.103 |
|---|---|---|---|---|
| $t$（℃） | −50〜250 | 250〜1200 | 1064〜1664.5 | 1664.5〜1768.1 |
| $d_0$ | 0.0000000E+00 | 1.334584505E+01 | −8.199599416E+01 | 3.406177836E+04 |
| $d_1$ | 1.8891380E+02 | 1.472644573E+02 | 1.553962042E+02 | −7.023729171E+03 |
| $d_2$ | −9.3835290E+01 | −1.844024844E+01 | −8.342197663E+00 | 5.582903813E+02 |
| $d_3$ | 1.3068619E+02 | 4.031129726E+00 | 4.279433549E−01 | −1.952394635E+01 |
| $d_4$ | −2.2703580E+02 | −6.249428360E−01 | −1.191577910E−02 | 2.560740231E−01 |
| $d_5$ | 3.5145659E+02 | 6.468412046E−02 | 1.492290091E−04 | |
| $d_6$ | −3.8953900E+02 | −4.458750426E−03 | | |
| $d_7$ | 2.8239471E+02 | 1.994710149E−04 | | |
| $d_8$ | −1.2607281E+02 | −5.313401790E−06 | | |
| $d_9$ | 3.31353611E+01 | 6.481976217E−08 | | |
| $d_{10}$ | −3.3187769E+00 | | | |
| $t$ 誤差範囲 | −0.02〜0.02 | −0.005〜0.005 | −0.0005〜0.001 | −0.01〜0.02 |

表3　Pt6%Rh-Pt30%Rh (6-30)：B型熱電対（基準温度0℃）
温度 $t$（℃）→起電力 $E$（mV）

$$E = \sum_{0}^{n} c_i t^i$$

| 温度範囲(℃) | 0.000〜630.615 | 630.615〜1820.000 |
|---|---|---|
| $c_0$ | 0.000000000000E+00 | −0.389381686210E+01 |
| $c_1$ | −0.246508183460E−03 | 0.285717474700E−01 |
| $c_2$ | 0.590404211710E−05 | −0.848851047850E−04 |
| $c_3$ | −0.132579316360E−08 | 0.157852801640E−06 |
| $c_4$ | 0.156682919010E−11 | −0.168353448640E−09 |
| $c_5$ | −0.169445292400E−14 | 0.111097940130E−12 |
| $c_6$ | 0.629903470940E−18 | −0.445154310330E−16 |
| $c_7$ |  | 0.989756408210E−20 |
| $c_8$ |  | −0.937913302890E−24 |

起電力 $E$（mV）→温度 $t$（℃）

$$t = d_0 + d_1 E + d_2 E^2 + \cdots d_n E^n$$

| mV | 0.291〜2.431 | 2.431〜13.820 |
|---|---|---|
| 温度範囲(℃) | 250〜700 | 700〜1820 |
| $d_0$ | 9.8423321E+01 | 2.1315071E+02 |
| $d_1$ | 6.9971500E+02 | 2.8510504E+02 |
| $d_2$ | −8.4765304E+02 | −5.2742887E+01 |
| $d_3$ | 1.0052644E+03 | 9.9160804E+00 |
| $d_4$ | −8.3345952E+02 | −1.2965303E+00 |
| $d_5$ | 4.5508542E+02 | 1.1195870E−01 |
| $d_6$ | −1.5523037E+02 | −6.0625199E−03 |
| $d_7$ | 2.9886750E+01 | 1.8661696E−04 |
| $d_8$ | −2.4742860E+00 | −2.4878585E−06 |
| $t$ 誤差範囲 | −0.02〜0.03 | −0.01〜0.02 |

# 6. SI単位系

## 基本単位

| 物理量 | 名称 | 単位記号 | 定義 |
|---|---|---|---|
| 時間 | 秒 | s | $^{133}$Cs 原子の基底状態にある 2 つの超微細準位間(F=4, M=0→F=3, M=0)の遷移に対応する放射の 9,192,631,770 周期の継続時間. |
| 長さ | メートル | m | 真空中で光が (1/299,792,458) 秒の間に進む距離. |
| 質量 | キログラム | kg | 国際キログラム原器の質量. |
| 電流 | アンペア | A | 真空中, 1m の間隔に置かれた 2 本の無限長平行導線間に, 1m 当たり $2\times10^{-7}$ N の力を及ぼし合う電流. |
| 温度 | ケルビン | K | 水の三重点の熱力学的温度の 1/273.16. |
| 物質量 | モル | mol | 0.012 kg の $^{12}$C に含まれる物質量と等しい数の構成要素を含む系の物質量. 構成要素は原子, 分子, イオン, 電子その他の粒子でよい. 構成要素を指定. |
| 光度 | カンデラ | cd | $540\times10^{12}$ Hz の単色光を放出し, ある方向の放射強度が $(1/683)$ W·sr$^{-1}$ である光源の, その方向における光度. |

## 10の整数乗倍を示すSI接頭語と和数詞

1より大数（和数詞は万進法）

| 名称 | 記号 | 倍数 | 和数詞 |
|---|---|---|---|
| デカ deca | da | $10^1$ | 十 |
| ヘクト hecto | h | $10^2$ | 百 |
| キロ kilo | k | $10^3$ | 千 |
| メガ mega | M | $10^6$ | 100 万 |
| ギガ giga | G | $10^9$ | 10 億 |
| テラ tera | T | $10^{12}$ | 兆 |
| ペタ peta | P | $10^{15}$ | 1000 兆 |
| エクサ exa | E | $10^{18}$ | 100 京 |
| ゼタ zetta | Z | $10^{21}$ | 10 垓 |
| ヨタ yotta | Y | $10^{24}$ | 秭(杼) |

1より小数（和数詞は十進法）

| 名称 | 記号 | 倍数 | 和数詞 |
|---|---|---|---|
| デシ deci | d | $10^{-1}$ | 分 |
| センチ centi | c | $10^{-2}$ | 厘 |
| ミリ milli | m | $10^{-3}$ | 毛 (糸, 忽) |
| マイクロ micro | μ | $10^{-6}$ | 微 (繊, 沙) |
| ナノ nano | n | $10^{-9}$ | 塵 (埃, 渺) |
| ピコ pico | p | $10^{-12}$ | 漠 (模糊, 逡巡) |
| フェムト femto | f | $10^{-15}$ | 須臾 (瞬息, 弾指) |
| アト atto | a | $10^{-18}$ | 刹那 (六徳, 虚空) |
| ゼプト zepto | z | $10^{-21}$ | 清浄 (阿頼耶, 阿摩羅) |
| ヨクト yocto | y | $10^{-24}$ | 涅槃 |

括弧内和数詞は括弧外単位のそれぞれ 1/10 と 1/100

## 本書に関係するSI組立単位

| 物理量 | 名称 | 単位記号 | SI基本単位表示 | 備考，慣用単位など |
|---|---|---|---|---|
| 平面角 | ラジアン | rad | m/m | 円周上に半径と等しい弧を切り取る2本の半径の為す平面角，$1° ≒ 17.45 \times 10^{-3}$ rad |
| 立体角 | ステラジアン | sr | $m^2/m^2$ | 球の半径を1辺とする正方形に等しい面積を球面上で切り取る立体角 |
| 長さ | メートル | m | | オングストローム $1 Å = 10^{-10}$ m $= 0.1$ nm<br>フート；$1$ ft $= 3.0480 \times 10^{-1}$ m<br>インチ；$1$ in $= 2.5400 \times 10^{-2}$ m |
| 面積 | 平方メートル | $m^2$ | | バーン（有効断面積）；$1$b $= 10^{-28}$ $m^2$ |
| 体積 | 立方メートル | $m^3$ | | リットル；$1$ L $= 10^{-3}$ $m^3$ $= 1000$ $cm^3$<br>ガロン；$1$ gal $= 3.7854 \times 10^{-3}$ $m^3$ (US)<br>$= 4.545963 \times 10^{-3}$ $m^3$ (UK) |
| 質量 | キログラム | kg | | トン；$1$t $= 10^3$ kg,<br>ポンド；$1$ lb $= 4.5359 \times 10^{-1}$ kg |
| 密度 | | $kg/m^3$ | $kg \cdot m^{-3}$ | $1$ $g/cm^3 = 10^3$ $kg/m^3$ |
| 時間 | 秒 | s | | $1$ min $= 60$ s, $1$h $= 3.6$ ks, $1$d $= 86.4$ ks |
| 周波数，振動数 | ヘルツ | Hz | $s^{-1}$ | サイクル；$1$ c/s $= 1$ Hz |
| 速度 | | m/s | $m \cdot s^{-1}$ | ノット；$1$ kt (kn) $= 1.852$ km/h $= 0.5144$ m/s |
| 加速度 | | $m/s^2$ | $m \cdot s^{-2}$ | ガル；$1$ Gal $= 1$ $cm/s^2$ |
| 拡散係数 | | $m^2/s$ | $m^2 \cdot s^{-1}$ | $1$ $cm^2/s = 10^{-4}$ $m^2/s$ |
| 動粘度 | | $m^2/s$ | $m^2 \cdot s^{-1}$ | ストークス；$1$ St $= 1$ $cm^2/s = 10^{-4}$ $m^2/s$ |
| 運動量 | | $kg \cdot m/s$ | $kg \cdot m \cdot s^{-1}$ | |
| 力 | ニュートン | N | $kg \cdot m \cdot s^{-2}$ | ダイン；$1$ dyn $= 10^{-5}$ N $= 10$ μN<br>$1$ kgf $= 9.80665$ N |
| 圧力<br>応力 | パスカル | $Pa = N/m^2$ | $m^{-1} \cdot kg \cdot s^{-2}$ | $1$ $kgf/mm^2 = 9.80665$ MPa<br>バール；$1$ bar $= 10^5$ Pa, $1$ Pa $= 10^{-5}$ bar<br>トル；$1$ Torr (mmHg) $= 133.322$ Pa<br>mmAq ($mmH_2O$) $= 9.80665$ Pa<br>気圧；$1$ atm (760 Torr)<br>$= 101.325$ kPa $= 1013.25$ mbar<br>psi ($lbf/in^2$) $= 6.895$ kPa |
| 表面張力 | | N/m | $kg \cdot s^{-2}$ | $1$ dyn/cm $= 10^{-3}$ N/m $= 1$ mN/m |
| 粘度 | | $Pa \cdot s$ | $m^{-1} \cdot kg \cdot s^{-1}$ | ポアズ；$1$ P $= 1$ $dyn \cdot s/cm^2 = 0.1$ $Pa \cdot s$ |
| モル濃度 | | $mol/m^3$ | | |
| 仕事<br>熱量<br>エネルギー | ジュール | $J = N \cdot m = W \cdot s$ | $m^2 \cdot kg \cdot s^{-2}$ | エルグ；$1$ erg $= 10^{-7}$ J<br>電子ボルト；$1$ eV $= 1.60218 \times 10^{-19}$ J<br>$1$ $kgf \cdot m = 9.80665$ J<br>カロリー；$1$ $cal_{th} = 4.1840$ J, $1$ $cal_{IT} = 4.1868$ J<br>ワット時；$1$ $kW \cdot h = 3.6$ MJ |
| 仕事率，電力 | ワット | $W = J/s$ | $m^2 \cdot kg \cdot s^{-3}$ | $1$ W $= 1$ $V \cdot A$ |
| 熱流密度 | | $W/m^2$ | $kg \cdot s^{-3}$ | |

| 物理量 | 名称 | 単位記号 | SI基本単位表示 | 備考，慣用単位など |
|---|---|---|---|---|
| 温度 | ケルビン | K | K | セルシウス度℃；$t\,℃=(t+273.15)\,K$ ファーレンハイト度°F； $t\,°F=(t+459.67)/1.8\,K$ |
| 熱伝導率 |  | W/(K·m) | $m \cdot kg \cdot s^{-3} \cdot K^{-1}$ | $1\,cal_{th}/(cm \cdot s \cdot deg)=418.4\,W/(K \cdot m)$ $1\,kcal_{IT}/(m \cdot h \cdot deg)=1.163\,W/(K \cdot m)$ |
| 熱容量 エントロピー |  | J/K | $m^2 \cdot kg \cdot s^{-2} \cdot K^{-1}$ | $1\,cal_{IT}/deg=4.1868\,J/K$ |
| 比熱 |  | J/(kg·K) | $m^2 \cdot s^{-2} \cdot K^{-1}$ |  |
| モルエントロピー モル比熱 |  | J/(mol·K) | $m^2 \cdot kg \cdot s^{-2} \cdot K^{-1} \cdot mol^{-1}$ | $1\,cal_{th}/mol \cdot deg=4.184\,J/mol \cdot K$ |
| 電流 | アンペア | A |  |  |
| 電流密度 |  | A/m² |  |  |
| 電場の強さ |  | V/m | $m \cdot kg \cdot s^{-3} \cdot A^{-1}$ |  |
| 電気量 | クーロン | C | $s \cdot A$ |  |
| 電圧，電位 | ボルト | V=W/A | $m^2 \cdot kg \cdot s^{-3} \cdot A^{-2}$ |  |
| 電気変位 |  | C/m² | $m^{-2} \cdot s \cdot A$ |  |
| 電気抵抗 | オーム | Ω=V/A | $m^2 \cdot kg \cdot s^{-3} \cdot A^{-2}$ |  |
| 電気抵抗率 |  | Ω·m |  | $1\,Ω \cdot cm=0.01\,Ω \cdot m$ |
| 静電容量 | ファラッド | F=C/V | $m^{-2} \cdot kg^{-1} \cdot s^4 \cdot A^2$ |  |
| コンダクタンス | ジーメンス | S=A/V | $m^{-2} \cdot kg^{-1} \cdot s^3 \cdot A^2$ |  |
| 電気伝導度 （導電率） |  | S/m |  | $S/m=1/(Ω \cdot m)$ |
| 磁束 | ウェーバー | Wb=V·s | $m^2 \cdot kg \cdot s^{-2} \cdot A^{-1}$ | マクスウェル；$1\,Mx=10^{-8}\,Wb$ |
| 磁束密度 | テスラ | T=Wb/m² | $kg \cdot s^{-2} \cdot A^{-1}$ | ガウス；$G=10^{-4}\,T$ |
| インダクタンス | ヘンリー | H=Wb/A | $m^2 \cdot kg \cdot s^{-2} \cdot A^{-2}$ |  |
| 誘電率 |  | F/m | $m^{-3} \cdot kg^{-1} \cdot s^4 \cdot A^2$ |  |
| 磁場の強さ |  | A/m | $A \cdot m^{-1}$ | エルステッド；$1\,Oe=(1/4π)\,10^3\,A/m$ |
| 透磁率 |  | H/m | $m \cdot kg \cdot s^{-2} \cdot A^{-2}$ |  |

## 基礎定数表

| 名称 | 記号 | 数値 | 単位 |
|---|---|---|---|
| 真空中の光速 | $c$ | $2.99792458 \times 10^8$ | $m \cdot s^{-1}$ |
| 重力加速度 | $g$ | $9.80665$ | $m \cdot s^{-2}$ |
| プランク定数 | $h$ | $6.62606896 \times 10^{-34}$ | $J \cdot s$ |
| アボガドロ数 | $N_A$ | $6.02214179 \times 10^{23}$ | $mol^{-1}$ |
| ボルツマン定数 | $k$ | $1.3806504 \times 10^{-23}$ | $J \cdot K^{-1}$ |
| 気体定数 | $R=N_A \cdot k$ | $8.314472$ | $J \cdot mol^{-1} \cdot K^{-1}$ |
| ファラデー定数 | $F=N_A \cdot e$ | $9.648534 \times 10^4$ | $C \cdot mol^{-1}$ |
| 理想気体のモル体積（0℃，1 atm） | $V_m$ | $2.2414 \times 10^{-2}$ | $m^3 \cdot mol^{-1}$ |
| ステファン・ボルツマン定数 | $σ$ | $5.670400 \times 10^{-8}$ | $W \cdot m^{-2} \cdot K^{-4}$ |

# 7. 材料規格

表　材料規格・板-1（単位：mm）

| 材質 | アルミ材 | | | | | 銅材 | | | | | | ステンレス材 | | | | | |
|---|---|---|---|---|---|---|---|---|---|---|---|---|---|---|---|---|---|
| サイズ | 1250×2500 | 1250×2500 | 1250×2500 | 1250×2500 | 1250×2500 | 1000×2000 | 1000×2000 | 300×1000 | 300×1000 | 230×1200 | 1000×2000 | 1219×2438 | 1219×2438 | 500×1220 | 1219×2438 | 400×1220 | 205×4000 |
| 板厚 mm | A1050 | A2017 | A5052 | A6061P | A7075P | 無酸素銅 | タフピッチ銅 | クロム銅 | ベリリウム銅 | りん青銅 | 黄銅3種 | SUS303 | SUS304 | SUS310 | SUS316L | SUS440C | SUS630 |
| 1 | ○ | | ○ | | | ○ | | | | | ○ | | | | | | |
| 1.5 | ○ | | ○ | | | ○ | | | | | ○ | | | | | | |
| 2 | ○ | | ○ | | | ○ | | | | | ○ | | | | | | |
| 2.5 | ○ | | | | | | | | | | | | | | | | |
| 3 | ○ | ○ | ○ | ○ | | ○ | | | | | ○ | ○ | ○ | | | | |
| 4 | ○ | ○ | ○ | ○ | | ○ | | | | | ○ | ○ | ○ | | | ○ | |
| 5 | ○ | ○ | ○ | ○ | | ○ | | | | | ○ | ○ | ○ | | | | |
| 6 | ○ | ○ | ○ | ○ | | ○ | ○ | | ○ | | ○ | ○ | ○ | ○ | | | |
| 7 | | ○ | | | | | | | | | ○ | | ○ | | | | |
| 8 | ○ | ○ | ○ | ○ | | ○ | | | ○ | | ○ | ○ | ○ | | ○ | ○ | |
| 9 | | ○ | | | | ○ | | | | | ○ | | ○ | | | | |
| 10 | ○ | ○ | ○ | ○ | | ○ | | ○ | | | ○ | ○ | ○ | | | | ○ |
| 11 | | | | ○ | | | | | | | | | ○ | | | | |
| 12 | ○ | ○ | ○ | ○ | | ○ | | | ○ | | ○ | ○ | ○ | | ○ | | ○ |
| 15 | ○ | ○ | ○ | ○ | | ○ | ○ | ○ | ○ | ○ | ○ | ○ | ○ | ○ | ○ | | |
| 16 | | ○ | | | | ○ | | | | | ○ | ○ | ○ | | | | |
| 17 | | | | ○ | | | | | | | | | ○ | | | | |
| 18 | | ○ | | | | ○ | | | | | ○ | | ○ | | | ○ | |
| 20 | ○ | ○ | ○ | ○ | | ○ | | ○ | ○ | | ○ | ○ | ○ | ○ | ○ | ○ | ○ |
| 21 | | | | | | | | | | | | | | | | | |
| 22 | | ○ | | | | ○ | | | | | ○ | | ○ | | | | |
| 25 | ○ | ○ | ○ | ○ | | ○ | | ○ | ○ | | ○ | ○ | ○ | | ○ | | |
| 26 | | | | ○ | | | | | | | | | | | | | |
| 28 | | ○ | | | | | | | | | | ○ | ○ | | | ○ | |
| 30 | ○ | ○ | ○ | ○ | | ○ | ○ | ○ | ○ | ○ | ○ | ○ | ○ | ○ | ○ | | |
| 31 | | | | ○ | | | | | | | | | | | | | |
| 32 | | ○ | | | | | | | | | | ○ | ○ | | | | |
| 35 | | | ○ | | | ○ | ○ | ○ | ○ | | ○ | | | | | | ○ |
| 36 | | | ○ | ○ | | | | | | | | | | | | | |
| 40 | ○ | ○ | ○ | ○ | | ○ | | ○ | ○ | | ○ | ○ | ○ | | ○ | | |
| 41 | | | | | | | | | | | | | | | | | |
| 45 | | ○ | ○ | | | ○ | ○ | ○ | | | ○ | | ○ | | ○ | | ○ |
| 46 | | | | ○ | | | | | | | | | | | | | |
| 50 | ○ | ○ | ○ | | | ○ | ○ | ○ | ○ | | ○ | ○ | ○ | | ○ | | |
| 55 | | ○ | ○ | | | ○ | | | | | ○ | | ○ | | | | |
| 60 | | ○ | ○ | | | ○ | ○ | ○ | ○ | | ○ | ○ | ○ | ○ | | | |
| 65 | | ○ | ○ | | | ○ | ○ | ○ | | | | ○ | | | ○ | | |
| 70 | | ○ | ○ | ○ | | ○ | ○ | ○ | | | ○ | | | | | | |

表 材料規格・板-2（単位：mm）

| 材質 サイズ 板厚mm | アルミ材 ||||| 銅材 ||||||| ステンレス材 ||||||
|---|---|---|---|---|---|---|---|---|---|---|---|---|---|---|---|---|---|
| | 1250×2500 | 1250×2500 | 1250×2500 | 1250×2500 | 1250×2500 | 1000×2000 | 1000×2000 | 300×1000 | 300×1000 | 230×1200 | 1000×2000 | 1219×2438 | 1219×2438 | 500×1220 | 1219×2438 | 400×1220 | 205×4000 |
| | A1050 | A2017 | A5052 | A6061P | A7075P | 無酸素銅 | タフピッチ銅 | クロム銅 | ベリリウム銅 | りん青銅 | 黄銅3種 | SUS303 | SUS304 | SUS310 | SUS316L | SUS440C | SUS630 |
| 75 | | ○ | ○ | | | ○ | ○ | | ○ | | | | ○ | | | ○ | |
| 80 | | ○ | ○ | ○ | | ○ | ○ | | ○ | | ○ | ○ | ○ | | | | |
| 85 | | ○ | ○ | | | ○ | ○ | | | | | | ○ | | | ○ | |
| 90 | | ○ | ○ | ○ | | ○ | ○ | | | | ○ | ○ | ○ | | | | |
| 95 | | ○ | | | | | | | | | | | | | ○ | | |
| 100 | | ○ | ○ | ○ | | ○ | ○ | | | | ○ | ○ | ○ | | ○ | | |
| 110 | | ○ | ○ | | | ○ | ○ | | | | ○ | ○ | ○ | | | | |
| 120 | | ○ | ○ | ○ | | ○ | ○ | | | | ○ | ○ | ○ | | | | |
| 130 | | ○ | ○ | | | ○ | | | | | | | | | | | |
| 140 | | | ○ | | | | | | | | | | | | | | |
| 150 | | ○ | ○ | ○ | | | | | | | | ○ | | | | | |
| 160 | | | ○ | | | | | | | | | | | | | | |
| 170 | | | ○ | | | | | | | | | | | | | | |
| 180 | | | ○ | | | | | | | | | | | | | | |
| 190 | | | ○ | | | | | | | | | | | | | | |
| 200 | | | ○ | | | | | | | | | | | | | | |
| 250 | | | ○ | | | | | | | | | | | | | | |
| 300 | | | ○ | | | | | | | | | | | | | | |
| 350 | | | ○ | | | | | | | | | | | | | | |

**表　材料規格・丸棒（単位：mm）**

| 材質＼標準長さ＼直径mm | アルミ丸棒 2000 A1070 | 2500 A2011 BD | 2000 A5052 B | 2000 A6061 B | 2000 A7075 B | 銅材 4000 無酸素銅 | 4000 タフピッチ銅 | 1000 クロム銅 | 2000 ベリリウム銅 | 2000 りん青銅 | 2500 快削黄銅 | ステンレス材 4200 SUS303 | 4000 SUS304 | 4400 SUS316 | 6000 SUS440C | 4000 SUS630 |
|---|---|---|---|---|---|---|---|---|---|---|---|---|---|---|---|---|
| 4 |  | ○ |  |  |  |  | ○ |  |  |  | ○ |  |  |  |  |  |
| 5 |  | ○ | ○ |  |  |  | ○ |  | ○ |  | ○ |  |  |  |  |  |
| 8 |  | ○ | ○ | ○ |  |  | ○ | ○ | ○ |  | ○ | ○ | ○ |  |  |  |
| 10 |  | ○ | ○ | ○ | ○ | ○ | ○ | ○ | ○ |  | ○ | ○ | ○ |  | ○ |  |
| 12 |  | ○ | ○ | ○ | ○ | ○ | ○ | ○ | ○ |  | ○ | ○ | ○ |  |  |  |
| 14 |  | ○ |  | ○ |  |  | ○ |  |  |  | ○ | ○ |  |  |  |  |
| 15 |  | ○ | ○ | ○ |  | ○ |  |  | ○ |  | ○ | ○ | ○ |  |  |  |
| 16 |  | ○ | ○ | ○ | ○ | ○ |  | ○ | ○ |  | ○ | ○ | ○ |  | ○ |  |
| 18 |  | ○ |  | ○ |  |  |  |  |  |  | ○ |  |  |  |  |  |
| 20 | ○ | ○ | ○ | ○ | ○ | ○ | ○ | ○ | ○ | ○ | ○ | ○ | ○ | ○ | ○ | ○ |
| 25 |  | ○ | ○ | ○ | ○ | ○ | ○ | ○ | ○ | ○ | ○ | ○ | ○ | ○ | ○ | ○ |
| 30 | ○ | ○ | ○ | ○ | ○ | ○ | ○ | ○ | ○ | ○ | ○ | ○ | ○ | ○ | ○ |  |
| 35 |  | ○ | ○ | ○ | ○ |  | ○ |  | ○ |  | ○ | ○ | ○ | ○ |  |  |
| 40 | ○ | ○ | ○ | ○ | ○ | ○ | ○ | ○ | ○ | ○ | ○ | ○ | ○ | ○ | ○ |  |
| 45 |  | ○ | ○ | ○ |  |  | ○ |  | ○ |  | ○ | ○ | ○ | ○ |  |  |
| 50 | ○ | ○ | ○ | ○ | ○ | ○ | ○ | ○ | ○ | ○ | ○ | ○ | ○ | ○ | ○ | ○ |
| 55 |  | ○ | ○ | ○ |  |  |  |  | ○ |  | ○ | ○ | ○ |  |  |  |
| 60 |  | ○ | ○ | ○ | ○ | ○ | ○ |  | ○ |  | ○ | ○ | ○ | ○ |  |  |
| 65 |  |  | ○ | ○ |  |  | ○ |  |  |  | ○ | ○ | ○ |  |  |  |
| 70 | ○ |  | ○ | ○ | ○ | ○ | ○ |  | ○ |  | ○ | ○ | ○ | ○ |  |  |
| 75 |  |  | ○ | ○ | ○ |  | ○ |  |  |  | ○ | ○ | ○ |  |  |  |
| 80 | ○ |  | ○ | ○ | ○ | ○ | ○ |  | ○ |  | ○ | ○ | ○ | ○ |  | ○ |
| 85 |  |  | ○ | ○ |  |  |  |  |  |  | ○ | ○ | ○ |  |  |  |
| 90 | ○ |  | ○ | ○ | ○ |  | ○ |  | ○ |  | ○ | ○ | ○ | ○ |  | ○ |
| 95 |  |  | ○ | ○ |  |  |  |  |  |  | ○ | ○ | ○ |  |  |  |
| 100 | ○ |  | ○ | ○ | ○ | ○ | ○ | ○ | ○ |  | ○ | ○ | ○ | ○ |  | ○ |
| 110 |  |  | ○ | ○ | ○ |  | ○ |  |  |  | ○ | ○ | ○ |  |  |  |
| 120 | ○ |  | ○ | ○ | ○ |  | ○ |  |  |  | ○ | ○ | ○ | ○ |  |  |
| 130 |  |  | ○ | ○ | ○ |  | ○ |  |  |  | ○ | ○ | ○ | ○ |  |  |
| 140 |  |  | ○ | ○ |  |  | ○ |  |  |  | ○ | ○ | ○ | ○ |  |  |
| 150 | ○ |  | ○ | ○ | ○ |  | ○ |  |  |  | ○ | ○ | ○ | ○ | ○ |  |
| 160 |  |  | ○ | ○ |  |  | ○ |  |  |  | ○ | ○ | ○ |  |  |  |
| 170 | ○ |  | ○ | ○ | ○ |  | ○ |  |  |  | ○ | ○ | ○ |  |  |  |
| 180 |  |  | ○ | ○ |  |  | ○ |  |  |  | ○ | ○ | ○ | ○ |  |  |
| 190 |  |  | ○ | ○ |  |  | ○ |  |  |  | ○ | ○ | ○ |  |  |  |
| 200 |  |  | ○ | ○ |  | ○ | ○ |  |  |  | ○ | ○ | ○ | ○ |  |  |
| 210 |  |  |  | ○ |  |  | ○ |  |  |  | ○ | ○ | ○ |  |  |  |
| 220 |  |  |  | ○ |  |  | ○ |  |  |  | ○ | ○ | ○ |  |  |  |
| 230 |  |  |  | ○ |  |  | ○ |  |  |  | ○ | ○ | ○ |  |  |  |
| 240 |  |  |  | ○ |  |  | ○ |  |  |  | ○ | ○ | ○ |  |  |  |
| 250 |  |  |  | ○ | ○ |  | ○ |  |  |  | ○ | ○ | ○ |  |  |  |
| 260 |  |  |  | ○ |  |  | ○ |  |  |  | ○ | ○ | ○ |  |  |  |
| 270 |  |  |  | ○ |  |  | ○ |  |  |  | ○ | ○ | ○ |  |  |  |
| 280 |  |  |  | ○ |  |  | ○ |  |  |  | ○ | ○ | ○ |  |  |  |
| 290 |  |  |  | ○ |  |  | ○ |  |  |  | ○ | ○ |  |  |  |  |
| 300 |  |  |  | ○ |  |  | ○ |  |  |  | ○ | ○ | ○ |  |  |  |
| 350 |  |  |  | ○ |  |  | ○ |  |  |  |  |  |  |  |  |  |
| 400 |  |  |  | ○ |  |  |  |  |  |  |  |  |  |  |  |  |

## 表　材料規格・パイプ-1（単位：mm）

| 材質<br>サイズ<br>直径×肉厚 mm | アルミパイプ 2005<br>A2017TE | アルミパイプ 2005<br>A5056TE | アルミパイプ 4000<br>A6063TD | 銅パイプ 5000<br>りん脱酸銅管 | 銅パイプ 2460<br>砲金 | 銅パイプ 5000<br>黄銅丸管 | ステンレスパイプ 4000<br>SUS304 |
|---|---|---|---|---|---|---|---|
| 4×0.8 | | | | ○ | | | |
| 4×1 | | | | ○ | | | |
| 5×0.8 | | | | ○ | | | |
| 5×1 | | | | ○ | | | |
| 6×0.8 | | | | ○ | | ○ | |
| 6×1 | | | | ○ | | ○ | ○ |
| 6×1.5 | | | | ○ | | | |
| 6.35×1 | | | | ○ | | | |
| 7×1 | | | | ○ | | | |
| 8×0.8 | | | | ○ | | ○ | |
| 8×1 | | | | ○ | | ○ | ○ |
| 8×1.5 | | | | ○ | | ○ | |
| 8×2 | | | | ○ | | | |
| 9.53×0.8 | | | | ○ | | | |
| 9.53×1 | | | | ○ | | | |
| 10×1 | | | | ○ | | ○ | ○ |
| 10×1.2 | | | | ○ | | | |
| 10×1.5 | | | | ○ | | ○ | |
| 10×2 | | | | ○ | | ○ | |
| 12×1 | | | | ○ | | ○ | ○ |
| 12×1.2 | | | | ○ | | ○ | |
| 12×1.5 | | | | ○ | | | |
| 12×2 | | | | ○ | | | |
| 12×3 | | | | ○ | | | |
| 12.72×0.8 | | | | ○ | | | |
| 12.72×1 | | | | ○ | | | |
| 12.72×1.5 | | | | ○ | | | |
| 14×1 | | | | ○ | | | |
| 14×2 | | | | ○ | | ○ | |
| 15×1 | | | | ○ | | | ○ |
| 15×1.5 | | | | ○ | | | |
| 15×2 | | | | ○ | | | |
| 15.88×1 | | | | ○ | | ○ | |
| 15.88×1.2 | | | | ○ | | | |
| 15.88×1.5 | | | | ○ | | ○ | |
| 15.88×2 | | | | ○ | | ○ | |
| 15.88×3 | | | | ○ | | | |
| 16×1 | | | | ○ | | | ○ |
| 16×1.5 | | | | ○ | | | ○ |
| 18×1.5 | | | | ○ | | | |
| 18×2 | | | | ○ | | | |
| 19.05×1 | | | | ○ | | | |
| 19.05×1.5 | | | | ○ | | | |
| 20×1.5 | | | | ○ | | ○ | |

**表　材料規格・パイプ-2（単位：mm）**

| 材質 | アルミパイプ | | | 銅パイプ | | | ステンレスパイプ |
|---|---|---|---|---|---|---|---|
| サイズ | 2005 | 2005 | 4000 | 5000 | 2460 | 5000 | 4000 |
| 直径×肉厚 mm | A2017TE | A5056TE | A6063TD | りん脱酸銅管 | 砲金 | 黄銅丸管 | SUS304 |
| 20×2 | | | | ○ | | ○ | |
| 20×3 | | | | ○ | | ○ | |
| 22.23×1.2 | | | | ○ | | | |
| 22.23×1.5 | | | | ○ | | ○ | |
| 22.23×3 | | | | ○ | | ○ | |
| 25×1.5 | | | | ○ | | ○ | ○ |
| 25×2 | | | | ○ | | ○ | ○ |
| 25×3 | | | | ○ | | ○ | ○ |
| 25.4×1 | | | | ○ | | | |
| 25.4×2 | | | | ○ | | | |
| 28.58×1.5 | | | | ○ | | | |
| 30×1 | | | ○ | ○ | | ○ | |
| 30×1.5 | | | ○ | ○ | | ○ | |
| 30×2 | | | ○ | | | | |
| 30×3 | | | ○ | ○ | | | |
| 32×1 | | | ○ | | | | ○ |
| 32×1.5 | | | ○ | | | | ○ |
| 32×2 | | | ○ | | | | ○ |
| 32×3 | | | ○ | | | | ○ |
| 35×1 | | | ○ | | | | |
| 35×1.5 | | | ○ | | | ○ | |
| 35×2 | | | ○ | | | | |
| 35×3 | | | ○ | | | ○ | |
| 38×1.5 | | | ○ | | | | |
| 38×2 | | | ○ | | | | ○ |
| 38×3 | | | ○ | | | | ○ |
| 40×1 | | | ○ | | | | |
| 40×1.5 | | | ○ | | | | |
| 40×2 | | | ○ | | | ○ | |
| 40×3 | | | ○ | ○ | | ○ | |
| 40×7.5 | | | | ○ | | | |
| 40×10 | | | | ○ | | | |
| 50×1 | | | ○ | | | | |
| 50×1.5 | | | ○ | | | | ○ |
| 50×2 | | | ○ | | | | ○ |
| 50×3 | | | ○ | | | | ○ |
| 50×5 | | | ○ | | | | |
| 50×10 | | ○ | | | ○ | | |
| 55×2 | | | ○ | | | | |
| 55×3 | | | ○ | | | | |
| 60×2 | | | ○ | | | ○ | |
| 60×3 | | | ○ | ○ | | | |
| 60×5 | | | ○ | | | ○ | |
| 60×10 | | ○ | | | ○ | | |

**表　材料規格・パイプ-3（単位：mm）**

| 材質 | アルミパイプ | | | 銅パイプ | | | ステンレスパイプ |
|---|---|---|---|---|---|---|---|
| サイズ | 2005 | 2005 | 4000 | 5000 | 2460 | 5000 | 4000 |
| 直径×肉厚 mm | A2017TE | A5056TE | A6063TD | りん脱酸銅管 | 砲金 | 黄銅丸管 | SUS304 |
| 80×5 | | | ○ | | | | |
| 80×10 | | ○ | | | ○ | | |
| 90×3 | | | ○ | | | | |
| 90×5 | | | ○ | | | | |
| 90×10 | | ○ | | | ○ | | |
| 100×3 | | | ○ | | | | |
| 100×5 | | | ○ | | | | |
| 100×10 | ○ | ○ | | | | | |
| 100×15 | | | | | | | |
| 100×20 | ○ | ○ | | | ○ | | |
| 100×30 | ○ | ○ | | | | | |
| 110×3 | | | ○ | | | | |
| 110×5 | | | ○ | | | | |
| 110×10 | ○ | ○ | | | | | |
| 110×20 | | ○ | | | | | |
| 120×3 | | | ○ | | | | |
| 120×5 | | | ○ | | | | |
| 120×10 | | ○ | | | | | |
| 120×15 | | ○ | | | | | |
| 120×20 | ○ | ○ | | | | | |
| 130×3 | | | ○ | | | | |
| 130×10 | | ○ | | | | | |
| 130×20 | ○ | ○ | | | | | |
| 140×10 | | | | | | | |
| 140×20 | ○ | ○ | | | | | |
| 150×5 | | | ○ | | | | |
| 150×10 | | ○ | | | | | |
| 150×15 | | ○ | | | | | |
| 150×20 | ○ | ○ | | | | | |
| 160×20 | ○ | ○ | | | | | |
| 160×30 | ○ | ○ | | | | | |
| 170×20 | ○ | ○ | | | | | |
| 170×30 | ○ | ○ | | | | | |
| 180×15 | | ○ | | | | | |
| 180×20 | | ○ | | | | | |
| 180×30 | | ○ | | | | | |
| 190×20 | | ○ | | | | | |
| 190×30 | | ○ | | | | | |
| 200×15 | | ○ | | | | | |
| 200×20 | | ○ | | | | | |
| 200×30 | | ○ | | | | | |
| 220×20 | | ○ | | | | | |

材料規格表は，白銅株式会社電子カタログより抜粋しました．
http://www.hakudo.co.jp/

# 索　引
(五十音順)

## あ行

| | |
|---|---|
| Einstein の式 | 230 |
| アグネス・ポッケルス | 128 |
| 圧力単位 | 24, 101 |
| アノード電流効率 | 236 |
| アノード反応 | 232 |
| アルキメデス法 | 60, 68 |
| アルミナ断熱材（表） | 41, 42 |
| イオン移動度 | 218 |
| イオン拡散 | 218 |
| 一重断熱壁型熱量計 | 80 |
| 移動境界法 | 236 |
| 移動度 | 230 |
| イメージ炉 | 34 |
| 因果律 | 7 |
| 疑う | 12 |
| 液滴重量法 | 144 |
| SI単位 | 10 |
| x-y線図 | 103 |
| エレクトロスラグ再溶解フラックス | 255 |
| 円筒移動法 | 188 |
| 円筒（円板）引上げ法 | 145 |
| 円筒引上げ法 | 187 |
| エントロピー | 74, 209 |
| エントロピー生成速度 | 168 |
| オリフィス流量計 | 32 |
| Onsagerの相反定理 | 167 |

## か行

| | |
|---|---|
| 回帰値 | 10 |
| 回帰分析 | 13 |
| ガイスラー管 | 25, 28 |
| 回転円筒法 | 183 |
| 回転振動法 | 196 |
| 回転振動法粘度計 | 199 |
| 回転流出法 | 110 |
| 外部輸率，内部輸率 | 239 |
| 界面張力 | 154 |
| 界面張力測定 | 151 |
| 科学 | 7 |
| 化学拡散係数 | 211 |
| 可逆プロセス | 208 |
| 拡散係数 | 210 |
| 拡散浸透曲線法 | 215 |
| 拡散総量測定法 | 218 |
| 過剰定圧比熱（銅－スズ合金の） | 86 |
| 過剰定容比熱（銅－スズ合金の） | 86 |
| カソード電流効率 | 237 |
| カソード反応 | 232 |
| ガス精製 | 30 |
| 活量 | 102, 106 |
| カーブフィッティング法（表面張力） | 135 |
| 完全解離 | 229 |
| 乾燥剤（ガスの） | 30 |
| 貫入/平板変形・回転法 | 190 |
| 気圧 | 101 |
| キップの装置 | 30 |
| 起電力法 | 237 |
| 気泡離脱（毛細管からの） | 140 |
| 吸収剤（ガスの） | 31 |
| key word | 17 |
| 金属霧（Metal Fogs） | 225 |
| 均熱帯 | 43, 44, 49, 55 |

| | | | |
|---|---|---|---|
| クヌーセン－質量分析計法 | 111, 117 | 実験計画 | 16, 293 |
| クヌーセン法 | 109 | 失敗 | 11 |
| クロノポテンショメトリー法 | 219 | 市販ガスボンベ | 29 |
| 研究論文 | 16 | 自由度 | 100 |
| 原子吸光法 | 110 | シュレーディンガーの補正式 | 138 |
| 懸滴法 | 143 | 純鉄の密度 | 67 |
| 恒温壁型熱量計 | 76 | 蒸気圧 | 100 |
| 高温炉 | 33 | 蒸気圧測定法 | 106 |
| 後退接触角 | 127, 157 | 蒸発法 | 109 |
| 交流ブリッジ回路 | 240 | 表面組成変化 | 115 |
| 交流四端子法 | 243, 247, 248, 251, 253 | シリコニット炉 | 50 |
| 誤差 | 10, 12, 293 | 示量変数 | 57 |
| 誤差確率 | 294 | 真空計 | 24 |
| 誤差要因（回転円筒法の） | 185 | 真空配管 | 26 |
| Gold Furnace | 65, 178 | 真空ポンプ | 19, 22 |
| 混合エントロピー | 74 | 真空溶解 | 22 |
| 混合自由エネルギー | 74 | 真空炉 | 52 |
| 混合熱 | 74 | 辰砂 | 19 |
| コーン引上げ法（表面張力） | 147 | 浸透曲線（拡散） | 211, 215 |
| | | 振動周期（回転振動法） | 198 |
| **さ行** | | 振動法（粘性測定の） | 195 |
| 細管粘度計 | 176 | 水銀 | 19, 33, 101, 123 |
| 細管法（毛細管法） | 176 | スライダック | 45 |
| 再現性 | 11 | 清澄剤 | 22 |
| 最小自乗法 | 13 | 静滴法（表面張力） | 131 |
| 最大泡圧法（最大気泡圧法） | 63, 68 | 静滴法（密度） | 61, 65 |
| 最大泡圧法（表面張力） | 137 | 赤外線検出器 | 266 |
| サイリスタ | 40, 45, 46 | 接触角 | 126, 133, 149, 156, 158 |
| Sandの式（拡散係数の） | 220 | 線形法則（輸送現象の） | 165 |
| シアセル法 | 216 | 前進接触角 | 127, 157 |
| 示強変数 | 57 | 剪断速度 | 175, 183 |
| 自己拡散係数 | 214 | 千分率（パーミル） | 57 |
| 示差3層試料法（熱拡散の） | 269 | 相互拡散係数 | 211 |
| 示差走査熱分析（DSC） | 92 | 測定セル（電気伝導度の） | 241 |
| 示差熱分析（DTA） | 91 | 測定の精度 | 293 |
| cgs単位 | 6 | 測定容器（表面張力測定用） | 130 |

索引 345

### た行

| | |
|---|---|
| 耐火材料（表） | 36, 40 |
| 対数減衰率（回転振動法） | 198 |
| 大滴法 | 134 |
| 多原子分子蒸気種 | 105 |
| 短管粘度計 | 180 |
| 単球法（アルキメデス法） | 70 |
| 断熱型熱量計 | 79 |
| 断熱型連続比熱測定 | 96 |
| 断熱材 | 40 |
| 長毛細管法（拡散） | 215 |
| 直列熱伝導率 | 41 |
| 直交配列 | 299 |
| 抵抗炉 | 35 |
| ディラトメーター | 59 |
| 適応係数 | 109 |
| 転移熱測定（DSC） | 94 |
| 電気化学セル（拡散） | 220, 221 |
| 電気化学非定常法（拡散） | 220 |
| 電気伝導度 | 228, 239, 255 |
| 電源容量 | 45 |
| 伝導型熱量計 | 77 |
| 電流効率 | 232 |
| 等圧法 | 108, 111 |
| 動機付け | 9 |
| 動粘度 | 173 |
| 当量電気伝導度 | 229, 231 |
| トリチェリの真空 | 19, 24, 101 |
| 度量衡 | 5 |

### な行

| | |
|---|---|
| ナノサイズ（の物質） | 120 |
| 2球法（アルキメデス法） | 61, 68 |
| 二重断熱壁型熱量計 | 85 |
| 2層試料法（熱拡散の） | 270 |
| ニュートンの粘性法則 | 172 |
| 入力補償型DSC | 93 |
| 濡れの尺度（濡れ性） | 126, 131, 149, 156 |
| 熱移動係数 | 75, 76 |
| 熱拡散率 | 263 |
| 熱浸透率 | 270 |
| 熱線法（熱伝導） | 274, 277, 278 |
| 熱損失量（対流と放射の） | 76 |
| 熱損失量（放射の） | 75 |
| 熱電対 | 47, 330 |
| 熱伝導率 | 262, 263, 271 |
| 熱流束 | 263 |
| 熱流束型DSC | 93 |
| 熱量計 | 75, 76, 78 |
| Nernst-Einsteinの式 | 230 |
| 粘度（粘性係数） | 172 |
| 粘度（溶融NaClの） | 179 |
| 粘度（溶融アルカリハライドの） | 179 |
| 粘度測定法 | 175 |

### は行

| | |
|---|---|
| 排ガス処理 | 32 |
| Hagen-Poiseuilleの式 | 176 |
| Bashforth & Adamsの表 | 135 |
| 発熱体 | 35, 40 |
| ハルトマン管 | 30 |
| PID制御 | 46 |
| ピクノメーター（法） | 58, 70, 71 |
| 微小重力環境 | 215, 216, 220 |
| 比電気抵抗 | 228 |
| 比電気伝導度 | 227, 229 |
| ヒットルフ法 | 232 |
| ピトー管 | 32 |
| 比熱測定（DSC） | 95 |
| 非ニュートン流動 | 174 |
| 百分率（パーセント） | 57 |

| | | | |
|---|---|---|---|
| 表面張力 | 119, 126 | メニスカス形状 | 136 |
| 表面張力の推算 | 161 | 毛細管浸漬法（拡散） | 214, 218 |
| ビンガム性 | 170 | 毛細管法（表面張力） | 149 |
| フーリエの第1法則 | 262 | 毛細管現象 | 123 |
| Faradayの法則 | 236 | モル電気伝導度 | 229 |
| Fickの第1法則 | 210 | | |
| Fickの第2法則 | 211 | **や行・ら行** | |
| 不可逆現象 | 209 | Young-Laplaceの式 | 123 |
| 不可逆プロセス | 208 | 融点 | 100 |
| 不純物拡散係数 | 219 | 誘導加熱 | 33 |
| 双子型伝導型熱量計 | 78 | 輸送現象 | 165 |
| 付着の仕事 | 155 | 輸率 | 231, 232 |
| 沸点 | 100 | 輸率測定装置 | 235 |
| 沸点法 | 108 | ラウール則 | 102 |
| 浮遊レンズ法（界面張力） | 153 | ラテン方格 | 296 |
| 雰囲気制御 | 29 | リークテスト | 27 |
| 分散分析 | 296 | 理想気体 | 102 |
| 分散分析表 | 298 | 流出法 | 109, 116, 117 |
| 分子動力学法 | 217 | 流動法 | 108, 113 |
| 並列熱伝導率 | 41 | リング引上法 | 145 |
| ベーキング | 28 | るつぼ回転振動法 | 196 |
| 放射温度計 | 266 | レーザー光 | 272 |
| | | レーザーフラッシュ法 | 264, 267 |
| **ま行** | | レノルズ数 | 174 |
| 巻線炉 | 48 | レビテーション法（表面張力） | 150 |
| マノメーター法 | 64 | レビテーション法（密度） | 62, 66 |
| マランゴニ流れ | 216 | 連続鋳造プロセス | 261 |
| 丸底円筒貫入/回転法 | 193 | Roscoeの計算式 | 199, 203 |
| 丸底回転円筒法 | 184 | ロータメータ | 32 |
| 見掛け熱伝導率 | 41 | 露点法 | 107, 111, 118 |
| 水当量（熱量計の） | 75 | Rotovisko粘度計 | 184 |
| 無次元数 | 166 | | |

# 著者略歴

## 白石　裕（しらいし　ゆたか）
1953年　北海道大学理学部化学科卒業
1953～1957年　北海学園教諭
1957年　東北大学選鉱製錬研究所助手，助教授を経て
1973年　同教授
1993年　定年退官，㈱アグネ技術センター顧問
専門　高温物理化学，とくに融体物性

## 阿座上　竹四（あざかみ　たけし）
1956年　東北大学工学部金属工学科卒業
同年　日本鉱業㈱（現 JX）入社
1964年　同退社，東北大学選鉱製錬研究所助手，講師，助教授を経て
1977年　東北大学教授（工学部金属工学科）
1973～74年　トロント大学研究員
1995年　東北大学名誉教授，埼玉工業大学教授
2004年　同客員教授（先端科学研究所）

## 板垣　乙未生（いたがき　きみお）
1968年　東北大学大学院工学研究科金属工学専攻修士課程修了
1968年　東北大学選鉱製錬研究所助手，講師，助教授を経て
1991年　東北大学選鉱製錬研究所教授
1980年　アーヘン工科大学客員研究員
2007年　東北大学名誉教授
2007年　住友金属鉱山㈱技術顧問

## 原　茂太（はら　しげた）
1968年　大阪大学大学院工学研究科冶金学専攻博士課程修了
1968年　大阪大学工学部助手
1994年　大阪大学工学部教授
2004年　大阪大学名誉教授
2004～2011年　福井工業大学教授
専門　界面制御工学，鉄冶金学，社会鉄鋼工学

## 田中　敏宏（たなか　としひろ）
1985年　大阪大学大学院工学研究科冶金学専攻博士課程修了
1985年　大阪大学工学部助手
2002年　大阪大学大学院工学研究科教授
専門　材料熱力学，界面制御工学，材料物理化学，資源循環工学

## 著者略歴

**佐藤　譲（さとう　ゆずる）**
1976年　東北大学大学院工学研究科博士課程修了
1976年　東北大学工学部助手
1987～88年　テネシー大学研究員
1988年　東北大学工学部助教授，1997年同大学院工学研究科助教授
2006年　東北大学大学院工学研究科教授
専門　高温融体物性，電気化学，材料物理化学

**山村　力（やまむら　つとむ）**
1968年　東北大学大学院工学研究科修士課程（原子核専攻）修了
1968年　東北大学工学部金属工学科助手，助教授を経て
1995年　同教授
2006年　同定年退官，㈱山本貴金属地金顧問
専門　高温物理化学，とくに高温電気化学，溶融塩物性

**柴田　浩幸（しばた　ひろゆき）**
1993年　東北大学大学院工学研究科金属工学専攻博士課程後期修了
1993年　東北大学素材工学研究所助手
2002～2003年　カーネギー・メロン大学客員研究員
2003年　東北大学多元物質科学研究所講師，助教授，07年准教授（職制変更により）
専門：材料工学，高温融体物性

**前園　明一（まえぞの　あきかず）**
1952年　東北大学金属工学科卒業
真空理工㈱取締役社長
2000年より㈱アグネ技術センター

**青木　豊松（あおき　とよまつ）**
1970年　北海道大学理学部高分子学科卒業
1970年　㈱サンスター化学工業
1974年より㈱アグネ技術センター

**櫻井　裕（さくらい　ゆたか）**
1980年　北見工業大学機械工学科卒業
機械部品メーカー，半導体メーカーを経て1987年より㈱アグネ技術センター

**岡本　寛（おかもと　ひろし）**
真空理工㈱退職後1997年より㈱アグネ技術センター

融かして測る
高温物性の手作り実験室
―雑学満載の測定指南

2011年 7月30日　初版第1刷発行

| 編　　　　者 | 白石　裕©・阿座上 竹四 |
|---|---|
| 発 行 者 | 青木　豊松 |
| 発 行 所 | 株式会社 アグネ技術センター |

〒107-0062 東京都港区南青山5-1-25 北村ビル
TEL 03 (3409) 5329 / FAX 03 (3409) 8237

印刷・製本　株式会社 平河工業社

Printed in Japan, 2011

落丁本・乱丁本はお取り替えいたします。
定価の表示は表紙カバーにしてあります。

ISBN 978-4-901496-60-5 C3043